赢者思维

欧洲最受欢迎的思维方法

[新西兰] 克里·斯帕克曼（Kerry Spackman） 著

傅明 傅饶 译

中国人民大学出版社
·北京·

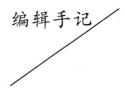

　　我父母音准都非常好，我爸甚至曾被挑选成为厂区的样板戏演员参加表演，但不知为什么生下了一个五音不全的我。但小时候我并不知道这一点，还是经常喜欢无忧无虑地放声高歌。但有那么几次，我爸听见我唱歌，会大笑，然后说："哇，你唱歌怎么完全没有调啊，都从这个山头跑到那个山头了！""我和你妈妈都不跑调，你怎么这么跑调？"作为一个敏感而又非常自尊的小姑娘，也许是当时爸爸的笑里带有一点点嘲弄的意味，也许是什么其他的原因，反正几次以后，唱歌对于我，再也不是一件快乐的事情。我越来越不敢大声唱歌，音乐课和音乐考试对我来说成了一种严酷的刑罚，偶尔心情很好的时候一些音符妄想蹦出嘴也被自己生生地压住，生怕泄露自己的缺陷。长大以后，我知道自己五音不全的程度其实不算太严重，经过一些练习某一些简单的歌是完全可以不跑调的，但是，"唱歌"对于我来说已经成为一种无法克服的阴影，从童年时代我就已经失去了这种天然的自我表达的能力。

　　毕竟生活中即使缺少歌声也可以继续。但我从这件事情知道一个人的"现在"是如何被他的"过去"深深影响；"理智"是如何被"心理硬结"打败。有时，我们也许意识不到哪些事情其实深刻改变了我们，有时，我们已经明白无误地意识到，却始终没有办法走出过去，抚平心理硬结，走向一个自己理想中的未来。

　　所以，当傅明老师在一次书展上找到我，充满激情地向我解释这本书的内容时，我立刻感觉到这是一本有价值的书，当我读到傅明老师发给我的样章，我已经决定要做它，把它分享给更多的读者。

是的，我觉得这本书跟其他很多励志、心理类的书相比，是不同的。

作者有一个被严苛父亲"压迫"的不幸童年，充满了紧张、压抑、不快乐和不自信。他沉浸在数学和哲学中寻找"正确"，通过研究神经学和心理学来寻找思维的秘密，我猜他研究神经学和心理学也部分是希望解决自己的难题。当他终于走出了童年的阴影，他成为了一个快乐、热情、充满爱心的人。自身的经历加上深厚的研究，让他对别人的思维和心理拥有了洞察力，他帮助许多运动员获得了成功。顶级体育赛事中，运动员比拼的不仅是运动的技能，更是强大压力下的心理素质，以及最重要的，比赛背后让自己保持快乐和激情的能力。

运动的目标是单一的，所以作者的思维训练方法在体育界获得了显而易见的、极大的成功。社会生活是复杂的，但是每个人追求对自己生活的掌控、追寻自己人生的目标以及追寻生命的快乐和幸福却是不变的。所以，书中的思维方式也帮助了很多陷入困境不能自拔的普通人，或是希望拥有更理想自我的商界政界人士。

书中的有些观点，对于熟悉心理学的读者来说也许并不陌生。我们头脑中原始祖先留给我们的冲动和不理智常常战胜我们好容易进化得来的理智和逻辑判断，所以，我们往往知道自己"应该"做什么却无能为力，最终离理想中的自己越来越远。有没有办法驾驭我们大脑中原始的领地？让我们不用"艰苦卓绝"地鞭策自己，也能驶向自己的目标？

为什么听了很多道理，却依然无法过好这一生？因为听到和领悟，中间有巨大的鸿沟，领悟和行动，中间又有巨大的鸿沟。这本书的独特在于，它拉着我们的手，去跨越这两个鸿沟。

如果我们要花时间看一本心理、思维类的书，我们需要的是可以操作的方法，而不仅仅是空洞的心灵鸡汤；我们需要这种可操作的方法已经被实践验证为有效的，而不仅仅是理论和说教；我们需要这种经过验证的可操作方法具有科学和哲学层面的坚实支撑，而不仅仅是一个浅薄的操作指南。

在这三个方面，本书都毫无疑义地满足了标准。

要再次感谢译者傅明老师，他的热情推动了本书出版，他对书中内容深刻的领会使得这本书的翻译最大程度上保留了原著的汁味，同时体现了一个优秀医生对于生命和思维的理解。

一位世界思维研究领域的前沿人物，和两位精通中西方文化的专业医生，他们共同奉献出的这本《赢者思维》，希望能帮助每一个渴望更美好生活的读者。

曹沁颖

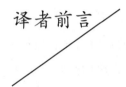

译者前言

人的生命有三个维度，长度、宽度和高度（厚度），而生命的思想与思维高度，才是坚实和延伸生命宽度与长度的基础和力量！

我与另外一位译者傅饶先生均从事于医疗工作。作为医生，我们最初完全是出于职业习惯，站在生命的意义与生命健康的角度来翻阅这本《赢者思维》原书的。当读完本书的第一章后，我们就被作者所阐述的思维内容、方法而深深地吸引，真的产生了如饥似渴的阅读欲望，希望一口气把它一字不落地读完，并希望能吸收书中的全部"营养"。原书读完后，我们都有这样的体会：我们不是在翻阅或阅读，而是经历了一次真正的学习。灵魂好像得到了一次洗礼，思维水平有了很大的提升。于是，我们决定把这本值得一读的《赢者思维》翻译成中文，分享给我们的中国同胞，因为，中国在进步，中国将屹立在世界民族之林并成为佼佼者已是不争的事实，但中国人民在这个如火如荼的"创新创业"时代要想实现"中国梦"，确实需要人人都具有科学的思维工具和方法来助力。

《赢者思维》的作者克里·斯帕克曼博士是一位新西兰神经科学专家，从事多学科、多领域的研究与实践，总结出一套行之有效的科学"思维工具"。最初，克里将这套"思维工具"运用到培训优秀运动员工作中。因为他发现，当运动员的体能和技能训练到一定程度后，再想提高成绩已不是单纯靠体能和技术能达到的，而需要改变他们的思维方式，来激发激情、强化坚定不移的信念和自发不懈的内在驱动力来驱动。应用了这套思维方法和工具后，果真使得许多运动员的运动成绩大幅度提高，成为了世界冠军或冠军保持者。克里写《赢者思维》的目的本来是想帮助那些怀揣冠军梦的运动员们的，但《赢者思维》出版后好评如潮，包括BBC电视台、《探索发现》在内的许多媒体纷纷采访和专题报道。它不仅使许多运动员改变了思想和思维方式，促进他们在职业生涯中获得了巨大成功，而且对众多创业者、商人提供了有效的帮助；还对领导者、管理者有重要的启迪；更对儿童早期教育、学生思维教育和家长自律教育具有极其实用的帮助；它也成为普通人希望生活保持快乐幸福的指南。因此该书深受广大西方读者的喜爱，曾在英国、新西兰亚马逊非小说类文学作品排行中销量第一。

《赢者思维》不仅有令人信服的理论讲述，比如大脑"四大思维支柱"的思维联系等，更手把手教会读者制作自己的《赢者私人定制练习册》，并有效地在真实生活中应用，这样就避免了以往读书"读起来感动，想一想激动，过一段想想没用"后果的出现。这里我不想过多赘述书中的精彩内容，还是希望留给读者去细细品味。

本书十分吸引我们的另外一点在于，虽然作者克里·斯帕克曼博士是一位西方人，但据我们所知，他并没过多接触过东方的哲学思想，但这本书里有许多我们似曾相识的东西。比如，书中"季节变换的生活"一节中所提到的"变"，正是我们祖国瑰宝——《易经》提出的最基本哲学思想："变"是最大的"不变"；还比如"祸兮福所倚"一节里提到的因果辩证关系；"天气预报"一章中所展现的未雨绸缪忧患意识和对未来把握的前瞻思考；"生活中的车轮"一章里所提出的保持平衡的理论与中庸之道暗合等，书中的许多地方都能看到中国伟大的哲学思想在字里行间闪闪发光。作者将众多的哲学思想、西方的方法论、系统论以及大脑的医学知识理论，与自身的实践经验有机地结合到了一起，形成了一整套独到的思维体系和对应的思想工具性实用操作方法。建议读者在阅读与学习过程中，参考学习中国的一些传统哲学思想，可能会收到更好的效果。

作为医务工作者，当我们阅读和翻译这本《赢者思维》时，经常引发我们在一起讨论有关生命的问题、健康与健康教育问题、治病与现代医疗问题以及医生的职责与使命是什么等等。在当今这个以人为本，更加重视生命和生命质量，重视以生命质量为基础，互联网、智能、移动技术与"大健康"和"健康促进"碎片融合的变革时代，我们医务工作者应该更加重视那一大批有尊严的患者人群，以及影响他们疾病缓解与治愈的重要精神要素；而我们的广大民众，更应该像投资自己的美容，花钱吃饱吃好，买营养品一样，加大关注自己生命和生命质量不可或缺的精神健康，这样，作为一个人，才能真正做到健健康康活着，才能真正实现自己生命的价值，享受自己生命过往的经历。

随着一章又一章翻译样稿的完成，我们越发体会到这本书的价值：它不仅对希望商业成功的人士、希望获得奖牌的运动员有用，在我们看来，只要有健全的大脑、正常的思维，每一个人都可受用！《赢者思维》是一本有关大脑健康、成为生活赢者的好书！

随着本书翻译的完成，我们也满满地怀抱到了"季节的收获"。虽然翻译工作本身是辛苦的，但在这个过程中我们不仅懂得了成功所需要具备的思维方式，懂得了如何成为一位快乐幸福的人，我们更知道了生命的价值与意义，知晓了健康的深刻内涵。还是想重复开头说的那句话，真正的赢者，他的生命有三个维度，长度、宽度和高度（厚度），而生命的思想与思维高度，才是坚实和延伸生命宽度与长度的基础和力量！

谁不想过得好一点？

谁不想过得快乐一点？

谁不想事业成功？

谁不想成为赢者？

谁不想让生命更有价值、更有意义？

真诚地希望《赢者思维》能对广大读者有所启迪，对提高思维能力、成为生活和事业的赢者有所帮助！

《赢者思维》出版后，我们还计划在中国组织举办针对不同人群的培训班，帮助读者进一步掌握使用书中提到的各种思维工具，期望大家真正能变为一个快乐的人、一个有价值的人。

本书在编译过程中得到了许多朋友的大力帮助。著名画家、天津美术出版社社长李毅峰先生在书籍出版方面给予了专业的帮助；朱永宏先生和国务院军转办特聘自主择业军转干部就业创业导师袁晓霞女士在本书翻译内容如何与受众读者方面的统一给予了忠恳的建议；在翻译和编辑校对方面得到了傅军先生、郭瑶女士、张红艳医师的友情助力；还有中国人民大学出版社曹沁颖女士在内容上、编译上所给予的专业指导，在此，我们一并表示衷心的感谢。

由于水平有限，难免书中出现差错，真诚敬请读者来信批评指正。来信请寄 www.mmingfu333@163.com，或扫描二维码。

傅明

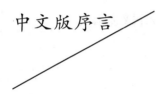

中文版序言

亲爱的中国读者：

我写的这本《赢者思维》能与中国读者见面，我感到由衷的高兴。因为我在想，发展、变革、壮大的中国，以及智慧的中国人民，兴许也需要外来的一些思维方法和工具作为前进路上的补充。如果《赢者思维》里的一些思维方式能像得到西方读者的认同一样，也能得到中国读者的认同，并为不断强大富裕的伟大中国发挥一点点积极作用的话，那我将会感到十分的骄傲与自豪。

我要特别感谢两位翻译者——傅明医生和傅饶医生。他们的辛勤劳动，反复修改、精雕细琢和不断去挖掘西方文化中的内涵，以适应东方文化和中国读者阅读需求的努力，让我十分钦佩和感动。在两位医师的努力下，《赢者思维》中文版的翻译工作历时一年半时间，在内容含义和文字修饰上进行了认真的打磨，所以，我有理由相信，《赢者思维》中文版一定会受到中国读者的青睐。

在这里，我还要十分感谢中国人民大学出版社和曹沁颖女士。是他们的慧眼识珠，认可、坚持和友善合作，才使得《赢者思维》在中国顺利出版发行。再次衷心感谢你们。

最后，衷心祝愿伟大的中国更加伟大，智慧的中国人民更加智慧。

克里·斯帕克曼

目　录

第一章

为什么读懂本书可以改变你的生活？

也许你已经读过很多励志书籍，它们承诺能把你变成一个快乐、富有和成功的人。那些书中充满了宏伟的想法，并且告诉你，它终将改变你的生活。但是，当你读过书中的每一页，你会发现，很难找到对应解决自己所有问题的答案。那些书没有真正改变你的生活。亲爱的读者，我敢肯定地说，这次你读了这本书，你的生活一定会有所改变和提升。

　　绝大多数读过励志启迪类书籍的读者都有这样的体会：随着时间的推移，那些宏伟的指导思想，并没有使自己的生活发生多少改变。你想一想，有多少人是通过阅读了如何成为百万富翁的书籍后，一夜之间成为百万富翁的呢？不可否认，每本书都会告诉你一些新的想法，而你也的确在生活中做着不断的改进，但这恐怕还远远不够。通过启迪，也许你的生活已经有所改善，但问题是你并没有成为赢者或冠军。所以你继续在困惑中苦苦求索，直到今天，你看到了这本书——《赢者思维》! 它还有一个非常吸引人的副标题，诱使你去反复地啃读。这种"读痴"的感觉是不是你也曾经有过？

　　上述生活改变问题，有时并不在于读者本身，而是很大程度上取决于是否读过一本真正有价值的好书! 就本书而言，我用这本书中所阐述的方法去训练和激励了众多运动员和商人，使之一个个成为了赛车冠军、奥运冠军、世界冠军和商界精英。如果这些活生生的事例还不能足以证明它对你也会产生作用的话，那我真的是无言以对了。你要知道，这些精英运动员和商务人士，从前也曾寻找过心理学家或心理治疗师的帮助，也曾阅读过许多励志和心理学方面的书籍，但并没有为他们带来实际的效果。因为他们并不需要太多的理论，他们真正迫切需要的是在日常生活与实际工作中获得竞争能量的来源。我在想，掌握某些东西不仅能帮助人们成为工作中更好的执行者，更重要的是它能帮助人们变成更优秀的人才，从而更多地尽情享受自己的生活。于是，这本书就应运而生了。

　　我并不是一觉醒来，心血来潮，突发奇想，来写这本《赢者思维》的。我决定要写这本书，是因为我的学员们一直告诉我，他们很想有一本既简练又能在生活中用得上的实用工具书大全。他们想要的是，实际工作中所发生的真实而又具体的事例，并用来指导他们的日常生活，而不是一本仅仅充满了新奇思想的书；他们想要的是已经通过实践被证明，在现实的日常工作中确实用得上的好法子。书出来以后，其结果非常成功。一个赛车手骄傲地告诉我，整整一年了，他每天都会学习《赢者思维》，都会使用从中引申和派生出来的《赢者私人定制练习册》。尽管在他的床边书架上堆满了有关"自强不息"的书籍，但唯一能促使他达到辉煌顶峰的就是《赢者思维》以及他的《赢者私人定制练习册》。

理论与实践之间的差距

为什么其他一些书籍没能改变你的生活？让我们想象一下，假如有人写了一本书，标题就非常吸引人："击败费德勒：赢得温网七步骤"。

对具有这种标题的书籍，我首先要指出的第一个问题是，一个好的创意与有能力将创意付诸实践之间是存在着距离的。例如，假设这本书的规则1说：

"总是将球击中，让费德勒接不到它。"

这肯定是一个很棒的主意。如果你能做到，无疑会赢得温网。不幸的是，知道做什么和能否做到完全是两回事。如果你与费德勒比赛，你甚至都没有机会接到他的发球，更甭提能够把球打到他接不着的地方。这就是问题所在！

大多数书籍会告诉你什么是你应该做的，但并没有引导你怎么去获取日常生活中处理事情所需要的精神和情感方面的技能。例如，书中可能会告诉你保持"积极的心态"，并列举出所有保持积极心态的好处。但假如处在一个不利的条件下，你又如何去面对它呢？你又应该怎样一步一步地行动，才能真正获得积极的心态，应对不利因素的影响呢？

再回到我们刚才列举的网球赛例子。如果你真能发一个费德勒接不到的好球，那得需要多大的能力呀！做到这一点，就意味着你要花大量的工夫。你的教练将通过视频教你挥杆，并详细地帮你分析，他会告诉你如何改变你的姿势，如何增强身体抓地能力和如何运动。然后你还需要按照他的建议进行反复练习，直到你的动作自如。只有掌握了大量的细节之后，你才有可能打出费德勒接不到的好球。这种控制能力的取得，是要通过掌握正确的技巧和规则，坚持严格的训练和进行不懈的努力才能实现的。其实，生活中的大事小事都是如此。如果你只是把所谓的"七步骤"视为取胜的神奇咒语，并还坚信它能改变你的生活的话，你可能换来的只是每天花费大量时间把它背熟记住而已。但如果你认为并非如此，那么，不妨好好学习体会一下本书的内涵。

《赢者思维》一书所包含的内容是帮助你成为赢者的步骤性指南，而不是讲述难以达到的目标。书中的每一步骤，都有一些需要你去具体落实的事情。这些指南性步骤的正确性，已经在小到日常生活，大到国际竞赛等各方面实际应用中得到很好的验证。因此，这本《赢者思维》具有很强的实用性和可操作性，你会发现，只要认真负责地按书中的每一步骤去做，你所期望的未来就会变成现实。

个人规划与你的《赢者私人定制练习册》

第二个我要提及的问题是，除非具有优秀的先天因素，不然无论规则多么好，有些人也永远不会赢得温网比赛。一个 65 岁的长者就很难赢得温网冠军；一个只有一米五高的人也绝不会夺得奥运跳高金牌。也就是说，在毫不走样地应用一本操作手册，并希望通过它让自己成为赢者之前，还必须考虑自身的条件这一冷酷事实。

因此，在一开始，能认清自身条件和个人特质绝对至关重要。

要想成为生活中的赢者，就要先从认识我们的大脑开始。因为每个人的大脑构造都是独立个性化的，与他人不同，换句话说，每个人都是以自己独特的方式来感知这个世界的。没有任何两个人看到和闻到的同一朵玫瑰是完全一模一样的。因为每个人的大脑对从眼睛、鼻子等各种感觉器官接收来的信息，所处理的过程都各不相同。另外，每个人的基因也会影响他品尝食物的味道。这就解释了为什么我一点也不能忍受甜菜的味道，而我的朋友却非常喜欢的原因。其实，哪些食物有益，哪些食物有害，都是因人而异的。举一个特别的例子——香蕉。对大多数人来讲，香蕉是他们补充钾的最好来源，但对某些人就是"毒品"，甚至吃一口就会要他们的命。除此之外，每个人的不同经历[①]、经验、情感、梦想、恐惧心理和思想，也都会影响每个人大脑的独特性。

既然人与人之间有这么多超出想象的不同点，那么制定任何有价值的个人

---

　①　在书中也称作过往的历史或历史支柱。——译者注

规划都要遵循"私人定制"原则，即个人规划要与人的内心独特因素相一致。取得成功不能靠照搬别人的"模式"作指导。运动员的发展规划需要根据他们的个性量身定做。同样，生活中完成更复杂的工作和事情，也需要个性化的量体裁衣。仅仅因为使用过一套特定的思想手段或心灵技巧，某位人士取得成功，就用这套方法来帮助更多人去获取进步，这是不可取的，因为同样的方法并不一定意味着在所有人身上同样有效。

《赢者思维》将会帮助你明确自己独特的优势和劣势。这样你会发现，相比以前你会更清楚地读懂自己，更有自知之明。有了这些做基础，接下来的工作，就是思考如何构建和完成自己的 20 页《赢者私人定制练习册》了。针对个人最大的心理和情绪影响，通过图片和要点等形式定制出独特的个人规划，并放到塑料文件夹中以示重视。做这些事情既快速也不复杂。

这样你将最终获得两本书：

1.《赢者思维》

这就是你正在阅读的这本书。它既是一本资源类书籍，也是一本行动指南。它将帮助你制定自己的《赢者私人定制练习册》。

2. 你自己的《赢者私人定制练习册》

这其实是一个塑造你自己的私人小文档。先在封面上写上你的大名并贴上自己的照片。你需要每天都使用它。这个小文档还要包括一些图片和要点等，最多 20 页，以便在几分钟内快速阅读。可别小看这 20页的小文档，它比任何其他书籍都会对你产生更多更有力的影响和效果，因为它是专门针对你而设计定制的。文档里的形象图片会与你的情感和情绪直接连接，这样产生的效果是用只言片语无法形容的。每天翻看，你将会不断得到充电并重新调整自己的生活。

如果每天都使用《赢者私人定制练习册》，你会感到它很有用，也很有效。

这本自己定制的练习册不仅能准确地告诉你要做什么，还会让你充满激情地投入工作，并且将你逐步改变成一个更好、更快乐和更强大的人。当你有了长足的进步，你就可以把那些已经解决的老问题，从《赢者私人定制练习册》中抽除，再换上新的内容，去继续你"新改变"的人生挑战。这就是我让你用透明塑料文件夹来装你的《赢者私人定制练习册》的原因。《赢者私人定制练习册》是一本动态的活手册，你可以根据需要快速更换内容，它将伴随着你一起变化与成长。此时，你会感到，你已成为一名能够主宰自己的"生活设计师"。通过专门设计而打造出的人生，将会是多么光彩夺目、令人向往啊！

《赢者私人定制练习册》是一本不可多得的、功能最强大的人生指导手册！

大脑"模块"

接下来我想谈谈某些传统励志书籍中所存在的问题。这些书籍多少把人脑看成一台能立即重新编程的电脑。给人的印象是，只要大脑通过输入并运行"正确的思想"，人就会有美好的生活。以下我讲述的大脑自身三个特征，会告诉你为什么人的大脑不能被简单地比喻为只像是"一台电脑"，为什么这种比喻会注定犯思维错误。

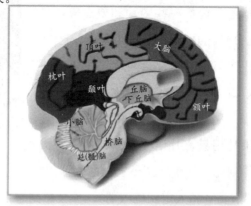

1. 人的大脑并不像电脑那样，只有一个统一的中央处理器控制一切工作。人的大脑有许许多多个独立的"模块"，或者说，我们的大脑是由许许多多个"迷你脑"组成，它们都分别独立地做着各自的事情。

2. 大脑的这些"模块"，有许多并不按逻辑或"字符指令"运行。因此，在生活中出现问题时，试图用"字符指令"或所谓的"智慧箴言"激发大脑，让这类"模块"重新编程工作，是永远做不到的，结果只会导致更多问题的出现。

3. 还有另一类"模块"深藏在大脑的潜意识里，通常情况下，它们不开通也不工作，运用一般的方式方法也无法让它们运行，需要用一种特殊的工具才能将它们启动（多年前，我已经开发出了这种特殊的工具，并用于帮助我的精英运动员们）。

为了永久地改变你的生活，请允许我再将以上关于大脑构造与特征的三个关键点多做一点儿解释，因为让你先了解这些基本知识至关重要。

1. 独立模块

人们已经认识到，在大脑的各种不同"模块"中，有一个独立"模块"，它的主要功能是用来辨别解码声音和理解语言的，还有一个独立"模块"，是用于对来自皮肤所接收的信息进行处理，另外有些"模块"则是专门用来感知四肢体位和视觉等等。所有这些"模块"都按照自己的速度和时间进行独立运作。正是由于这些"模块"独立的运行特性，它就很好地解释了为什么中风的病人可能会失去说话的能力，而其他生活能力相对没有变化；也可以解释为什么帕金森症患者肌肉难以协调，而他们的逻辑和智力完全不受影响。独立"模块"都是各司其职，通常不会"狗拿耗子多管闲事"。

现在我想强调的关键问题是：大脑中还有其他许多独立"模块"，是专门负责控制"个性"方面的不同。例如，大脑某个结构（模块）负责制定"实施方案"和对未来行为后果的判断，而大脑另一个完全分隔独立的区域（模块）则只负责管理情绪和对外部事物的感觉。人脑中并没有一个绝对权威的"最高中央司令部"来进行统一指挥和协调，更不能直接控制所有"模块"去"制造"

出人的"个性"，产生人的综合能力和行为。所以大脑结构和区域中的"模块"之间，会经常召开"圆桌会议"，它们经过反反复复的"讨论"后，通常能达成某种"总协定"，来判断世界上发生了什么，接下来应该做些什么。这些加在一起才产生了人的"个性"，表现出"行为"。大脑的"模块"们就是这样，根据外来的信息，一次次不断地开会"讨论"并做出修正。但有时候某个"模块"更多地表现出"专横跋扈"的作风而不得不采用它的"意见"；在其他时候可能另一个"模块"又胜出。这是一个非常混乱的"国会议事"过程，这样就毫不奇怪地导致了许多问题的出现——特别是当"模块"给出矛盾的指令时，你会感到不知所措，无所适从。

2. "模块"并不总是按逻辑或"字符指令"运行

人是不能完全按自己设定的逻辑或"字符指令"来命令大脑去做自己想做的事情的。比如我们一谈到与饮食和饥饿有关的话题时就会引发我们大脑产生饥饿感，特别是长时间没有吃东西饥饿感就会变得愈发强烈，但那并不是你对大脑发出了"饥饿字符指令"而出现的，我们人类还没有学会这种本事。人能感觉饥饿是天生的一种生理条件反射。人在出生时感觉饥饿的大脑程序，就已经连接完成，并准备好随时可以工作。如果大脑没有事先建立这种饥饿程序，婴儿不知道吃也不知道喝，就会在刚出生的几天之内饿死。在人的大脑中，除饥饿本能条件反射外，还有很多类似这样的条件反射"模块"回路。例如，人在出生时大脑就已建立了数以百万计的情感反射"模块"回路，为控制和调整人的行为做好了准备。即便你能意识到某些情感反射"回路"的存在，也不能以你的意志为转移。这些在大脑中已设定好的情感回路，原本是期望帮助我们的原始祖先在丛林中能更好地生存，但是在现代社会中，这些"模块"回路的过时功能通常并不适合帮助我们现代人获得幸福和成功。在接下来的阅读和学习中，你会看到更多由于不匹配而阻碍成功的阐述。其实，人生就是一场与不匹配进行较量和斗争的过程。

3. 被隐藏了的潜意识"模块"

人的大脑还有一个重要特征就是，你本应是自己大脑的主人！但大脑中的很多"模块"却偏偏对你隐瞒。它们瞒着你做了太多的事而你这个主人却浑然不知,更别提它们为什么要这么做了。在很多情况下,表面看上去你好像已准确"找到了"出现问题的原因所在,但大脑的潜意识"模块"才会真正告诉你经常出错的秘密原因。有时候你会发现,自己受到高度激励,心中那把总想干成点事的欲望之火在熊熊燃烧,但到头来这并不足以促使你达成目标或者你深感力不从心,甚至壮志未酬身先去。究其原因,很大程度上是你的潜意识"模块"仍在起着控制作用,与你的"美好期待"作对。如果你还不懂得如何对大脑中的这些隐藏"模块"进行"重新编程"与调整,即便你再有豪情万丈,头脑中涌现再多思想,怀揣再多世界级的新创意,最后,充其量也只能变成一段"美丽的传说"。

皮艇比赛的故事

我曾用一个皮艇比赛的故事向我的运动员们解释了大脑隐藏"模块"对行为的影响。这是我和史蒂夫·弗格森进行皮艇比赛的故事。他是一位皮艇赛冠军。当我向他挑战 100 米比赛时,他超级自信,扬言会以巨大的优势击败我。当我们来到启赛线时,史蒂夫所展示出的一块块健硕肌肉和脸上堆满的灿烂笑容,与我试图保持皮艇平衡的手忙脚乱形成了巨大的反差。但是,枪声一响,一切都变了。自信的笑容立即从他的脸上消失。其实,是我事先做了手脚,暗地里绑定了他皮艇下面的舵轮,只能向右行驶。史蒂夫使出了浑身解数,才使猛烈打转的皮艇向一个偏右的错误方向行进。就在他大呼小叫,桨击水溅,拼命调整方向,力图控制住皮艇之时,我却从容不迫,不费吹灰之力,驾着我的皮艇向终点悠然驶去。

这个故事的意义在于,我们可以把大脑中"有意识的逻辑思维"想象成皮艇的"桨"。因为桨浮于水面,显而易见,我们就把大量的精力都投放在"桨"上。无论我们显而易见的意识在怎样地不断努力,可我们大脑的潜意识正像隐藏在水下的那只"舵"在不配合地工作。其实，它们在给我们的行为施加着巨大的阻碍和影响，而我们却不知不觉。

如果我们的逻辑思维之"桨"与潜意识情感之"舵"没有对准同一方向，即便再多的"加倍努力"、"发力击水"和不断调整方向，也难以让我们实现目标。

所以，这本书将为你提供特别的工具和行动指南。这将为你探游"水下"，调整潜意识的情感认知之"舵"成为可能。当你这样做了，也就打破了这种不利的恶性循环链，到时你会突然发现，要实现自己的目标，并不是困难到非要具备世界上最强意志力。

顺其自然未必最好

请看看这张有趣的棋盘图片。估计一下棋盘里方格 A 的颜色到底比方格 B 的颜色深多少，并猜猜方格 A 比方格 B 到底多用了多少墨。如果你认为是多用了两倍的墨水，那么你可以说，A 颜色是 B 颜色的三倍深，多用了两倍的墨。如果你认为 A 比 B 只多用了 30％的墨水，那么你就可以说 A 比 B 深 30％。请猜猜看。

　　现在让我来告诉你答案：这两个方格的颜色深浅是完全一样的！如果你不相信，请拿出一张纸，将其放在图片的上面，盖住它。然后，在纸上打两个小孔以便只能看到 A 和 B 的方格，而其他的看不到。我相信你会对你的发现感到十分惊讶。

　　这个简单的演示表明，你的大脑完全可能给出一个错误的答案，而你并不一定会有所察觉。要知道，人的常识或直觉并不总是正确的。所以你需要读这本以神经系统科学①为基础撰写的《赢者思维》，来帮助你超越人之常情、自然"常态"，这样你完全可以做到从一个普通的"男人"变成一位"男超人"，从一个普通的"女性"变成一位"女强人"、"女汉子"。要实现这一愿望，就需要你对大脑中的每个"模块"进行分析，并使用最适合的特殊思想工具对不同"模块"进行调整。总之，这有点像把两样东西拧到一起，要么你使用螺丝刀把公螺钉拧紧，要么就用扳手将螺母紧固。这本书介绍的各种思想工具也是出于这个道理而精心设计的，要么调整大脑逻辑思维回路以适应大脑潜意识情感认知回路，要么调整固有的情感认知潜意识回路让逻辑回路与之相匹配。

　　你瞧，自然的直觉未必一定正确，而且顺其自然的结果也未必都好。比如，

---

　　① 神经系统科学是研究人的大脑生理如何产生行为的多门学科交叉的系统科学，包括神经解剖学、神经化学、神经生物学等。

患上蛀牙是"自然而然"的事情，但是任凭其自然发展而失去满口牙齿，那就不是一件好事情了。要达到保护好牙齿的目的，重要的是你必须学会如何"超越"和克服产生蛀牙这个"自然"结果，学会刷牙。为此，如何提升正常、自然的能力，同时拥有超自然力，就成了本书反复出现的主题。《赢者思维》以科学为依据，列举许多你在实际生活中可以运用的实例，简明地阐述这一主题，易学易懂。希望你能像学会每天"超越自然"地刷牙一样，也能学会使用"超越"的思想工具来调整你的大脑思维。

思想"工具箱"

现在我要提出的另一个问题是，你会发现某些励志书籍中，通常是用几个有限的想法或主意作噱头，进行没完没了地重复、放大。不可否认，这种方式的确有利于市场营销，因为读者一读到标题就会想：哇噻，我只需要学习六个快速小窍门，就会变成一个快乐、聪明和富有的人。但现实生活中，取得进步并获得成功能是那么简单吗？

此刻，让我们再想一想赢得温布尔登网球公开赛的事情。要想赢得温网，首先要考虑的是如何加强营养，保持和提升身体素质。仅仅这个话题就足够写一本书了。还有，需要针对比赛交手的每位球员特点制定专门的战略战术等，如哪些对手的发球和拦截是他们的弱势？谁在扣球上有问题？当你对网球了解得越多，你就越会意识到它的复杂性。这就是为什么只靠自己是不可能照顾到所有方面的原因，也是为什么一名冠军选手要为自己聘请高水平的教练的原因。

远比网球比赛要复杂很多的是我们所处在的社会和生活。仅用六个"经典忠告"或"生活小窍门"就能在生活的方方面面帮助到你，从此改变你的生活吗？如果生活的改变如此容易，那么早在几千年前这些简单想法就应该出现在社会生活中，并被广泛应用，而且我们现代人一出生就该有它的基因烙印了。

生活是一个极其复杂的过程，复杂得令人感到高深莫测。生活的丰富多样性就意味着你的大脑调整技能和调整工具也要多样、全面。你需要备有一个装有成套工具的思想"工具箱"。

思维工具调节与规则约束的区别

根据规定要求，了解"规则约束"和"工具调节"的不同很重要。假如你打算减肥，规则可能是"晚餐不要吃巧克力"，这当然是一个基于逻辑的很好的规则。你只要靠意志力和自我控制去遵守就行了。但规则的达成并不容易，只能依靠更多的辛勤付出才能争取到，况且这一过程的完成往往是以违背人的本性为代价的。但毕竟，在完成一项任务的过程中是要有规则的，我们可以用它来抵抗本性中的不情愿，命令和约束自己去完成工作。但是工具与规则的区别就在于，应用工具可以真正改变你的自然欲望。用它来调整大脑，你甚至在一开始吃晚饭时就打消了吃巧克力的欲望。而且这样的调整，将会对你的生活产生永久性改变。因为一旦使用了它，你就不再为"总是控制不了自己"而烦恼。借用皮艇的故事，你的"舵"一旦被调整后，你所得到的改变几乎不费吹灰之力。这的确是事实，因为我从我的学员们那里，一次又一次听到了这样的反馈信息：他们真不敢相信，经过这么多年的艰苦奋斗，最终找到的"能做到永久改变"的方法竟是如此容易。

在我们进一步讨论关于思想工具的话题之前，先来想想，我们刚开始学习使用凿子或使用手术刀时会发生什么？你并不是一开始对这类工具就能驾轻就熟的，而是通过不断实践，从生到熟，而且越使用越熟练。学习使用思想工具也是同样的道理。我相信，熟能生巧。而学习使用"规则"时又会是怎样的一番情景呢？你在心里默念"晚餐不要吃巧克力"的规则，但它并不能从根本上帮助你太多，这不是现实生活中的事实吗？请问，身体超重者，果真是因为他们从来就不知道每天吃汉堡和薯条会使人发胖吗？那么，怎么就管不住自己的嘴呢？

因为《赢者思维》包含许多思想创新和应用工具，所以你肯定会一遍遍反复阅读。这样做是因为你需要时间和在生活经历中去体验，以便更好理解书中所能够借鉴的东西。也许第一次使用这本书，你就能掌握里面的工具了，但当你对书中工具的描述越来越熟悉时，你就会越发感到里边的许多句子都有更深层的含义（参见第十章"石榴的故事"）。就像没有多少人能真正坐下来，从头到尾一页一页地阅读《古兰经》或《圣经》一样，也许你也不会仔细地阅读《赢者思维》。但反复仔细阅读书中的各个段落，会促使你进步。你还会发现，如果把一个段落提到的工具与另一个段落描述的工具综合起来一并思考，会有意想不到的收获。另外，你还要活学活用，举一反三。比如学习运动理论和技巧可以帮助你在日常生活中受益，懂得大脑的基本工作原理可以帮助你提高体育竞技水平。这样，《赢者思维》里的许多概念就会越来越清晰和完整。所以，这本书比用大量的特别故事或经验罗列在一起的书更有价值。

平衡与规则的相对性

说到规则，生活中的各种规则几乎都有其相对性。大部分书籍并不告诉你这些相对性。它们只想给你一个很容易遵循的简单公式。例如，你可能经常在书中读到"永不放弃"的重要性，读到赢的关键就是毅力和决心，在许多情况下，这种建议无疑是正确的。赢者之所以能赢，就是他们更有主见，别人已经放弃，他们还能以坚忍不拔的毅力长期坚守。但现实生活中有时并不是那回事，不是那样简单。你倾其所有，投资做留声机唱片的生意，跑广告忙得四脚朝天，整天唾沫飞溅地做电话推销，结果有人已经发明了 CD。在这时，放弃和改变方向是绝对正确的选择。所有规则的关键，是要懂得在何时应用，如何应用规则以找到恰当的平衡。那么，什么时候需要你坚忍不拔、努力去研究和工作？什么时候需要你放弃和改变方向呢？《赢者思维》不仅告诉你所有不同的规则，还帮助你选择该使用什么和什么时候使用这些规则。

画面与编纂故事

在《赢者思维》里，每个概念或思想都会用真实的故事和生动的图片来加以说明，目的是让读者容易记住，印象深刻。这有点像从梦中一觉醒来，如果梦境的画面足够强大和真实，它有时会影响人整整一天。当然，这种感觉可以是积极的，也可能是消极的，这取决于你做梦的类型。

但我要说的是，梦境无法与书中图片和故事所发挥的作用相提并论，因为后者的作用可能会影响你今后人生的方方面面。

什么是赢者

在谈论如何成为赢者时，我们需要对什么才是真正的赢者做简要解释。在这本书中，赢者并不是在自己家中的展柜里塞满了奖杯的人。迈克·泰森赢得了五亿美元，是无可争议的世界重量级拳击冠军，但他并不是一位"赢者"。他的个人生活一团糟，最终他的拳击生涯在监狱里结束，他还落得几乎身无分文。很多好莱坞电影明星们总是激情澎湃地展示现代新潮流、引导公共新生活，而私下里他们却忍受着生活空虚和目标缺失的痛苦。这样的人可能会一时成功，但是他们绝不是"赢者"。

在五彩缤纷的大千世界中学习如何获得生活经验，在枯燥乏味中学习如何发现生动的生活色彩，是赢者要具备的多维生活。生活不再是平面和二维的了，而是变成三维甚至是四维，变得比现实更现实，这正是我们必须学习的技能。它不是仅靠"智慧箴言"或"保持积极的心态"就能得到的。它是通过智慧和聪明的眼睛，真正看到和认识这个世界而获得的。

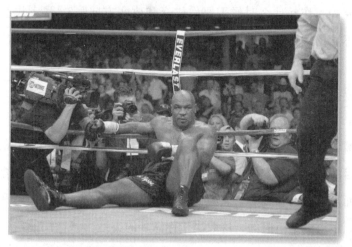

真正的赢者应该是多维度的人，他应该在事业和个人生活上都过得丰富多彩。他们不仅能充分享受生活的每一天，而且能感染周围的每一个人。他们那真性的内心充满了平和与满足，比任何奖杯、名誉和金钱，都能提供更多的幸福和快乐。

现实的生活是如此的残酷无情，不留一点时间，让我们去做该做的事情。

——艾米丽·迪金森（1860），美国诗人

所以，让我们珍惜时间，现在就行动吧！

你有功课要做！

第二章

规划与制作你的《赢者
私人定制练习册》

要是不去健身房，你很难得到教练的指点，不易学会按照仰卧起坐的准确要领加以锻炼。只有学到做到，你才有信心对自己说："很好，我已经知道仰卧起坐的练习方法了，我也很快能有像阿诺德·施瓦辛格那样的腹肌了。"之所以有这样的把握，是因为你知道如何将知识付诸实践并刻苦训练。生活中的任何事都是这样。

单靠阅读一些带有逻辑性的东西，就想改变大脑思维甚至想彻底改变自己的生活，是远远不够的。不能刚学习到一点书本知识就对自己说："没错，很正确。现在我知道该怎么做了。"相反，要想改变自己的生活，就要把知识学透、学全并付诸实践。把知识付诸实践和掌握知识本身一样重要。本书就是要传递相关的重要知识和实用的实践方法。请跟着我一起，循序渐进地、按部就班地学习吧。

也许你已经是一位有所成就的人士。这样要求，对你来说也许有点过于简单。也许你"心里"已经知道本书的许多重要组成部分。这其实很棒，说明你更应该参与其中。世界上有一些很成功的人士，无论是运动员还是企业高管，都惊奇地发现，当他们按照本书讲述的每个步骤去行动之后，他们的生活都得到了进一步改善，事业都走上了更高的台阶。所以说，如果这本书对已取得成功的人士都产生难以置信的积极影响，那么，它对你的成功之路也许会更有借鉴意义。

本书的内容按层次循序渐进地展开。每一步的讲述都承接了前面的内容。刚开始的一些步骤，可能看起来琐碎，但它们是形成更高级知识的重要基础。所以请不要跳过任何内容。

开始行动

你要开始行动的第一件事就是制作自己的《赢者私人定制练习册》。这其实是一本你自己写的书，是一本除了你自己没人能阅览到的书。它大概只有 15～20 页，但正如我前面提到的，它将是你手中不曾持有过的最强大的"宝典"。每天浏览一次，将会极大地改变你的生活。你的《赢者私人定制练习册》至少要包含七个不同部分，每一部分的内容都是与你本人相对应的。起初，兴许你不会真正知道该把什么东西放到你的《赢者私人定制练习册》里。但阅读过几章后，你就会明白哪些是自己需要，而以前又从来没有重视过的内容了。这肯定是一个令人振奋的发现之旅，因为在动手制作的过程中，你很快会有满意的收获。《赢者私人定制练习册》不仅是开发自己的工具，也是你获得发展基础的关键所在。

现在就让我们着手制定《赢者私人定制练习册》并应用它吧。

先从文具店买一个规格大小能放入 A5 纸、带有 20 个透明口袋、可容纳 40 页纸的文件夹，以便于随身携带和使用。

使用 A5 大小带透明口袋的文件夹有四个优点：

第一，可以方便、快速地更新任何页面。这点其实很重要，因为一位成功的人总是不断完善自己的。当你有所提高和成长后就会发现，昨天对于你来说重要的东西，今天已不再重要。你的《赢者私人定制练习册》是一本不断发展和有组织系统架构的"书"。它反映着你个人的成长与变化。

第二，每天早上你都要反复翻看，这些塑料口袋有助于保护纸张，防止很快把它揉烂。如果使用带扣眼的活页夹，扣眼周围很快会撕裂，还会弄得很脏。

第三，A5 文件夹小巧结实，便于随身携带。

第四，文件夹的大小比较适合每张页面只容纳一个主题。这是所有优点中最重要的，因为不能指望把《赢者私人定制练习册》里的全部内容一天都读完。我建议你先通览一遍《赢者私人定制练习册》的全部内容，然后仍然把精力集中在每天特定的重要概念上为好。

设计《赢者私人定制练习册》封面

制作《赢者私人定制练习册》，先从设计封面开始。请看我设计的封面。从这张图你已经看到，我的照片和名字显然没有传达任何强有力的信息给你，显得平淡无奇。而你的《赢者私人定制练习册》的封面要设计得与众不同。让你的名字、照片和至理名言都出现在封面上，每天看到时都会眼前一亮。

有两种方法可以帮助你设计制作《赢者私人定制练习册》：

- 通过你的计算机来制作；
- 通过纸、笔、剪刀手工制作。

如在电脑上制作是很容易更新页面的。你可登录赢者思维网站 www. winnersbible.com，在"工具栏"里下载一个空白的《赢者私人定制练习册》模板进行填写。

或者，也可以在 A5 白纸上手工制作，然后把自己的照片贴在封面上。

封面上的照片应该只有你，最好不要有其他人出现。不要把朋友或者其他东西做背景。记住，这是你的《赢者私人定制练习册》，所以封面需要捕捉和突出你个人的风采。再者，其他页面要有足够的空间来展现你的朋友和家人。请仔细挑选一张最能反映你特质的照片，比如目光炯炯、神情刚毅的个人大头照，或是面带灿烂笑容、让人感到亲切和蔼的照片，都是你不错的选择。总之，让它一眼看上去能传达出你的个性，最能反映出你自己的特质。具体举例来说，如果你是一名运动员，就可以选一张在某个大型活动上，表现你特别高兴的特写照片，也可以是一张在领奖台上的照片，或者是一张在某次培训活动中你聚精会神的照片。总之，照片应该能显示出你充满能量的精神面貌。当然，这是你自己的选择，这里只是提醒你，要确保照片所要突显的是你个人的特征，而不要被其他东西削弱，造成喧宾夺主。

目标与画面感

你的《赢者私人定制练习册》最终应至少包含七个主要部分，它应涵盖你生活中的各个方面。第一部分是你的目标，因为这是你生命中的意义与激情所在。从某种程度上说，你的目标等同于定义了你是谁。当然，几乎所有人在其生命的某个阶段都制定过自己的个人目标。这是一件好事，但还是差那么一点点。问题是，目标还不能足够有力地从心灵深处唤起你的激情。要想改变自己的生活，你需要感觉到你的目标，需要闻到目标的气味，尝到目标的味道。此话也许有些夸张，但你确实需要一幅能感觉得到的强大画面，让你陶醉，让你身临其境般沉浸其中，再以一种非常特殊的方式把你从画面中移到现实。

形象化集中凝视技术

假如你的目标之一是想拥有一艘自己的船，你就把它作为制定各种目标中的一项，写出这样一句话："我要拥有自己的一艘船"，或者你还有一个办法：找到你想拥有的那艘船的真实照片，把它贴到《赢者私人定制练习册》的物质目标一栏里。

但怎样通过这些照片让你的目标能够活生生地灵动起来，映射到你的大脑中，同时激活各种能改变你生活的大脑反馈回路功能呢？有一种技术可以帮你，它叫作形象化集中凝视技术，作为需要学习的各种技术之一，你要好好地掌握。这种技术要求你完全聚精会神，眼睛不要乱转，充分凝视画面的某一点，坚持两分钟左右。要求这样做，是阻止人的眼睛有时会自然转动到画面的其他部分，当然，时不时地眨眨眼睛，是完全可以的。

如果你这样做了，而且拥有一艘自己的船真是你的激情所盼，那么在感情力量的驱使下，你就会感到，画面真的变成了你真实的体验。当你第一次全神贯注凝视画面中的驾驶舱时，你会渐渐"看见"自己正站在船舱之中，手握舵盘驾驶帆船，你甚至可以感觉到方向盘就在手中转动，驾驶着帆船乘风破浪。当全神贯注地集中凝视时，即便你实际并未在画面之中，但仍会感到身临其境。稍过一会儿，你的眼睛也许会转移到驾驶舱的另一个角落：你想象到了你的好朋友们正坐在那里，一起品尝着咖啡，你听到了他们的笑声，闻到了整个咸湿的海面上飘逸着的咖啡的香气。几分钟过后，你的视线也许又慢慢回到了船舱。你真的能感觉到灿烂的阳光洒在脸上，微风吹拂，撩动着轻松愉悦的心情。

倘若你真想行动起来，实现这一愿望，这就是你需要的那种目标！这种目标是活生生的、充满能量的和有形的。你可以品尝到、感觉到、听到，你全身所有的感官，味觉、听觉、触觉、视觉、嗅觉等等，已经全部参与到这一形象化集中凝视的过程中来。这一技术练习得越多，这种现象就越会自然地出现。你大可不必刻意去寻找这种感觉，因为你大脑的潜意识会以自己的方式把这种感觉全部自动地释放给你。

所以，请花点儿时间，尝试着把自己融入帆船的画面之中，看看是否你也能成为这画面中的一部分。如果对船不感兴趣，就请找一个你感兴趣的事物，感受一下形象化集中凝视技术的玄妙。它也许是一匹骏马,你正在策马扬鞭驰骋在辽阔的草原上;也许是在一处美妙的度假胜地,恬静悠闲。不管是什么,找到你想实现的目标照片,然后看看你是否可以把自己融入画面里,让它们活灵活现起来。现在就来试试看。

编纂故事

在开始进行形象化集中凝视技术训练并产生那种鲜活感觉之前,我再介绍给你一个方法,也能帮助你在大脑潜意识里产生上述那些感觉,这就是编纂一个小故事。故事情节里,可以不只是看到上述的那艘帆船,你还可以想象在一个阳光明媚的日子里与朋友们一起扬帆远航。尽管这样的故事是主观臆造的,但你仍会发现,这些想法会自然地流入到你的潜意识里,它们会进行自动的可视化处理,帮助你产生生动的画面场景。

获得上述生动画面场景的关键因素,还在于你必须真的在情感层面上感觉到了目标,你必须要与情感完全连接,让它们不只是平淡无奇的心理图像,每个画面都需要成为一种情感体验。其实,大脑能产生这样奇妙的效果,是有可靠的科学依据的,只是你刚开始着手《赢者私人定制练习册》的制作,暂不需要了解大脑的这些工作过程。稍后,我们会学习这些知识,它们将帮助你拥有更强大、更刺激的可视化体验。

我想,你已经幸运地能够从图片中获得某种能量了。每天清晨用这种方式去浏览照片,不但不会浪费你的时间,反而,你会觉得有更充裕的时间去享受生活了。真的,这的确可以为你赢得更多的时间,它会帮你把事情做得更快速,不会被那些无足轻重的鸡毛蒜皮之事缠身而白白浪费一天。

希望你现在可以意识到,为什么过去仅列出"目标清单",并没有真正起到作用的原因了。比起充满活力的可视化画面,前者就显得过于平淡,激发力不足了。

选择一幅好的图片意味着什么

不是所有的图片都能使你的目标活灵活现地出色表现出来。当选择图片时，还要注意下面这两点：

- 图片要能帮你讲述一个你也参与其中的故事；
- 图片要有优良的摄影品质。

我们再回到前面的帆船图片。请注意，我选择的是一张与朋友们一起在海上扬帆的图片，而不是停泊在码头的静态照。当你每天早上翻开《赢者私人定制练习册》时，首先映入眼帘的应该是一张动态的、可视化的图片，并且你的梦想已与图片融为一体，每次看到它对你都是一次激励。这一点非常重要。所以你选择图片，不仅要考虑是否能传达目标，更重要的是要思考你的人生将会是怎样的，为了达到这个目标，你要做什么。

不要把自己限制在每张照片仅仅是反映一个目标这样的理解上。你的帆船不仅只有一个主体，应当有更多的内容和事情让你去做，如帆船航行到某个岛屿并在海滩上烧烤等。沿着这样的思路，你还可以在画面中添加一些人，想象他们躺在阳光普照的沙滩上尽情享受烧烤的情景；或者帆船为你提供一个远离一切干扰的宁静场所；或者你在船上某个角落正休闲地阅读着一本书来愉快地结束一天的航行。在这种情况下，找一张带船舱的图片可能更合适。

关于另外一点，就是图片应该是高品质的。它要能有更多丰富的细节去强有力地刺激你的各个感官。因为越详细就越接近现实感，让你能更充分地沉浸在自己的场景之中，使其变得更有活力和真实。

图片可以从摄影杂志中获取，也可以使用像谷歌或百度等互联网搜索引擎来获取。杂志的优势是，大部分的图片是高质量的，一般来自专业摄影师之手，但是很难找到一张完全合适的图片。另外还有一个不便之处是，你得动手裁剪图片，再用胶水粘在 A5 纸上。

　　互联网上有大量的图片，可以通过搜索词来快速查找。但你要注意确保它的图像质量。如果打印图片，也要确保纸张质量和打印效果。

找到属于自己的图片

　　现在花一些时间写出目标清单。就像你去超市需要有一张购物清单一样，你要列出一张查找图片的"购物清单"。一旦找到，就像扔掉购物清单一样随手丢掉。

　　在此阶段，不必过于担心你列出的目标是否完整或合适。当然，帮助你找到靠谱的目标和知道如何获得它们是这本书的关键所在。随着阅读的持续，你会更好地了解你自己，目标也就会随之不断地改变和扩展。所以，现在就开始你的计划吧，这样在每天清晨你就知道自己该如何行动了。

　　在开始选择图片时，有件事需要特别小心，那就是图片内容一定要与你当下的现实生活相吻合。不要一开始就把拥有一艘 60 多米长、价值 1 亿美元的超级游艇的图片放到你的文档夹里。这样的豪华船并不是你现在的目标，而只是一个不成熟的想法。它有可能潜在地误导你的想法成为空想！你最好先从希望拥有一艘 10 多米的小帆船开始。因为你的图片可以一步步地更新，直到你终于

真正拥有了价值 1 亿美元的超级游艇。如果你愿意，还可以把这张豪华游艇的图片放到《赢者私人定制练习册》的后面某处，这样就不会漏掉你的长远目标了。进步是从小到大、从低到高、一天一天积累来的。所以，制定《赢者私人定制练习册》的开始阶段必须包括个人最接近的目标。理解"改变是一个循序渐进的过程"非常重要。

还有一点也特别值得牢记。追逐一个不可能实现的空想是极为有害的。不如锁定一个切实的目标去做 200％的努力，那才是真正的挑战，才会切实获得成功，你才会深感满足。这要比不切实际的空想好得多。

用图片表示真正的人生目标

在生活中你会发现，找到一些优秀的、反映你想要追求的全部物质生活的图片并非难事。但大家都知道，物质财富、事业成功、名利等并不一定能使人快乐。肯定，住 300 万美元的房子要比住 30 万美元的房子好得多，很有价值感和成就感。这类大目标，当然也是本书想要帮你拥有的目标之一。但与物质追求相比，"最理想的未来"才是人生追求的最大目标。它更能给你的生活带来满意、知足，更能带来快乐、幸福，让你的生活变得真正安心、和睦与平静。本书会在后面经常提及"最理想的未来"。要实现这一目标，就要求你能对生活的真正"意义"有充分的理解，能拥有良好的人际关系并能充分认识自己的所有潜能。讲到这里，我不禁想起以前有家媒体报道说，有一位名人，尽管名声显赫、富甲一方，但生活却使他焦头烂额、不堪重负。这位腰缠万贯的富人过得快乐幸福吗？他的生活是那么有意义吗？

每个人都有生活目标，但绝大多数人并没有真正使自己的生活变得幸福。可悲的是，他们仍在倾其一生去追逐它们。

因此，人一生最重要的目标不应是像拥有一幢新房或一部高级轿车那样物质的东西。相反地，应该是：

- 找到并发掘全部的潜能；

- 克服让你停滞不前的弱点；

- 忘掉过去的"历史"，成为今后生活的设计者；

- 增强个人能力；

- 改善人际关系；

- 学会克服挫折。

那么，如何为非物质化的目标找到对应而又充满活力的图片呢？很显然，找到一条船的图片很容易，可哪儿能找到激励你"永不放弃，并保持积极心态"的图片呢？什么样的图片能帮助你在商务谈判中"行事有尊严，又不感情用事"呢？针对这些深层次的问题，本书在后续章节中将为你介绍并解释如何使用各种工具来加以解决。下面我先介绍一个相当有用的技巧，你可以把它写入《赢者私人定制练习册》。

偶像、英雄及导师

找到某些偶像、英雄及导师的图片，把它们放进你的《赢者私人定制练习册》，用它们代表你所希望取得的成就或想要达到的目标。例如，如果"绝不屈服"和"有尊严地做事"是你的两个目标，那么，纳尔逊·曼德拉的图片将是一个很好的选择。

这是一位度过了 27 年牢狱之灾、大部分时间被单独监禁的传奇人物。日复一日，时间飞逝，但外面的世界仍然没有任何改变，种族隔离仍在进行，黑人仍在被杀害。在极端恶劣的条件下，还能不丢掉自己的信念和梦想，可以想象，他的经历是何等艰苦卓绝。独自被囚禁在与外界隔绝的空荡荡的小牢房里，几乎可以肯定，时间在消磨和吞噬着他的生命，他的处境是绝对的绝望。我想，三年这样的生活，绝大多数人都会屈服和投降；十年这样的生活，即便是内心最强大的人，当意识到理想之光无法重现而且逐渐消失殆尽时，也会开始崩溃。然而，曼德拉却以他惊人的毅力，不屈不挠地坚持了 27 年。当他终于被释放后，他并没有寻求报复，而是冰释前嫌，展示了非凡的气度，他认为这样做有助于治愈整个国家。无论谁对他个人有何评价，都无不为他的惊天事迹所动容。

但对于你，也许某位著名体育明星会更适用。如果真是这样，请选择这么一位运动员，他身上恰好有你所需要的特质。要么他具有那种屡战屡败，屡败屡战，直到战胜所有对手的坚强决心和坚忍气概；要么他足够自信；要么他所从事的运动能够让你获得灵感。

总之，你要知道哪些图片会对你起到作用。

家庭与朋友

当你在寻找和选择你心目中的明星偶像、英雄及导师的图片之时，也不要忘记选择你家人和朋友的照片。生活中，我们总是容易因为忙于完成自己所谓的"生活使命"而忽略了身边的这群亲人，很少花足够的时间和精力去呵护他们。而这些人才真正是让你活下去的原因。当你阅读《赢者私人定制练习册》，看到家人和朋友的照片时，它会让你扪心自问："时间都去哪儿啦?"，它会提醒你打个小小的问候电话，或是做一些让他们意外惊喜的事情，使他们的日子过得更充实快乐。毕竟真正的赢者不仅仅关心自己，对自己周围密切接触的人也充满了真心的关爱。在《赢者私人定制练习册》里放置家人和朋友照片的另一个好处是，无论你走到哪里他们都永远与你同在。

为什么目标很重要

你可能会问，为什么要下这么大的工夫为目标去寻找匹配的图片，然后还要每天早晨赏阅它们呢？为了说明它们的重要性，我想让你先来想象一下这样的场景：假如每天早上6点，当你还在睡梦中就被喊醒，被一位霸道的工头硬生生拖下睡床，之后接下来的两个小时，他吆五喝六地强迫你搬运沉重的铁块，直到你精疲力竭甚至崩溃。用不了多久，每天早上6点，你只要一听到那走进房门的脚步声，就会心惊肉跳，心生恐惧。沉重的铁块与每天早上的怒斥声产生的链接就像条件反射，唤起了你最初那心惊胆战的感受，这更多的是摧毁人的灵魂，简直让人魂飞魄散。

接下来请想象另一种情形，场景完全相同，只是角色变了。你变成了一位为备战奥运会而参加集训的运动员，而那位蛮横的工头变成了你的教练，但他仍然严厉又专横跋扈。好了，这个结果可就发生了不同的变化。每天早晨你不再有惧怕，取而代之的是，每一次强化训练都成为你朝着目标迈进的重要一步。你脑海里闪现的是你站在高高的领奖台上，眼前是数百万欢呼雀跃的观众，名誉、财富和个人成就感在等待着你。所以，虽然一次次高强度训练结束后都会产生肌肉酸痛和疲惫感，但换来的是欣慰和满足。

上述两个例子中，你做的其实都是完全一样的事，都是每天早上艰难的起床，都有苛刻的要求，但它们的结果完全不同。原因很简单，仅仅是一个有明确的目标，而另一个没有。

目标提供了改变个人生活的动力去促使你完成任务。如果你的目标是模糊不清的，甚至丧失殆尽，那么你的动力肯定受挫，因为仅仅依靠单一的自律，你是很难长久地坚持下去的，而积极向上的激情将时刻让你充满动力与活力。

赢者的目标各不相同

大多数人并不知道，一个运动员到底要付出多少努力才能成为一名世界冠军。我们通常只知道他们的训练是十分刻苦的，却不知道事实比我们想象的要残酷得多。我曾与许多世界冠军共事，但是，直到我与其中一位运动员相恋并住在一起后，我才深深感受到那种让人不堪重荷的事实，成为世界冠军要付出的太多了，太不容易了。我的女朋友每天都会早早起床，早餐前要在游泳池游上 100 趟。但这可不是像你我一样，在舒适的泳池里一趟一趟地放松慢游。对她来说，每游一个来回，都要克服巨大的痛苦，每一次奋力击水都要靠意志力来支撑，这种长期持续不断的心理承受力，你和我以及常人都很难忍受。况且，这并没有结束。早饭后，她还要出去骑车 80 公里。每一次蹬踏都在考验着她的腿部肌力；每一次蹬踏，她都要艰难地从肺中挤出沉重的吼声。不论阴雨、冰雹还是暴晒都无法阻挡她的行动；疲劳性僵硬、冷风逆袭却成了她勇往直前的动力。好不容易一天就要结束，她已经疲惫不堪，可她还要长跑。当穿上跑鞋，她又迸发出力量坚持跑完了 10 公里。以那个行进速度你我或许最多能坚持 30 秒，更不用说像她那样坚持 30 分钟了。她是如此刻苦努力，超强训练，以至于转天早上起床，她都几乎无法站立行走。尽管每晚都做半小时的按摩，但转天起来的每一步挪动，对她来说都是那样的痛苦。她就像遭遇交通事故慢慢恢复过来的人一样，要花去 10 多分钟的极大努力，缓慢地从僵硬中舒缓，才能开始慢行。随着肌肉渐渐放松下来，一杯黑咖啡下肚后，她再次抓起训练包，又一头扎入游泳池之中。

我或许可以强迫自己像她那样做上一天，最多也只能勉强撑上一个星期。但她一周七天，一年50个星期——整整坚持了15年！嘴上说说"15年"并非难事，但是能够忍受如此程度的痛苦并做到长时间的坚持，这已远远超出了一般人的耐受力。现在，我想打断一下你的思绪，稍停片刻，先想象一下她的疼痛程度和那些年来她每一天的坚持和努力，再想想过去的15年里，你做到了这些吗？即使她再苦再累再痛，情绪再低落，无论再怎样，她都仍然投入百倍的努力，设法站起来，再次投入训练。

但这些还不是故事的结尾。因为她是一名专业自行车运动员，她的收入是通过在每两周一次的比赛中，与其他选手竞争赢得名次，而且还要进入排行榜才能得到。就像公司要有年度审查考评一样，可她却需要每两周一次！或像一名学生应付期末考试一样，可她却不能有任何投机取巧的机会，老老实实地参加每14天一次的考试。事实是，如果她做得不够好就得不到报酬，这是很残酷的。在这个地球上，有几个人能坚持这样长时间不懈努力呢？我想，没有人可以对剧痛有如此的忍耐力，而且靠个人纯粹的意志力来保持这种长期不懈的努力也是不可能的。

以我与诸多成功者共事的经历，可以总结出，他们能做到这一点，是因为他们的目标比任何人的都更加真实、鲜明和充满活力。即使以前从来没人做过，赢者们也都坚信他们自己的目标能够实现。即便实践起来真的、真的很难，但他们的目标也永不褪色。他们信念十足，即使在不可能的情况下，只要能找到一丝的能量和机会也要去继续努力实现他们的目标。现在，我猜想你可能想要悄悄翻阅一下第十二章——"坚定不移的信念"的内容了，想提前"偷窥"一下赢者们的信念到底是什么。我确信,你肯定会感到惊讶,与你的相比,他们的信念真的是如此不同。读完了那一章,你会意识到,你现有的信念与冠军们的相比可能只是他们的十分之二。你应该要有和他们一样的目标和信念,这就是我为什么反复强调,当你制定《赢者私人定制练习册》时,首要一步,就是使你的目标鲜活生动起来的原因。继续阅读这本书并加以练习和实践后,你就会发现,你将获得强有力的信心,它支撑着你并让每一天都充满快乐。你不觉得,目标不仅给予了你坚持下去的力量,更重要的是它给了你真正享受快乐的生命旅程的能力吗?生活快乐才是支撑你整个生活的本质。现在你也许可以更清楚地了解到,为什么单纯依靠一个"个人期望目标清单",是无法达到目标的原因了。

冠军的目标是持久的、有活力的、清晰的、真实的。

形象化集中凝视技术可以影响你一整天

让我们自问一下,为什么我们要这样做?因为每天醒来花上五分钟时间浏览一下你的《赢者私人定制练习册》,将会在接下来的 24 小时,极大地影响你的感受和想法!这听起来好像难以置信,但你很快就会发现这的确是事实。影响与否仅仅取决于你与所选择的图片之间所存在联系的紧密程度。

为了知道这是怎么发生的,请先设想一下,在某一天的开始,你的电话响了,有人通知你,女王要来接见。尽管你的思绪已被这一整天千头万绪的事情所占据,但你还是会把其他的事情统统搁置一边,而把女王接见这件事当作头等大事来做。几天前还为那些棘手之事而消沉、焦虑、担心的你,今天却全力以赴把思绪全部集中到了一幅大的画面:"女王来了!"这幅大画面在你脑海里持续不断地自动涌现。这就是因为它把你的思绪和想法都具体化了。同样,如果你也能在一天的开始,成功地"看到了"自己的目标,那么,上述情景也会同样发生在你身上。无论如何,为了把一天的事情做得更好,在你的大脑中，一定要建立一个具体化的、清晰牢固的"大图像"来有效地影响你。当这一切发生时，你就会发现，看似平常的一天，其实潜藏着更多的机会。你过去看到读到过的一些无关紧要的事情，或遇到过的无关紧要的人物，今天可能就会被判断为是重要的了，你就会像激光聚焦一样，马上锁定这些人和事。这时你会发现，这样的结果，给你的生活带来了更多的"幸运"、更多的"机缘巧合"，你做事将会事半功倍，更重要的是，你会更享受每一天。夜晚，当你终于爬进被窝里，就会感到十分释然、轻松，对自己的工作满意度打个满分。你会感到，一天的工作是那样的有效率、有价值、有意义。

我遇到过的人们常犯的错误之一，是在纸上列出诸如"目标与行动"、"可视化我的目标"等内容，并且每年一次地重复，以为那样做就能有助于自己实现目标。我要说，这真是远远不够，因为那样并没有把目标、情感和图片相互交融并深深地烙印到自己的潜意识里。那样做，只能是一年一次或是一月一次阶段性地、从外在理性层面和逻辑层面影响一下自己而已。要想深刻地改变自己的行为方式，就需要用某种方式，让目标深深地渗入人脑情感层（区）和潜意识层（区），因为这里才是控制行为的驱动器（参见第五章的"大脑边缘系统——情感"小节）。做到这一点需要时间和反复训练。

目标的可视化让你的脑力"升级"

目标的可视化除了能提供激情动力外，还有两个主要的益处。首先，你的思想确实可以改变大脑的生物化学反应和神经连接。换句话说，你可以重新连接你的大脑。可视化与其他思维过程不同，如果做得正确，可以在人的大脑中发展建立一个新的思维"回路"，这将有助于人有更好的表现。这相当于给人的大脑进行"升级"。其次，当形象化过程中激活了人的感官和情绪时，大脑就会释放出另外的神经递质（神经递质是大脑中的化学物质，参加完成神经反射，大脑才能发挥其功能）。这些神经递质会给人一种能量提升，比起任何兴奋剂都会更强大、更持久。形象化集中凝视技术练习得越多，你能力提升得就越大，收获就越多。

人生是短暂的，每天的收获需要最大化（参见第十三章"把握当下"）。

这不是秘籍

至此，我们已经明白，仅有生动的目标是不够的。接下来，还要带着目标与信念去行动。阅读那些带有"某某秘籍"类的书籍并不能起到太大的作用。这类书往往会让你这样认为：只要你对它们提供的内容坚信不疑，宇宙就会奇迹般地为你提供一切，引领你走向成功并带来好运。但事实并非如此！埃塞俄比亚和津巴布韦有成千上万的人在挨饿，并不是因为他们内心的信仰导致了贫困。相反，这是由于他们国家的政治和经济困境造成的。同样，没有一位奥运百米短跑金牌得主不是靠多年刻苦训练、强烈渴望和坚定信念取得成功的。这是一个综合的结果。

要成为赢者，应具有鲜明的目标、积极的态度和坚定的信念，但这只是迈向成功的开始。你还需要变得更有效率、更强大，还需要知道怎样让你的生活改变。要做到这些，就需要你先去进一步了解大脑内部是如何工作的，也就是说你需要了解大脑的四大思维支柱（参见第四章）是如何支持你的思维和行动的。不仅要知其然，更要知其所以然。但是在对大脑的四大思维支柱进行令人振奋的"探索"之前，还是先让我们在此总结一下，成为赢者的第一步都有哪些内容。

每天怎样学习和使用《赢者私人定制练习册》

每天早晨阅读和学习《赢者私人定制练习册》时，并不需要翻读每一页，也不需要把每张图片都进行可视化分析。只要翻一翻，你的记忆就会自动选择哪几页对你是最重要的，你会发现每天都有变化。虽然你的《赢者私人定制练习册》很快被大部分图片和其他内容填满，那也只需每天早晨花上五分钟翻一翻就足够了。

请记住，你必须坚持每天阅读你的《赢者私人定制练习册》。

你总可以找到一个不被打扰的安静地方，对许多人来说，卫生间是一个很不错的选择。

请确保《赢者私人定制练习册》始终处在保密状态，没人能看到它。这样，你就可以自由地写出你想写的内容。

本阶段的行动任务

- 列出各种目标；
- 找出对应各种目标的图片；
- 为目标构思一个生动的场景式故事；
- 练习形象化集中凝视技术。

关键要点

● 随着不断地阅读此书，你的目标会不断改变而日趋成熟。

● 如果你还不能确定你真正的目标到底是什么，也没关系，先放一放，书中接下来的章节将帮你找到自己的真正目标，并将从各个方面丰富你的生活。

● 本书包括的不只是物质的目标，还包括如个人发展、交友、增加你的幸福感和精神力量等。

你的《赢者私人定制练习册》在目前阶段应该包括的内容

虽然你刚刚开始制定自己的《赢者私人定制练习册》，但现在应该至少包括以下内容：

● 你的物质目标；

● 你的职业目标；

● 心目中的大师/英雄/偶像；

● 你的家庭；

● 你的朋友们。

第三章

你的优势、弱点和容易重
复犯的错误

个人评估

我相信，你已经有了一个编写《赢者私人定制练习册》的良好开头，并把自己的目标写进了里面。接下来，就要开始对你的个人情况进行一次分析梳理和评价。你现在毕竟还像是一块原材料，为了达到设计目标，我们需要审料估材、按材取料、"私人定制"。

每位优秀的将领作战之前，都是先评估好自己部队的优势劣势，掌握了敌方薄弱环节，才开始组织军队投入战斗的，正所谓"知己知彼，百战不殆"。作为一位将军总不能瞥一眼自己的军队就说："嗯，看起来八九不离十，去打仗吧。"相反地，他会仔细检查每个部门和每种类型的武器装备，并通过分析敌人所在的地域和状态，对比自己的有生打击力量，找出胜算的可能。同样，要达到胜算的目标，你不仅要静下心来，闭目思考，还需要进行像我所说的独立评议来评估你的优缺点，直到有了对自己清晰的评价结论并记录到《赢者私人定制练习册》里，以便每天都可以翻阅。这样你就会充分发挥出自己的长处（优势），并扬长避短，避免被弱点绊倒。

为了能准确评估出你的弱点，一个重要的方法（技能）就是去了解所有赢者是怎样做的。许多拳击手之所以赢得一场比赛，原因很简单，就是他们很清楚自己的哪些弱点会被对手利用给以致命一击。他们知道怎样调整自己的位置，所以避免了被打倒。这是一个不仅在体育竞技场，也是在生意场和日常生活中反复出现的话题：要知道自己的弱点，更要知道如何灵活应对它们。

如果你的生活轨迹并没有完全按照期望的那样行进，可能是哪些地方你做得不对，极有可能是自己重复出现的行为方式出了问题。这种重复出现的行为方式，通常是一种你还没意识到的潜在弱点症状。要找出这些弱点并加以纠正解决是一个让人难以置信的过程，也常使人怦然心动、心潮澎湃。因为当你真正找到自己的弱点所在，就会发现，生活突然间有了新的活力，许多好事又开始恰好"降临"到你的身上。同样，如果能真正弄清了自己的优势，你就更会将它应用到每一天的工作中，使其发挥到极致。当弄清楚自己的全部优劣势后，你就可以开始学习使用一些我经常用于优秀运动员们训练的特殊思想工具，并在实际工作中加以实践。当然，我还需再强调，在你能正确地选择一种合适的思想工具之前，需要把自己的优劣势真正"诊断"清楚。

别从哈哈镜中看自己

在评价自己时，我们需要独立评议。这是因为没有谁能完全客观地自己评价自己，所以人贵有自知之明。戴安娜王妃打心底里就认为没有人真正地爱她、关心她。强烈的自卑感驱使她暴饮暴食，以此来改善自己的外貌，求得更多人的喜欢。然而，当她去世时，成千上万的鲜花布满了英国每个角落，人们以此自发地寄托对她的哀思和钟爱。整个国葬过程，英国向世人展现了人类最伟大的惜恋和怀念的情感。真希望戴安娜还活着的时候，就能看到人们对她这种真实的评价。

同样，你也可能对自己的优缺点不能全面正确地了解，就像你从哈哈镜里看自己一样，多少会有变形。那么如何解决这个问题？怎样才能看清真实的自己呢？

匿名评议

答案之一，是从真正了解你的人们那里寻求帮助，比如家人、最好的朋友、自己很尊重的同事等等。但是，这样也很容易出现两个问题：

（1）你的朋友本应完全忠诚于你。不幸的是，对朋友忠诚度的考验会影响你们的友谊。毕竟当你的闺蜜总是说："你胖得跟猪一样，你胖得屁股都撅着，得减20公斤才像个人样"的时候，这种友谊还能一如既往、深情有加吗？更不用说让他评价你更私人的问题了。

（2）你的朋友必须重视这件事情。不能随便地给你一些肤浅的答案，你期望他们深思熟虑后给出真正的忠告，但这往往很难做到。即使心理学家们常用的经典问卷和量表，在这种情况下也会大打折扣。例如量表中的0～10量度，0代表内向，10代表外向，你的结果是6，这又能帮助到你什么呢？因为随便在哪一级你都可能成为赢者。再从你这方面考虑，结果是6又能促使你去做什么呢？你能照着去做而且能改变你人生的结果，才是有价值的结果。

很幸运，我已认真考虑了这两个问题，并且为你解决了这些难题。请登录赢者思维中文网站 www. winnersbible. cn，在"工具栏"内找到"在线评议"①，点击进入并按提示内容进行匿名评议。或登录英文网站 www. winnersbible. com，点击"online audit"栏，进行评议操作。

匿名

通过上述方法，他人给你的具体意见和建议都是匿名的，你基本不可能知道哪个朋友都具体说了什么，所以，前面提到的第一个问题就基本解决了。

具体步骤如下：你邀请至少五个朋友（没有上限），来给你提意见。我们暂且将这些人称之为"评议员"。每个评议员都在"在线评议"（online audit）的特定保密页面上写下关于你的一系列评语。网站自动将每个评议员的评语合并，生成一篇关于你的评议报告。

由于只有在你邀请的朋友中至少四个人完成评价后，你才能看到最终报告，因此在此之前，你不会知道他们都对你做出了什么样的评价。完成此项工作的技术关键是，为了避免最终的评价结果出现东一榔头西一棒槌的现象，网站要把来自不同评议员对你的评价进行自动分类合并，这样才能最后生成一个有条理的综述性评定报告。

另外还要承诺的是，这一切都是在完全保密的情况下运行的。朋友们的电子邮箱地址和对你的评语细节都会被加密和保护，并且与银行保密级别相同。网站的工作人员也无法得知关于你的任何评语。你的评议员们也不会看到其他人写下的评语。你是唯一能阅读最终报告的人。懂不懂这个系统的运作过程都没关系，它对任何一方都是安全的，操作也很简单，几分钟即可搞定。

---

① 因为技术原因，目前暂没有中文版"在线评议"，只能提供英文服务。有需要帮助者，请通过网站"联系我们"栏与我们联系。带来不便，敬请原谅。——译者注

真情告白

系统为你的评议员提供了详尽的指导说明，从而使他们对你能进行认真、深入、细致的思考和评价，这样一来，上述第二个问题也解决了。评议员不仅仅需要写出你的优缺点，还要对你怎样扬长避短提出他们的建议。

我想，最好的方式，还是让我通过一个生活中真实的案例来阐述匿名评议是怎样运作的吧。

孤独的女人

曾经有一位40多岁高智商的女性来找过我。她很有魅力，性格开朗大方，兴趣爱好广泛。但是，尽管有这么多的闪光点，很多年来，她却一直单身，好像总也找不到中意的恋人。作为咨询工作的一部分，我建议她做一次独立的匿名评议。反馈意见中，有一点显示：她有个恼人的习惯——"抢话"。别人的话还没说到一半，她就插了进来，不是终止别人的谈话，就是引出自己的新话题。她的独立评议员表示，这样让人觉得她很强势，好像她什么都懂，也让人感觉她在所有的谈话中，都在一直试图证明着自己的观点和能力。跟她聊天很不舒服，一点也不轻松随意，感觉很冷。

她本人听到这些反馈意见，非常吃惊。她是一个好人，拥有一颗本真善良和仁慈关爱的心。她一直自我感觉良好，从来没察觉到她会让别人感觉不爽。但这却是事实。她总是抢话的毛病，我在第一次为她做咨询的时候也领教过。从头到尾我就没机会说过一个完整的句子。在一番探讨之后，我们发现，这就是她大脑思维中历史支柱或者心理支柱（参见第四章）更深层问题的表现。据了解，她的母亲是一位非常成功的商人，这种成功是靠从不满足现状，强迫自己不断突破局限而取得的。她的母亲也是一位单亲妈妈，她希望自己的女儿能有更大的成功。所以母亲这样推断：如果是自我严格要求让自己取得了现在的成功，那么，就应该把它加倍地施加于自己的女儿身上，才能让女儿取得更大的成功。基于这种原因，这位女士的童年，是在无止境的责备和严厉的惩罚中度过的。毋庸置疑，她是在"我不够好"的感觉中长大的。即使现在她成为了公司的高管，也已经获得了三个一级学位，但在她的潜意识里，仍然觉得需要一直"证明自己"。经测试，她的智商很高，在人群中排于前 1% 的行列。同时，在谈话过程中，我发现她总是在证明自己是最聪明的，她的答案才是最正确的。她常常在别人还没结束讲话就知道对方想表达什么意思了，她太急着想给别人一个更高明的回复了。正是这种处世方式，给她的社交造成了毁灭性的影响。像我上面所说，她其实是一个善良、温暖、真心真意的女人，但是她表现出来的却是一个高傲、难以相处的人，这与她的独立评议结果显示的一样。

当她意识到事情的真相后，特别是我们帮她把由于母亲导致的、在她大脑里的历史支柱与情感事件之间的连接切断后，她的生活发生了明显变化。突然大家开始联系她了，邀请她参加的晚宴和社交活动也越来越多。像是命中注定一样，在那些社交活动中，有一次她遇到了自己心中的白马王子，从此，他们过上了幸福快乐的生活。而这些幸福的一切都是从她使用匿名评议开始的，匿名评议帮她找出了她自己 40 年都没发现的问题。

从本案例也可看出标准心理学问卷或量表总不能得到实际效果的原因。一般的心理问卷不可能涵盖所有不同个案"与人对话"的内容。这就意味着我们需要一种系统，这种系统既灵活宽泛又能锁定重点，还能深入到人的内心世界去探索。使用赢者思维网站"在线评议"系统，你的评议员就能帮助你完成上述所有功能。

通过在线评议系统，你的评议员们会得到清晰、简明的引导说明，并附有类似上述故事的两个案例作参考，鼓励他们认真思考"密码箱里的东西"是什么，并提供有效信息。然后他们在系统提供的空白处写上他们想说出来的心里话。这些话的每一小段都要包含一个优点或者缺点以及相应的、并经过独立思考的建议。各段落的长短不限，每个评议员可以自己决定要写多少段落。所有的评议员都完成评价后，系统即随机将他们写下的内容生成一篇报告。因为每个段落都是相对独立的，因此这篇报告是很有意义的。

你需要做的只是登录赢者思维网站，网站将会引导和协助你完成所有后续事情，你会读到一份简洁的操作指南，告诉你需要做些什么，如何邀请评议员，怎样说服人们参与等。现在你可以登录网站的"在线评议"栏目，去了解更多细节。

精心选择

在邀请某人成为你的评议员之前，你需要仔细考虑他是否是合适的人选。一个跟你关系很好或者很风趣的人，不一定就是评价你真实个性的合适的评议员人选。他们可能只了解了一些你表面的、无关紧要的东西，也有可能他们的能力还不足以把这项分析总结任务正确完成。真正适合做评议员的人有如下特征：

● 跟你日常生活接触足够多的人。在你生活的各个方面，特别是在你压力过大或者是需要做出选择时，他们都能在你身边。

● 他们有很强的洞察力，知道你内心深处所想和你做事的行为动机。这就意味着他们本身情商不低，成熟老练。

考虑谁来做评议员时，你要跳出思维定式，甚至拉你的前女友或前男友参与进来，毕竟，在你春风得意或陷入低谷的时候他们都曾在你身边。而且现在他们都跟你保持着一定的距离，因此能更加客观地评价你。当然啦，这还得取决于你俩是否都已经冰释前嫌。你也可以从你的兄弟姐妹或者父母、儿女那里获得评价。另外，你的同事们（不仅是你的老板）也是不错的候选人群。总之，你需要选择的评议员，要能清楚地知道，你在压力大、烦躁、无聊和无趣时，有哪些反应；当你不在状态时，你会说什么、做什么；当你跟不喜欢的人一起工作时，你的反应是怎样的等等。重点是要能得到尽量多的对你的不同评价。你不一定非要严格控制评议员的数量，其实五名是最低要求，越多越好，没有上限。

请注意，评议员的素质直接决定反馈报告的质量。

自我评估

在等待朋友们完成对你的评议的同时，你就可以利用这个时间做自我评估了。你会发现把朋友们的评价结果与自我评估进行比较是一件很有趣的事情。在做自我评估时，很重要的是要尽可能把自己分析得全面些。在本章"孤独的女人"一节中，我与她的谈话技巧也是一个值得注意的方面。它提示你要扩展思路，把全面剖析评估自己的思考之网撒得大一点。

容易重复犯的错误

深入剖析自己的另一个要点就是，列出自己容易重复犯的错误有哪些。虽然容易重复犯的错误都与你的缺点相关，但两者概念还是稍有不同。前者就是你一次又一次总是重蹈覆辙，做错同类的事情。对于你来说，这些容易重犯的错误有可能是你总是过于信任他人，或者由于性格原因你的判断力总是太差，也可能是你总是一次次与一些"坏人"坠入爱河，他们一开始很有魅力，但最终却总是把你伤害。还有可能是完全相反的情况，你总是一次次与非常好的人有缘相爱，但是因为他们对你太好了，而你却把他们对你的关注，视为理所应当或者总是冷言相加，最终导致分手。另外，还有可能是你总在一开始，还没有做好必要的准备，就以每小时 200 公里的超速度急匆匆上马一个新项目，五个月下来，弄得你筋疲力尽，但你却发现所有的工作和努力都化为泡影。

容易重复犯的错误种类繁多，涵盖了爱情与人际关系、收入与金钱、工作与娱乐等各个方面。现在请拿出一张 A5 白纸，在上面写下你的五个最大优点和五个最大缺点，再写下那些你容易重复犯的错误。

自身技能

你身上所具有的那些典型优缺点，与你的个性息息相关。但你还要把评估自身技能的优劣势当作一件重要事情来做，这可以帮助你检查自身技能方面是否还存在"短板"，以全面了解自己。我接触过很多赛车手，他们的驾驶技巧都非常高超，掌握了一种叫"刀刃"的驾车控制技术，在极端的情况下仍能保持赛车的平衡，但是一旦中途熄火，有些车手就不能立刻启动赛车，或者是遇到特殊紧急情况时，找不到理想的解决办法。尽管都是天才赛车手，他们还是缺少关键技能，仍有短板。以一般的驾车技能在初级车赛中是可以大显身手的，因为只要你驾驶技巧足够高超就能赢得比赛，但在顶级赛事中，所有参赛选手的驾控能力相当，只有这时，技能略有逊色的车手才会突然发现，对手还有一些其他技能让他们技高一筹。

也许你是一位从事公司并购的商人，闭着眼就可以看见各种数据在你眼前闪现，但政治敏感度却很低。也许你能根据当前的估值，运用你娴熟的商业谈判技巧等手段，收益颇丰地收购或卖出公司，但不能排除这种可能：全球政治经济时局的突然改变让你身陷困境。比如，全球信用的急剧下滑，影响到了你客户的支出模式；或者政府决定减少石油产量，突然使你的生意受到意外的影响。因为察觉这些动向，是需要政治敏感度的。所以花一点时间，深入思考一下能让自己在生意、赛事上和日常生活中取得成功的必要技能，然后写出你觉得自己还需要进一步掌握的本领，将这些添加在自我评价表中。

现在你需要列出像下面这样的清单，填写你的优缺点、容易重复犯的错误和技能，放入《赢者私人定制练习册》中。我们将在后续的章节中告诉你这些具体内容的正确应用。

自我评估清单

我的五个最大优势

1. _____

2. _____

3. _____

4. _____

5. _____

我的五个最大弱点

1. _____

2. _____

3. _____

4. _____

5. _____

容易重复犯的错误

_____

需要提升的技能

_____

阿里的完美镜子

　　真实记录自己的优缺点、容易犯的错误以及技能等是为了提升自己的生活品质，但我们还是停顿片刻，在自己脑海里先打个问号：为什么这种做法会对自己起到帮助作用？我们先讲一个穆罕默德·阿里的故事来让你认识它的价值所在。在扎伊尔，与乔治·福尔曼那场著名的拳击赛开始之前，阿里去了他常去的高山训练营地。教练、陪训员、经理、理疗师们，全都围在他的左右忙乎着。作为日常训练的一部分，他每个星期都要定时请来一些顶级的重量级选手，跟他们真枪实弹地过招。每次实战训练完，阿里总会询问对手们：你们认为我怎么样？那些人也总是告诉阿里说，他出拳很快，有力量，技术高，肯定可以打败乔治·福尔曼。

　　有一天，一位新来的陪练拳手跟他一起练拳。苦练一轮之后，阿里也问了他同样的问题："你认为我俩比起来谁更强？"新来的陪练拳手回答阿里："他肯定会打倒你。他太高大，又太强壮，他挨你两下拳头不会有什么问题，但他打回来的拳头会给你有力的教训。你的力量还不够强，不足以伤到他。"

一听这话，所有的教练和陪训员都立即大叫起来："把那家伙赶出去，他在打击我们的士气。我们相信我们自己。我们需要的是正能量和积极鼓励，这家伙带来的负面影响实在是太糟糕了。"

阿里拽住这位陪练的手，叫所有人安静，"给他的薪水加倍，让他待在这里，直到他真心说出我能打败乔治为止。"

那时，商业炒作已经把阿里忽悠得大红大紫，谁都毫不动摇地确信他是未来的拳王（参见第十二章"坚定不移的信念"）。在这种飘飘欲仙、很容易自我膨胀的氛围之中，有几个人还能坦诚地看待自己的缺点，清醒地认识真正的自我呢？可阿里却能仍然认真评估自己的不足，然后努力学习如何克服它们。然而，现实生活中，我们看到太多的人总是自以为是，习惯生活在一种被炒作过的理想世界里，梦想着不需要技能和艰苦训练就能取得成功，对自己真是不能接地气地清醒认识。这种情形，我们常常从电视节目中可以看到。比如，像罗伯特·乌姆温这样确实没有什么偶像天分的人，也在某档流行偶像与美国偶像

电视节目中登台表演。幸运的是，罗伯特是那种可爱朴实的人，还能接受让人下不来台的冷嘲热讽，在舞台上也只是节目主持人西蒙·考埃尔给了他很到位的批评而已。我想说的重点是，假如罗伯特的好友事先能给他真诚的意见，哪怕是一点点，也不至于他在大庭广众之下抖搂出自己缺乏唱歌天分的弱点，使他那样没面子，下不来台。其实，他完全可以把精力集中在其他事情上来取得成绩。由此可见，能帮助自己做评议式建议是如此重要。当然，我们知道，即便最亲密的朋友和家人，也常常不能对我们说出实情。这种事直接让亲友来做确实是太难为他们了，因为这是情感上个人间的相互交流，一个眼神、一个对视，都会立刻引起对方的反应。幸运的是，亲朋好友们大可不必为难，匿名独立评议能让他们以爱的方式，而不是情绪化的方式，去做好这件事情。

然而，还有一类人恰恰相反，像保罗·波茨，一位手机经销商，相当缺乏自信和对自己的了解，上《英国达人秀》时，由于太不相信自己的能力，差点放弃了表演。但最后他还是走上了舞台，以他惊人的天赋和表演，一路过五关斩六将赢得了所有的比赛，还签下了240万美元的唱片合约。他的表演相当感人，让在场的所有人潸然泪下，评委也给予了极高的评价。你如果有兴趣可以登录以下网站的链接查看回放：bttp：//www. borerne. comlboremelfunny2007/paul-potts-opera-pl. pbp。该视频非常值得一看，保证让你落泪。推荐在电脑前戴上耳机观看，可充分地体验（本视频也可从 Youtube 上找到和观看）。

上述两个例子表明，人类有时由于看不到自身的弱点而保持着原样，同样，有时由于意识不到自身的优势而被埋没。保罗·波茨过去一直过着缺自信、少自尊的生活，直到他得到评委们的真实反馈。一旦他得到了如实的评价，他的生活就迅速而永久地发生了改变。他现在开口说话时更有自信，表现出超强的活力，与之前腼腆羞涩的他相比，真是判若两人。

人生需经自我审视的考验

苏格拉底有句名言："人生未经考验，不算真正活过。"

按照苏格拉底的至理名言，我们需要认真对待自己的优缺点、容易犯的错误和技能，像解剖麻雀一样来解剖自己，就相当于在进行一次人生的考验，因为这等于给了自己一次修整和完善的机会。不然，你的生活变化只能限定在被动之中，而被不经意的事件所左右。你的生活最终只能是随波逐流。只有你能审视自己的生活，了解自己的行为，才能有机会提升，从而设计出自己的新生活。单就解剖自己而言，它是帮助你进行改进调整的重要基础，而且这种自我剖析和评估能给你提供一个有利平台，能促使你加速改善和提高，成长和成熟，不再会是一个看上去拥有成人的外表，却内心幼稚的人。

第四章

四大思维支柱

接下来的三章是本书最核心的部分。在这三章里，我将介绍曾经用于训练田径运动员时，要求他们掌握的思维总体框架，我也将简述一些应用思维调整工具的科学原理。只要认真学习，理解这三章内容，就能懂得为什么我们要调整思维。我认为，你的确需要掌握这些知识。因为这些知识将教会你准确认清并找出自己的思维方式还有哪些地方需要调整，并清楚用哪些最佳的思维调整工具来做出调整。我想，此时你也许急不可待地想阅览本书后面提到的那些思维调整工具了，觉得那些更值得一读。但我还是希望你花一点时间阅读和了解我称作"四大思维支柱"的相关章节。如果这么做了，在你应用更高级的思维调整工具时，就会发现这是非常值得和必要的。

给大脑做一次 X 光检查

在以往的工作实践中，我发现，要想帮助到他人，就必须首先了解清楚每位帮助对象在他的脑海里业已形成并隐藏着的四个思维关键因素，即个性形成的"四大思维支柱"。请用心观察下面的四大思维支柱示意图，并注意它们的相互关系。（我将会在下一节"四大思维支柱的相互影响"中加以说明，为什么我要用这种特殊的方式来表达它们。）

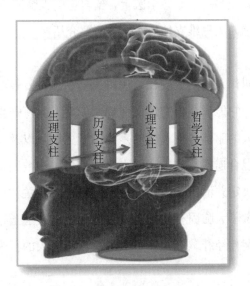

四大思维支柱太重要了。不论运动员有多成功，只要他们一坐在我面前，我做的第一件事情，都是要努力找出他们每个人内在的这些支柱。如果不这么做，我也许只能做到促使他们做出暂时的改变，而不是他们想要的永久、根本的改变。为此，我就要在一开始花全部精力询问他们各种问题、做大量笔记。当我搞清楚他们每个人的内在思维支柱是什么后，我还会花几天时间来弄清楚这些支柱对他们个体的真正内涵，以及它们之间的相互关系，然后着手为每个人制定改善计划。请你想一想，这与每位高明医生在为他的患者做手术之前要做充分准备有什么不同？不论外科医生有多优秀，手术器械有多全，他仍需要对其行将施术的患者身体状况和内部病灶有一个全面清晰的了解。外科医生术前对患者内部病灶结构情况了解得越清楚，如哪个部位最糟糕，哪个部位还可以，那么，他施术中选择和使用各种手术器械就越得心应手。我想，你也会是一样的。如果你充分了解了自己的想法是怎样在大脑里产生的，以及为什么有这样的想法后，你就能更好地使用我后面说的大脑思维调整工具，继续完善你自己的《赢者私人定制练习册》了。这个过程，你一定会感到真的有趣，因为你将会发掘出自己从来还没有意识到的东西，而这又将是打开你潜能的一把钥匙。

那么接下来，就充当一下影像学医生，给自己的大脑做一次 X 光检查吧。

先让我来对大脑四大思维支柱依次做个简要介绍①：

（1）生理支柱

所谓生理，或叫作人的生理支柱，说得通俗一点，就像各种螺钉螺母零部件组装成机器一样，它能形成你有形的血肉之躯，及其所产生出的各种生命功能。它不但包括了人的躯体，更重要的是包括了大脑，以及保障大脑正常运转的那些独特的化学混合连接物质。我们人类大脑中，多数脑神经纤维之间的链接是由个体基因所决定并潜藏于大脑之中的。值得特别关注的是，正是儿童时期的那些经历，刺激了大脑固有的神经纤维之间的链接通道，使之首次发生关联和开通。这个时期神经纤维之间所形成的关联，对人的行为、表现和今天的

---

① 大脑四大思维支柱包括生理支柱、历史支柱（经历以及对它的看法）、心理支柱和哲学支柱四大方面。作者用"支柱"来描述这四大方面，是希望强调思维结构和基础的重要性，以及它们的相互关系。结构决定功能。——译者注

幸福与快乐都产生很深远的影响。我们可以用人酒醉时的行为表现为例，来说明生理支柱对行为的明显影响。酒精是一种神奇的化学物质，会经不同的神经路径影响大脑的不同部位。饮用一定量的酒精，会抑制大脑前叶中一些"模块"的神经纤维通路，而这些模块是负责人的日常"计划和风险评估"的。一旦这些通路不畅，就会妨碍其功能的有效发挥。同时，酒精还刺激隐藏在大脑深层中，负责愉悦情感的一些模块。酗酒后造成的最终结果是行为改变。其原因就是大脑中原有正常的检测功能和平衡机制被酒精刺激后而改变了。这就引起大脑中的各种功能模块在来回不停地切换，从而造成了个性发生变化，而哪个功能模块在切换中占了上风，其行为变化就偏重于哪方。

本书的一个重要观点是，大脑中各功能模块之间，以及模块内部的神经通路的关联与开通并不像电脑程序那样是永久不变的。因此，你就需要运用本书中所提到的各种调整工具来重建大脑的神经链接，或是开通，或是关闭，以此来克服和越过基因和历史支柱的影响，给自己的生活带来更大的快乐，使生活变得更有效率并获得成功。那么，这时你会问，你说的历史支柱是什么意思呢？

（2）历史支柱

历史支柱就是你人生所有过往经历的总和。这里所说的历史支柱不仅指的是日历上所记录的与你有关的各种事件，更重要的是，你对所发生事件的诠释，以及事件给你过去、现在以及未来日常生活带来的影响。对于我们多数人来说，发生过的事情会被深深地烙印在潜意识里，虽然我们从来没意识到，但到现在它还一直在影响着我们的行为举止。历史支柱就像太阳照在身后的长长影子，一直伴随着并影响着我们的日常生活。很不幸，历史支柱的烙印并不总是对我们有利。每天清晨醒来，我们在默认状态下按照过去一贯的思维方式做相同的事情，从没想过这些想法是否最正确、最合适。我们总是日复一日地重复既往的行为模式，尽管这些会让我们的幸福感和努力大打折扣，但我们还是不加辨别地全盘接受了自己的陈旧观念。

只有清楚我们的历史支柱是如何潜移默化地影响大脑结构中的潜意识，我们才能成功地释放自己，活在当下，构建美好未来。

(3) 心理支柱

所谓心理（心理支柱），直白通俗地说，就是"你脑子里产生出的想法或思想以及那些控制你行为的不成文的认知规则"。人的一部分心理过程是具有逻辑性的，可以用词语或句子来表达，但另一些却被深深地隐藏在大脑潜意识情感回路中。① 如果你想要做到持续地改变自己，就需要应用我后面提供的工具，对这两种心理模式同时进行调整或改变。这里我要特别提醒的是，恰恰是一时还说不清规则或称无逻辑可言的心理过程会经常带着情感和情绪出现，这是最有可能带给你许多烦恼的。所以，这就是为什么要求你快速学会如何使用相关工具的原因，比如情感强化术等。这些特别设计的工具，有助于你找到并调整大脑中那些隐藏着的情感回路（参见第九章）。当你一旦学会应用这些工具，你肯定会像我的大多数客户那样惊喜地发现，你是如此快速地重塑了自己的心理，彻底解决了那些困扰你多年的问题（参见第七章的"狗与骨头"一节）。

(4) 哲学支柱

哲学支柱包含了你的信仰，比如你确信宇宙是如何运转的，以及你在宇宙中的角色定位等。你自己的哲学观（哲学支柱），对你的思维来说是起着非常重要作用的。如果你的信念与现实不相符，你就会根据错误的原则生活。如果是那样的话，不管你多么努力，我敢说，到头来，充其量也只能过个平庸生活。

确实，哲学问题太重要了，它关系到像"生活的意义"这样人生最大的命题。所以，我写了另外一本书来阐述和讨论，书的名字叫"蚂蚁与法拉利"（*The Ant and the Ferrari*，参见附录一）。

四大思维支柱的相互影响

四大思维支柱之间的相互联系以及由此产生的综合作用也同等重要。它们

---

① 大脑中存在的这两类心理过程，都影响并控制着人的思维和行为表现。——译者注

之间绝不是井水不犯河水，各行其是，而是通过神经连接途径紧密地相互影响，这种相互影响的结果会使你产生什么样的行为至关重要。这一点，我在本章的一开始就以示意图的形式做了特别展示。

下面我们一起来看一看四大支柱相互关联的一些特征。先从历史支柱与心理支柱的联系说起。你看，这两个支柱之间用双向箭头线相连，这表明，它们相互之间的联系是直接的、双向的、紧密的和动态持续的，就像建立了一条随时"交流"、"对话"的专线。通过这条专线，它们不断反馈外来细微的变化信息，彼此反反复复交换意见，形成某种固定的"共识"，这样，随着时间推移，某种细微的变化在所达成的强有力的"共识"影响下，就产生了行为的巨大改变。如果行为改变是向好的一面发展，可能让人的生活得到巨大改善，相反，可能对人产生巨大伤害，使人受到重创。

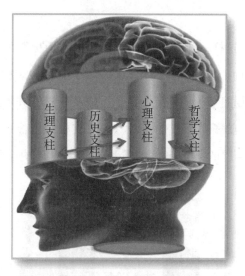

我还是举一个例子来解释历史支柱与心理支柱之间反复"对话"、"沟通"后对人的行为和个性产生的巨大影响，这会更直观、好理解。

如果父母批评了孩子特别引以为豪的事情，孩子会发生什么情况呢？来看一位学习吹奏小号的小姑娘。她刻苦练习了很久，直到她认为自己某段乐章已吹奏得很完美了，她挺起胸膛，自信而又卖力地向母亲展示汗水换来的才艺，可当一曲结束后，母亲非但没有夸奖她，反而劈头盖脸地数落一顿，指出她演奏中一大堆节拍错误和漏掉的地方。你想，小姑娘肯定会伤心至极，委屈地号啕痛哭。其实，事情并没有那么简单而就此结束。因为这种批评会深深刺激小姑娘（历史事件），使她开始怀疑自己是否有音乐天分（心理活动）。一旦她认为自己没有音乐天分，她就会用不同的眼光看待这件事。如果在下一个新的乐曲章节，她又碰到一些困难，她就会把"没有音乐天分"进行放大，致使她更加肯定地认为："自己真的不够好"，而忽略了这是一个需要加强刻苦训练的重要信号（参见第十二章的"洛雷塔的故事"一节）。不相信自己，她就不会努力训练；不努力训练，她的成绩就更差。这就"怂恿"和"促成"了她的进一步"挫败"。恶性循环就这样形成了。不久之后，小姑娘甚至不再喜欢小号，更可怕糟糕的是，这种挫败感很有可能扩散到她现实生活的其他方面。

上述案例说明了这样一个道理：人所经历的"历史"可以影响到人的心理活动（心理支柱），而心理活动也同样会影响到人对历史怎样看待。人的生活经历（历史支柱）毫无疑问地影响着人脑子里的某些思考并形成某种想法或观念（心理支柱）；同样，脑子里形成的思考（心理支柱）也像一张过滤网，有选择地过滤出人对所发生过的某一事件的看法和诠释（历史支柱）而导致行为的改变。

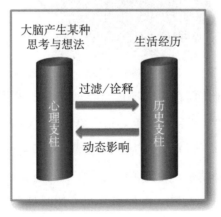

所以，用双向箭头线来表示两个支柱间通过反复"对话"、"沟通"后，所产生的螺旋式效应，不仅告诉我们一个小问题可以恶性发展并造成大的糟糕改变，而且也给了我们很大启迪：我们可以根据大脑双向反馈回路和螺旋式效应特性，从某一个支柱上，有针对性地采用特殊思维工具来进行调整。即便是微小的调整，也会陡然在你整个人生轨迹中产生重大的良性改变。

从示意图中，我们已经看到这种用双箭头线表示的支柱间相互直接联系一共有三对，这就更加错综复杂，形成更大的相互制约和影响。我们已经知道人的经历（历史支柱）会影响到心理（心理支柱），而心理（心理支柱）也会影响人的生理（生理支柱）。如果你心理上认定自己是个失败者，虽然苦苦寻找自己的生活哪里出了问题，但长期找不到答案，解不开心里疙瘩，这就会波及并引起你生理支柱的改变。这种生理改变将是：

- 大脑化学物质的平衡被打破；
- 大脑的神经关联将开启不同的链接。

这样，你的以往经历（历史支柱）不仅只是改变你的思想和想法（心理支柱），还影响到你的生理（生理支柱）。如同多米诺骨牌效应一样，一旦你的大脑神经产生了不同的链接和新生的化学平衡（生理），这必定促使你产生新的不同想法，从而反过来再次影响和改变你的心理（心理支柱）。

大脑中存在的这种反馈回路和连锁化合反应，可以解释一个人的状况为什么会越来越糟糕，甚至快速跌入到威胁生命的抑郁之中而无法逃脱和自拔。一个痛苦的经历（历史支柱）可能会促使负面的思考过程（心理支柱）产生，致使大脑原有的化学递质平衡被打破（生理支柱），当大脑中原有的化学递质平衡被打破的同时，会建立起新的生理平衡，这种建立起来的所谓新的生理平衡，会促使更过激的负面思想（心理支柱）产生，恶性循环就此开启。

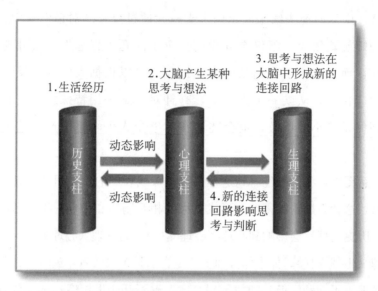

哲学支柱与心理支柱相互联系时的影响方式，与上面所述的途径和结果大同小异，这里暂不赘述。但需要指出，哲学支柱、历史支柱和生理支柱都是通过心理支柱（有意识和无意识的心理活动）来影响人的行为以及使人的行为发生改变的。

应用四大思维支柱

每次我给运动员进行辅导时，我总会反复思考，他们每个人的四大思维支柱到底是什么。我这么做就是基于上述原理来找出他们最核心问题所在的。只有这样，我才能知道哪些工具可以最大限度地帮助到他们。我坚信，因为我使用它们使许多人得到了改变，获得了成功，而且你也同样可以做到。为此，我特别提醒大家先要更深入地思考和挖掘出四大思维支柱的真正含义、内容和联系，然后运用这些知识将自己的《赢者私人定制练习册》丰富起来。

第五章

生理支柱

大脑的运行方式其实并不像多数人想象的那样。这也许是为什么那么多人都不能激发自己全部的潜能，使自己变得更幸福的原因之一。

关于大脑，最重要的是我们必须特别要清楚一点：人的大脑不能简单地比作是一台计算机，更不能认为它像一台功能强大的超级计算机处理系统，可以万能地做任何事情。人的大脑是由许许多多不同的"模块"组成的。每个模块都有自己独特的个性和功能。这些不同功能的模块的运行，正好解释了人为什么有时会做蠢事，甚至有时会有双重或多重人格。这些功能各异的大脑模块还解释了为什么改掉坏习惯、提升自己会那么难。因为解决这些问题无法仅凭大脑中单一的一个"你"就能做出所有的判断和决定，也不是仅凭大脑中的一个"模块"或一组"程序"就能对所出现的问题进行纠错而化解。因此，如果你想要思维升级，就要对自己大脑的各个部分，以及它们如何影响你的行为有足够的了解，也就是要从充分了解影响自己思维—行为四大支柱中最物质的部分——生理支柱开始。

大脑边缘系统——情感

大脑边缘系统深藏在大脑之内，使人具有先天的情感与冲动。它控制着人的性冲动、饥饿、嗜好、情感、愤怒、开心、动机和对危险事物比如蛇、蜘蛛等的恐惧。

这种与生俱来的下意识情感，是由大脑边缘系统进行司控的，不需要后天的学习。人不需要学习饥饿，不需要学习怎样被极具性感的人吸引，也不需要学习如何恐高。比如一位男性看见一位性感的女士，他根本不需要停下来先做几分钟考虑，然后才认定她很漂亮，而是只要看上一眼，他就会本能地做出判断。这些情感表现，都是人类进化发展而传承下来的。在史前时代，人类的大脑边缘系统已进化到可以让我们自动地做一些事情并对某种场合自动做出快速感知反应。因为在进化过程中，这些特定的反应大大增加了人类生存的机会。

日常生活中，我们都有这样的体验：当身后突然发出巨大的响声时，我们的本能反应是恐惧。这对我们理解大脑边缘系统如何运作很有帮助。因为远古时代，那种声响很可能意味着我们正处在危险之中，可能将被某些凶猛动物如老虎袭击。被老虎袭击，那可是件性命攸关的大事情，情急之中根本不可能有时间去做复杂的逻辑判断：身后有什么和我该怎样做。这时你必须要马上做出本能的反应，要么一听到老虎的吼声马上逃走，要么被老虎吃掉。遇到这种事，一次管够，不可能有第二次、第三次机会从实践中去学习，去积累经验。因此我们现在所具有的这种恐惧反应，不大可能是从错误或失败中不断累积总结经验，从常规的人生经历中得到的。无论何种动物，只要大脑带有进化了的自动反应系统，那么它就有更大的生存和繁殖机会。我们的大脑边缘系统就是这样进化并通过基因遗传给我们的自动反应系统，它对我们的行为产生不可或缺的影响。如恐高，它有助于阻止我们前往有可能造成伤害的地方。因此恐高也成了我们大脑边缘系统的固有关联反应。其他的一些反应如性冲动、饥饿、愤怒等也是一样。请记住，每个本能反应其本意都是有助于我们人类的生存与繁殖并延续我们的基因。

不幸的是，许多本能的反应或冲动已经不再适用于现代生活。我们所有人

一生下来都具有恐高心理。即便是婴儿，他们从未跌倒过，就是跌倒过也未感受到过疼痛或伤害刺激，可他们仍存在着所谓的"视觉壁"现象。实验中，一个婴儿要爬过一块透明的防弹有机玻璃板，它可以支撑一个成人的重量。在其下方摆放了一个道具箱子，箱子陡峭的边缘形成了"峭壁"。尽管透明有机玻璃板与床边是连接的，而且婴儿也可以用自己的手脚感觉到前方很平坦，但他还是无视对面妈妈鼓励前进的呼唤，固执地停留在边缘的"峭壁"旁，不敢前进一步。这种恐高心理在人类远古时代有极大的优势，可以避免人类接近悬崖和爬到树枝外侧。骨折在远古时期是人类面临的一个很主要的生活难题，会使人因此丧失捕猎能力，从而失去生存能力。但在现代社会，同样的恐高反应会让我们乘坐飞机时产生紧张感。飞机在跑道上加速前进，向窗外望去，眨眼之间我们已经飞向蓝天。这些本来就已经让人感到不适了，如再碰上气流，飞机猛烈颠簸，无论我们怎样刻意保持着外表的平静，心跳还是会加速，手心还是会出汗。我们天生害怕飞行，是因为我们那优秀的大脑边缘系统，还没有升级到足以适应现代社会的程度。残酷的现实却是：开车前往某地所发生交通死亡事故的几率，是乘飞机飞行同样距离的 65 倍。我们本应该更加惧怕开车，而不是害怕飞机的滑行上升才对。但是我们的逻辑与情感的通路并不合拍。大多数人都是可以通过重复飞行，来减轻和克服大脑边缘系统在乘机后的恐惧反应的。

但是，对于克服大脑边缘系统对我们现代生活其他方面潜在的影响，我们还没有学会如何去做出正确的调整。

我们的大脑边缘系统不仅进化出了应对突发危机情况而做出"生死时速"般的反应，同样还可以控制我们开心快乐的感觉。当我们恋爱或高兴的时候，大脑边缘系统自动会被激活，因为这些都是我们生活中希望重复发生的重要事情。理由很简单，那些开心之事让我们能感觉到生命的存在、活着的价值。大脑边缘系统中的愉悦中枢还会被可卡因、尼古丁之类的毒品严重影响，这就是为什么吸毒者在吸食这些毒品时会感觉飘飘欲仙，并且很难戒除的原因。除此之外，大脑边缘系统也对学习、记忆有深刻的影响和帮助，因为它会对有利于自己、对希望反复重现的好的事情，通过学习和记忆来帮助加强，而对不利于自己以及希望避免的事情，同样会通过学习和记忆发出警告。

现在，你已经感受到了大脑边缘系统的强大，它能够影响甚至把控人的行为举止。只要想想自己饥饿时对食物的渴望，和坠入爱河时的激情四射，就能体验到大脑边缘系统激发出的能量有多大。在许多情况下，大脑边缘系统会自动为你做出一些决定，而根本不需要你意识到它，换句话说，你还没来得及对你的行为是否适当进行有意识思考和逻辑判断，大脑边缘系统就已经下意识做出了你要去做什么的决定。回顾一下前面提到的那位男性看到性感女士那个例子，当看到她的那一刹那，他的大脑边缘系统就被激发，立刻被她吸引，不到一秒他就会走向她，然后他的逻辑系统才被激活，开始了他自认为是恰如其分的行动。这时逻辑思维告诉他，"她很漂亮，见到她很开心"，并提供让他走向她、跟她搭讪的各种逻辑理由。这位男士自认为自己做的决定是基于逻辑思考的，但研究表明，是大脑边缘系统首先做出了决定，大脑司管有意识的区域仅仅只是顺从了该决定，以逻辑的方式，例行公事般地将事情快速扫描一下并验证此决定"恰当可行"而已。

大脑边缘系统控制我们行为的强大力度，在一些实验中已被揭示出来。实验中，人们将微电子芯片植入大脑边缘系统的某些特定部位，当这些芯片接通后，我们发现，受试者的欲望、决定，甚至非常隐私的情感如同被实验人员通过遥控器控制住一样。总之，受试者的性欲、愤怒、饥饿感、愉悦感，所有的各种感觉都在遥控器的掌控之中。我们都认为自己是清醒的，是个不易上当受骗的人，但是如果深入研究大脑，就会大吃一惊，我们怎么会有那么多的行为都被这些原始的、大范围隐藏在大脑边缘系统里的模块操纵呢？

其实，当今社会，你首先面临的是来自自身的挑战。接下来，让我们梳理和总结一下前面讲过的知识：

● 与大脑的其他功能部分相比，大脑边缘系统是大脑中较原始的模块。

● 各种动物的大脑中，边缘系统的进化都远早于"理性模块"，因为它能帮助动物在史前丛林中存活下来。

● 你已经不再生活在丛林之中。今天你面对的挑战是成功与幸福，而不是生存。现代社会已与远古时期的丛林环境大相径庭。

● 尽管如此，在今天，人的大脑边缘系统仍然对其行为继续发挥重大的影响。多数影响还是有利的。不过有时大脑边缘系统也能让人做错事，而对我们的生活和追求的幸福产生毁灭性的影响。

上面所提到的大脑边缘系统对人类生活产生的负面影响，之所以难以调整、治愈或消除，其原因是它自行其是，不接受大脑提供的调整信息，也不受大脑的约束。大家知道，我们的语言文字和想法表达都是通过"理性的逻辑模块"来完成的。因此我们经常与这些逻辑模块进行对话，从而调整自己的行为，然而大脑边缘系统却固执地拒绝调整和改变。

这也是毒瘾难戒、减肥难、心情不好时很难振作的原因所在。不管你跟自己说过多少次"快行动"、"振作起来"、"积极向上"、"别担心害怕"，但似乎还是无法平复自己的心情并改变现状。大脑边缘系统是一个情感系统，它对理性逻辑思维的反应无动于衷。所以要想重建自己的行为基础引导系统，请注意，你需要的不仅仅是至理名言和逻辑论据，因为大脑边缘系统不逻辑，不理会那一套。

如何控制和改变某些让人头疼的情感系统，是我指导运动员训练时找到的关键性突破口之一，我很想在接下来的章节中与你分享这些内容，让你也能在控制和改变自己的情感系统方面有一个清楚的认识。

要想重建自己的行为基础引导系统，请注意，你需要的不仅仅是至理名言，因为大脑边缘系统不逻辑，不理会那一套。

大脑额叶

虽然所有的哺乳动物都具有发育完善的边缘系统，但是只有猿和人类才有发达的大脑额叶。大脑额叶主要功能是控制人对事物的逻辑分析和理性思维。它在对人的判断力、长期规划以及从经验中汲取智慧等方面，扮演着重要的角色。大脑额叶帮助我们产生出许多人类行为，并且赋予了人类善于思考的能力，这使我们有别于其他动物。

大脑额叶还有一部分功能，是辅助控制和驾驭大脑边缘系统里的潜意识和原始情感的。例如，当我们被激怒时，我们的大脑边缘系统会产生一闪而过的怒火。如果不经大脑额叶的例行检查，将迅速引发暴力的发生。但大脑额叶能快速将引发致暴力的怒火控制住，这是因为在以往的社交过程中，我们已经认识到，打人最终都不会产生什么好的结果。自己要么被对方还击，要么被警察逮捕。这些都被记忆在大脑额叶中，使我们不至于陷入麻烦之中。另外，以我为例，我的大脑额叶还能帮助我了解其他人的各种感觉和所思所想。如当我看见一位美女与我擦肩而过时，我会想象如果我背叛了我的女友，她会有多难过。这样就帮我克服了任何原始的性冲动。最终，我没有背叛女友。大脑额叶有助于我成为一个不那么自私，并且是成熟而高尚的人。

如果人的大脑额叶控制能力不足，会导致各种各样的行为问题发生。对暴力型罪犯的脑部结构扫描显示：他们的大脑额叶关键部位多有异常。而这些部位是被认定为抑制和控制脾气情感的区域。某种程度上说，我们可以把这些具有近似疯狂行为的罪犯形容成尚未开化的原始人。因为原始人就是在情感回路不受控制下行事的。我们要表述的另一个问题是,大脑边缘系统在基因控制下发育完善较早,而大脑额叶的发育成熟却因人而异,参差不齐,毫无规律,就是发育成熟也需要 20 多年的时间。大脑额叶就像一本空白的书,我们几乎可以想怎么写就怎么写;而大脑边缘系统就像是一本写好的书,人一出生就基本已经把每页都写满了,几乎没有留下什么可以让我们添加的地方。大脑额叶给我们留有空白和空间,这既有好处又有坏处。好处是我们可以自由地从后天经验中学习成长,去描绘最炫丽的图画,书写最宏伟的篇章,但同时也意味着如果不去正确地训练完善大脑额叶功能的话,那么,我们就还会像未开化的原始动物一样生活。

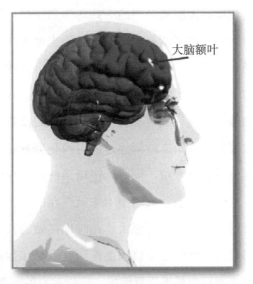

大脑额叶

要成为赢者,其方法之一就是要努力开发我们的大脑额叶功能,以及提高它与大脑边缘系统的相互协调作用。这是使我们优于常人、成为“超人”的方法。其实,这些都是可以实现的。只要我们在日常生活中,选对方法或思维工具并加以应用,就能建立和完善强大的额叶功能,并与大脑边缘系统之间建立协调的神经关联。这些都有助于我们成为聪明、善良、智慧的人;成为既可以自由地体验各种情感,又不再被情感左右的人。

大脑额叶是人类最迟发育起来的，它在脑神经系统中有较多尚未程序化的区域。其内部有许多模块是最后才相互连接形成的。这就部分地解释了青少年似乎缺乏责任感的原因：因为青少年的大脑额叶在早期发育得还不够成熟，所以他们多半不能很好地控制住一些疯狂的冲动。问题是，现实生活中，许多成年人的大脑额叶功能模块也处在半连接状态，情绪控制欠佳。

但是，我们应该指出，大脑边缘系统并不能简单地被称作是不好的模块，大脑额叶也不能被认定是好的模块。其实，二者无好坏之分。两者都有积极的一面为我们的生活服务。大脑边缘系统极其重要，它让我们具有丰富的情感，激励我们自发地去做事情。如果没有它的存在，我们的生活就没有了情感，就失去了价值和目的。相反，大脑额叶中的一些坏的想法也可能促使人类生命彻底毁灭。如同生活中大部分的事情一样，关键是恰当地保持大脑额叶与大脑边缘系统二者间的平衡，让它们各自在合适的时间发挥合适的作用。二者的这种紧密关系也体现在解剖学上：大脑额叶与大脑边缘系统之间通过密密麻麻、千丝万缕的神经纤维相连。因此，我再次提醒你，每天阅读自己的《赢者私人定制练习册》时，一定要使用在第二章阐述过的可视化凝视技术。使用这种技术的确可以唤起并激发你的情感系统，同时，逻辑系统也在仔细认真地帮助你寻找目标并发现途径。这样做就会使大脑中本来就存在的二者之间的联系明显地体现出来，并使二者的联系更巩固更强大。此时你在做的其实就是大脑神经关联网络的重新连接与建立，你的目标将因此渐渐获取更多的情感能量。众所周知，情感力量是产生人类行为最难以置信的、最强有力的驱动力量。

分裂人格

其实，大脑中还存在着其他的"秘密"。这些秘密可能比我前面讲述的还要有趣。大脑分为左右两个大致对称的半球。左脑控制右侧半个躯体，右脑控制左侧躯体。虽然两个大脑半球看上去相同，功能相似，但也有非常有趣的差别。

如果说大脑有两个半球，其实也是等于在说大脑有两个独立的大脑额叶。正常情况下，两侧的大脑额叶相互联系，在你无意识之时，它们也能"对话"。在特殊的实验室里，我们可以麻醉一侧大脑，而让另一侧保持清醒。实验结果令人惊诧，请跟着我继续往下阅读。

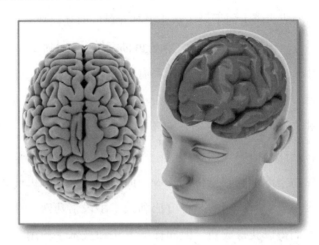

　　一个十岁男孩的大脑右侧半球被麻醉之后，实验人员问他："你长大后想做什么？"他清醒的左侧大脑回答："会计。"之后实验人员麻醉其左侧大脑，让右侧保持清醒，并问他同样的问题。这次他的回答是："赛车手。"看上去他的大脑里有两种不同的人格类型。

　　而更让人惊讶的另一个案例完全揭示了人的不同人格隐藏在大脑不同部位的事实。这个案例是：当患者两侧大脑的连接被手术切断后，两侧大脑仍然可以完全独立地行使所有功能，只是两个大脑半球的相互联系不复存在。现在，患者左侧半身完全由右侧大脑支配，右侧的半身完全由左侧大脑支配。有一天，这位有分裂大脑的患者被另一个人惹火了。这时患者更加活跃和兴奋的右脑，指挥他的左手拾起附近的一把斧头，砍向那个人。幸运的是，被左脑发现了，并指挥右手抓住左手去阻止。两只手争斗了一会儿，直到右脑冷静了下来，斧头掉在了地上。两侧大脑的这类对话一直都在大脑中进行，只是在正常情况下你意识不到而已，它们不需要你知道，更不希望你也掺和其中。两个大脑半球在一起商量，甚至讨价还价，最后才能达成共识。人的左侧大脑更具有逻辑性和理智，右侧大脑更具有冒险精神。如果两侧大脑不能达成一致，一般都是左脑说了算，因为大部分人都是左脑占优势。因此，当你右脑想要成为一名赛车手，从事这个看上去激动人心又魅力四射的职业时，你也很可能意识到了这个职业并不那么容易成为谋生的手段，除非极具天赋同时还需要有财力雄厚的父母资助作为经济后盾。于是，占优势的左脑告诉你，做个会计师更靠谱。

　　人的大脑中还有许多其他的模块，都有着各自的"日常工作"和"个性"。由于它们各自都有自己独特的结构和运行模式，因此，你需要用"一把钥匙开一把锁"的方式来训练和改善它们，而不能靠"一刀切"或"一招鲜吃遍天"来解决问题，这些我在前面强调过多次。大脑模块这种个性化特征也解释了为什么我们能在生活中的某些领域得到发展，而在另一些领域可能无法突破的原因。这多半是因为我们所应用的某种方法和技术手段恰巧对应和符合某种模块的特性，所以我们得以获得成功，但同样的方法和技术手段用在其他领域却不具备相匹配的条件，所以失败了。总之，帮助一位对计算有兴趣的人成功解出数学方程难题所应用的方法性工具，与指导一位美术爱好者画出一幅杰作所用的指导工具是截然不同的。

大脑运动模块

　　大脑不仅仅只管控人的个性和心理技能，也对人的肌肉运动起着支配作用，因此大脑对肌肉运动控制的好与坏，就使得人的运动技能有所不同。这就是老虎伍兹或费德勒与其他缺乏技能的运动员之间，在大脑运动管控方面的差别所在。从根本上讲，对于那些卓越的运动员来说，大脑才是他们拥有超常运动技能的来源所在，而不是他们钢铁般的肌肉。虽然过多涉及如何重建大脑的运动神经关联和反馈回路已超出了本书要讨论的范围，但是有关运动方面的知识也会告诉我们，大脑是如何影响我们行为的。请看看网球冠军罗杰·费德勒是如何应对对手纳达尔的发球的。费德勒的首要任务是计算球的运动轨迹,比如球会飞向哪个落点,这主要由处理重要信息的大脑枕叶来完成。多年的训练,使得费德勒的大脑枕叶神经关联度与你我的大不相同。测试结果显示,他在纳达尔发球之前就能迅速确定球的落点位置。他之所以能做到如此极致,是因为他已经学会了一看到纳达尔准备发球,就能自动准确分析出他抛球时的微小差别并捕捉到他挥动手臂、移动步伐时细微变化的本领。这些你我真无法做到,只能等着球发过网后才能做出判断。费德勒让人看起来有超人般的灵敏反应,但是测试证明他的神经反射与普通人十分相似。他只是反应速度快于常人,计算出球的位置比我们快得多。正是费德勒大脑枕叶中增加了额外的神经关联度才让他领先。但是天王费德勒也不是天生就具有分析球速的超人能力,他也必须从实践经验中总结学习。同理,你也能学会如何重建所有大脑模块的神经关联,不管这些模块是主管运动还是日常行为,都可以将它们调整成有机联系的超级模块。

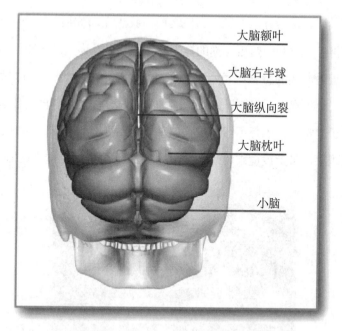

上图中所展示的大脑结构不是要给你上一堂脑神经学课程,而是为了表明,不管是在运动场、生意场还是生活中,要想获得优秀的表现都取决于大脑模块

的卓越表现以及各模块间的相互连接与联系，并不仅仅是靠"被激励"、"努力训练"和"有正确的想法"就能解决的（虽然这些也都十分重要）。真正要在生活中的各个领域都有超群的表现，很大程度上取决于你如何重建自己的大脑神经关联系统和神经回路。我们每个人天生各不相同，这是因为我们的大脑神经连接和关联度不同，而这种不同是由基因决定的。每个模块对不同的训练有着不同的反应。我们既要了解自己天生的神经关联系统，也要知道如何掌握最佳方法来改善和提升它们。深入了解自己的生理和促进生理方面的改进，是你迈向成功之路的基础之一。在本书的后续章节中，我们会从各个不同的角度，再次提到本节中一些模块的内容。

反转眼镜和重塑你的大脑

在我们继续讨论另外三大思维支柱之前，我想先向你展示一下，在重新连接和建立大脑神经关联和回路后，你的能力有多大，以及你的思维和行动力有多强。

佩戴由棱镜制作的特殊眼镜可使你眼中的世界颠倒过来。从眼镜里看出去，天花板在下，地板在上。当刚开始戴上这种眼镜时，你会觉得自己什么也干不了，甚至连从桌子上拿个杯子都不行，走路似乎更是不可能的事情。请不必大惊小怪，这都是正常现象，带上棱镜眼镜后的视觉世界跟下面这张反过来的卧室图片是一样的。

通过上图，你应该多少了解一些，如果自己真的戴上这样的眼镜后生活有多难。这如同照镜子，什么都是反的。你肯定认为，在这种环境里几乎不可能做任何事情。

真正让人诧异的事情出现了。在你戴上这样的眼镜的头几天里，你的大脑先是意识到所有的事情都不对劲儿。举起自己的胳膊时，你却看见自己的手掌向下。这时你的大脑开始很努力地寻找解决方法。不可思议的是，几天之后，大脑就建立起了新的大脑神经关联，自动将所有的画面回归原位。当这些新的大脑神经关联建立后，尽管眼中的成像仍然是颠倒的，但是你看到的已经是正常的画面了。

如果仔细思考一下这种现象，你就会意识到大脑重建这种神经关联是多么不可思议。视觉过程是极其复杂的，包括识别物体、物体的移动以及与其他物体的相对位置关系等。为了让"上下左右都颠倒的图像"再颠倒过来，重归正常，大脑要重新进行大量交错复杂的运算，要对海量的信息进行处理，要按照要求把大脑潜在的和还没连接的神经元重新整合连接起来。这是怎样的一个巨大工程，才能让人重新感觉和看到，一个生活中正常熟悉的世界又回到身边。大脑的非凡能力实在让人惊讶、震撼和赞叹。所以请你不要再迟疑，克服掉多年形成的经验主义，切实拿出时间去学习、去实践。

如果你的大脑能训练成自动转换调整被颠倒的视觉世界，使它看上去正常，那么，你的大脑就一定能训练得使你能做几乎任何事情。

第六章

历史支柱

无意识催眠

　　有一种特殊的经历可以发生在人发育成长的各个时期，也可以发生在成年以后，生活中发生的看似无足轻重的一个小插曲，却有可能从那一刻起对人的个性造成了重大的改变。我把这类特殊经历的事件称作"无意识催眠"。在很多无意识催眠的案例中，当事人都不一定还能记起曾发生过什么，但那件事仍然持续对他（她）生活中的每一天产生强烈影响。

　　把生活中这样的特殊经历叫作"催眠"，是因为它的确有点像催眠。假如一位催眠师为你实施催眠术，引导和暗示你去坚定地认为那个洋葱确实就是一个苹果。如果催眠师施术发挥正常，你是不会记得自己曾经被催眠，也不理解当你洋洋得意吃着那气味刺鼻的洋葱时，为什么别人会投来异样的目光。你的生活中常常会出现很多像被催眠了一样的事情，但你并不知道你被催眠，也就是说，你忘记了或者根本不知道以前发生过什么，更不知道你现在的所作所为与不知道的过去有什么因果关系。

　　之所以称之为"无意识"，是因为某人的个性改变不是他有意为之的，而是在他自己都不留意的情况下，性格改变却实际发生了。也就是说，某种行为的出现是无意而为之的。

我用一个简单例子来解释无意识催眠是如何影响人的行为的。假设一个七岁的女孩叫帕特丽夏，她在学校看见一群很酷的女孩子正利用午休时间在一起玩耍，就也想跟她们一起玩。于是她兴高采烈地走过去嘻嘻哈哈地问她们，她是否也能加入其中。很不幸，其中一个叫吉尔的女孩子迅速扔出了几句："你长得太丑了，我们不跟你玩。我们都不喜欢你。走开。"吉尔的话多半只是随便一说，并不是想真的针对或评论帕特丽夏的外貌。事实上，也许吉尔说帕特丽夏丑是出于嫉妒，不想有人跟自己争夺孩子头的地位。不管是出于什么原因，这种非难、中伤在儿童玩耍的地方时有发生，但一般都不是真的，也不会被当真。但是，尽管"你长得太丑了"这话并没有多大真实意义，可它仍然深深地刺痛到帕特丽夏的心灵深处。帕特丽夏对与她们为伍一起玩耍感到很绝望，当她依依不舍地离开时内心充满孤独。吉尔的蛮漫之言深深地刺穿她那脆弱的情感心扉，她的心理防线被击溃了。从那时起，帕特丽夏开始真的认为自己很丑、不受欢迎，结果，所有意想不到的怪异行为在她身上显现出来。即便帕特丽夏完全忘掉了这段不愉快的插曲，但她仍然继续在生活中处处敏感和没有安全感。这就是一个"无意识催眠"很典型的例子。无意识催眠不仅只是通过言语导致结果，也可能通过其他方式。当你做错某事，母亲只是眉头一皱，叹了口气，这种非言语的交流和用激烈的言辞所造成的后果是一样的，都有可能对人今后产生强大的影响。这一点也非常重要，值得注意。

以下是一个无意识催眠的真实案例。来自纽约的一位非常成功的模特找到我，希望得到帮助。尽管她已上了《时尚》杂志的封面，可仍然认为自己没有一点魅力，"名不副实"。按理说，逻辑思维应该告诉她，她确实很漂亮，甚至应该照着镜子对自己说："是的，我的确很迷人。"因为慕名而来的模特合约一直不断。但是在内心深处，她就是极度地缺乏安全感，所以，她一直不断地寻求他人对自己魅力的肯定并希望人人都能喜欢她。这种缺乏安全感的心态破坏了她的恋情。很多男人都因为她的美貌而对她一见倾心，但是约会几周后，都因她那"烦人"的举止而不欢而散。与男友约会时，她总是滔滔不绝地想表现出自己很高尚，对轻松与享受不屑一顾，甚至与事业相比，恋情也是无所谓的事。她还总是想方设法来表明自己多有抱负、多优秀，以此吸引对方的注意。很快，每位男友都觉得她很无聊、很烦人。这样的结果大家都可预知，离她而去的男友越多，她就越缺乏安全感。这种恶性循环造成她安全感完全丧失，不再约会。

上述例子很清晰地说明了一点，她的理性思维与情感思维肯定配合不佳，再多的逻辑推理告诉她自己长得有多漂亮，事业又有多成功也无法扭转她打心底里认为自己不行的评价。调查后我才发现，她那理智与情感不相匹配的原因很简单。11 岁那年，不知怎的，她长得太快，腿又细又长，必须使用矫形器来矫正腿形。近 1 米 6 的个儿头，再穿着矫形器，对一个 11 岁的女孩子来说太与众不同了。结果，她听到好多对她品头论足的话，其中多半都是负面的，而且大多都来自与她同龄的孩子们。矫形器在一年后拆除，她也长大，女大十八变，她已出落成一位非常健美迷人的"女神"。但是，情感上的伤害已经形成，她还是觉得自己是"异类"，没有魅力，其实时过境迁早已不是如此。

我遇到她时，她已经 40 岁了，模特生涯已经结束。当时正成功地经营着自己的生意，但却依旧形影相吊。为了排遣孤独寂寞，她几乎每天 24 小时都全身心地投入到了工作中。她感到很疲惫，生活空虚无聊。在交谈中，我明显发现她之所以超负荷工作、沉迷于"成功"，都是源于她内心缺乏安全感。她真的需要被"接纳"。11 岁那一年，她细高的外形加上笨重的矫形器，在她生命里留下了一道抹不去的阴影。就是这道阴影，毁了她后面整整 30 年的生活！各种各样的心理治疗、自我提高课程、心理辅导都没有解决她潜在的问题。这就是"无意识催眠"造成的悲剧。读到这里，我们把无意识催眠做个小结：

● 无意识催眠在生活中普遍存在。

没有几个人在成长中没受过伤害。绝大部分人在成长过程中，一定有某件事早已被遗忘或并没被当回事儿，但在他的心中留下阴影并影响至今，不说不知道，一说吓一跳。

● 无意识催眠影响力巨大。

大量案例表明，无意识催眠会对人产生巨大影响，会使人变得相当脆弱。即便是那些聪明又有知识的高素质人才也不例外，他们的潜能由于经历过无意识催眠，也只被挖掘出一小部分，而他们应收获的幸福也比实际得到的少得多。

● 无意识催眠深度隐藏。

人们常常并不知道过往经历是怎样在影响着他们的生活。事实并不总是像人们通常想的那样，以为自己找到了问题的根源所在和有效的解决办法。他们甚至不清楚问题出在哪里。所有人能知道的也就只是，生活不应该是这样而已。

● 无意识催眠通常能迅速且永久地被治愈。

对无意识催眠的治疗，只要用对工具，通常比较容易并几乎可以永久治愈。我们的大脑就像一部汽车发动机，本来装有四缸引擎，却只让三缸点火运作。我们度过的数十年里，竟是如此虚度光阴，简直是个悲剧。但你只要做一点点的调整，就可以给予生命全部力量，让生活走向你更满意的方向。

关于无意识催眠，我还想提醒大家注意两点：第一，无意识催眠并不总是负面的。有时它也会产生正面积极并持久的影响（参见第二十三章"爱因斯坦的指南针"）。第二，产生的原因并不总是来源于语言。还记得那个母亲瞬间的眉头一皱吗？

现在，你可能又想知道，怎样才能把无意识催眠经历与成长过程中所发生的正常事情区别开来。是通过"好事"和"坏事"来判断区分吗？不是。无意识催眠经历是有一些特征的，通过这些特征才能把它与其他经历区别开来。

无意识催眠通常表现为：

● 只有在心灵受到伤害或者情绪极度紧张的时候才会发生。

● 由特别值得崇拜、敬重或是想引起他（她）特别注意的人引起的。这可以是个很酷的人、父母、老师或教练等。

- 多发生在幼年时期或某一容易受到影响的阶段。
- 发生的时候并没有真的意识到。
- 即便在事情已经被遗忘后，仍对个性和行为产生长久的影响。

我们说无意识催眠对人的影响巨大，是因为事情发生时情感被唤起。当人受到伤害时，善良而又古老的大脑边缘系统，为了让人今后能避免这类痛苦经历不再发生，就激活了自己，勇敢地站出来工作了。听到有人说"你长得丑"与听到"你的手指被火烧伤"，对于发育还较为原始的大脑边缘系统而言，这两条信息的输入没有任何不同。大脑边缘系统能做的只是粗略知道你已经历过了一件"不好的事情"。它能帮助我们做到的就是快速"脱离困境"和永久地学会避免此类事情再次发生。这就跟你一见到老虎就马上逃避一样，并不需要经过大量学习就自然会这样做。一旦大脑边缘系统被激活，它就释放出化学物质并将之输送到大脑的各个部位，其中也包括长期记忆部分，这就使一些伴随强烈情感的事件得到永久保存。这一理论能为我们解释许多事情。比如，你可以准确记得听到戴安娜王妃去世消息的那天你在哪儿，但是你可能不会回忆起此事件之前的生活轨迹。对大多数人来说，她的死讯是一个情感事件，所以他们能很容易和清晰地记住。总之，情感事件有一种"定格灵魂"的特殊能力。假如是受到了一些不好事件的刺激，就会减低你余生的幸福感。

上述理论也同样帮助我们解释了为什么童年时期某些事件的发生对人的伤害和影响最大。儿童时期，由于大脑额叶尚未发育完善，我们还没有能力学会在事件发生时，如何自我保护和如何正确对待。所以，在这个阶段，大脑边缘系统就会"山中无老虎，猴子称大王"，有点儿忘乎所以地"自作主张"，来引导我们形成一些总体观念或印象，而这些，通常与我们内在本质的东西并不相符。例如，一个父亲跟另外一个女人跑了，抛下了他的家庭。他的这一行为很可能被年幼的女儿不自觉地理解为所有的男人都是靠不住的。她这么小的年纪还没有能力学会如何对具体问题做具体分析，也不可能知道父母分开的真实原因。但是由于她跟父亲的特殊情感联系，她受到了巨大伤害。从那以后，这件事将深深地影响她如何看待自己以及他人。让我们用那个催眠的例子打个比方，她可能从此以后真把洋葱当苹果了，这就相当于说所有的男人都靠不住一样。

大脑里的"硬结"

我们已经了解了一些关于历史支柱会对人生产生负面影响的原因。现在，我们专门讨论一下它产生负面影响的状态又是怎样的。如果你曾做过按摩，那种感受能更形象地帮助你体会到这一点。按摩中，按摩师有时会不经意触到你身体某个部位发紧的肌肉小硬结，当他按到那一点时，你会觉得比按摩其他地方都痛。这个酸痛点，是由该处的肌肉长期处于微痉挛状态造成的。虽然这部分肌肉组织已不需要收缩发力，但某些原因使这块区域的肌纤维还是放松不下来。当人全力做运动时，肌肉会跟着收缩，当停止运动，处于休息状态时，肌肉收缩任务已经完成，就需要停止收缩保持放松，才能重新恢复肌肉力量。如果肌肉在该休息的时候还总保持着紧张状态，就很难达到恢复的目的。但经过按摩师充分地按压之后，紧张的肌肉硬结逐渐抚平，疼痛也会逐渐消失。

这里有三个要点需要关注：

● 在按摩师找到那个发紧的小硬结之前，你是不知道它在哪儿的，只知道整个肩膀都在酸痛。

● 人是不需要经常让那小块肌肉总保持持续紧张状态的，该放松就放松。不然，真正需要肌肉收缩时它就释放不出能量来了，而且还加剧了肌肉的微痉挛和疼痛。

● 一旦你找到那个酸痛点并按摩放松，你的整个肩膀就都舒服了。

我举这个按摩的例子是想说说我们的大脑。由于某些过往经历（历史支柱）

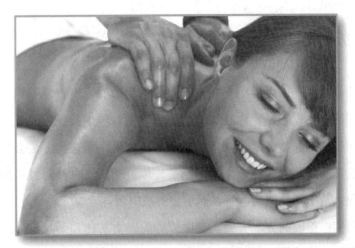

的刺激，激活了某些神经反馈回路，并具体地存在于我们的脑海里，每时每刻都不停歇地、默默无闻地忙碌工作着，而我们也没有感觉到它们的存在和它们都在干什么。我们可以把这种现象看成是，大脑在不停地工作中所产生的持续"微痉挛"思想。这种没有意识到的"微痉挛"思想，就如同深藏在机体里发紧的肌肉硬结，使我们整个肩膀都感到不舒服一样，常常让我们本应开心的生活缺少快乐。被过去的某些不愉快经历所激活的大脑神经反馈回路，就如同产生酸痛硬结的肌肉，一直伴随着我们的生活。

上面提到的那些不愉快经历都是过去发生的事情，也已经过去。现在我们真的需要把它们关闭掉。但问题是，我们经常搞不清，到底是哪些大脑神经反馈回路产生了让我们"全身不适"的"微痉挛"思想，而需要关闭。

要知道，关闭掉那些隐藏在大脑深处，对人毫无帮助的神经反馈回路，其带来的裨益通常是相当惊人的。但我们不禁要问，大脑还有多少在做着无用功的"硬结"，还在不断地消耗着我们的能量？我们还要等多久才能学会应用最好的技术，才能知道大脑中哪些部位需要"按摩"，并彻底去除"硬结"？

克服历史支柱产生的"硬结"

克服掉你过往经历（历史支柱）带来的不利影响，绝不是要你花上数年时间进行心理治疗，也不是要你在痛骂过去黑暗的童年中找原因，更不是要你把所有问题都归结到那些不幸事件上。从临床角度讲，用这类方法会使治疗过程变得既漫长又低效。它最终带来的问题是，你过于关注自己的过去而不去修复现存的问题；过于纠结问题本身，而不是解决问题。

如果我们按正确的方法去做，克服掉你的历史支柱和无意识催眠经历所带来的不利影响，其效果是相对迅速和持久的。方法要求如下：

- 理解四大思维支柱中每一支柱所包含的内容；
- 每天都应用即将制定好的《赢者私人定制练习册》；
- 应用特殊的思想工具（如"情感转换"、"情感强化 CD 碟"，请分别阅读第七章和第九章）。

以上三个要求如果你都做到了的话，效果一定非常惊人，其功能也会非常强大。

人生初期所形成的历史支柱影响力巨大

我们说你的历史支柱对你的人生有如此重要的影响，是因为在你成长发育的早期，伴随着大脑各种神经模块的连接和开通，你的大脑正经历着人生最大的变化。表面看上去，孩子是一无所知，"傻得可爱"，更不知道大脑在做着什么，其实大脑已经学习和认识了差不多数以百万计的新鲜事物。你相信吗？在成长发育的早期，婴儿大脑会以超过每秒 200 万的连接速度开通脑神经之间的联系！所有这些神经连接的开通，为后续学习如何破译复杂的语言密码、如何行走和如何建立空间视觉等生理与行为需求做好了准备。实际上，当出生时，婴儿的大脑并不知道眼睛接收到的外界信号到底是什么，也不知道怎么反应和应对，就像你看到下图左边那个模糊图像时的感觉一样，除了模糊的图像，你根本分不清不同物体间的距离，也看不清物体的轮廓。总而言之，你能看见的只是一大团没有明显界限的混沌图像。但是，几个月后，婴儿的大脑就能学会辨认出眼睛接收到的信号是什么，也知道了怎样去反应。随着时间的推移，约七岁时，他的视觉功能将达到成人水平。

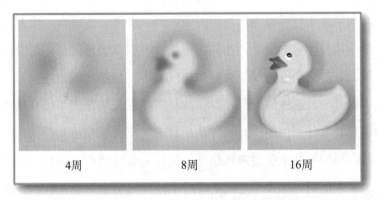

4周　　　　8周　　　　16周

关于在婴儿早期学习"看"东西，还有一个很有意思的现象。如果在出生后的第一年里，婴儿的大脑失去了任何通过眼睛传入的信息刺激，那么无论以后给他多少训练，他也绝不能再学会看到正常的东西了。比如，孩子从出生到一岁的时间里，给某一只眼睛一直戴着眼罩，一岁后，把眼罩摘掉，虽然这只眼睛本身没有任何问题，但它还是"瞎"了。失明的原因是大脑没有条件学会如何打开视觉神经通路。可怕的是，这种失明是永久性的，因为大脑开启视觉神经通路的大门是有着严格的时间限制的。[①]

同样，孩子对于幼时所了解的许多东西，并不是全部理解了其中的内涵。他们并不一定真的知道了"对"与"错"，也并不一定真的认清了自己是属于哪种类型的人。孩子的大脑虽然接受和吸收了来自父母、老师和朋友的海量信息，但这些信息只是作为开始认清自己以便今后适应这个世界的前提。遗憾的是，

---

①　通常是在0~1岁这个时间段内进行。——译者注

孩子们还太小，他们大脑中所积累的知识还是非常有限的，在面对当今传输大量纷繁复杂信息的社会，能正确认识和解决其中的一小部分问题就已经很不错了。如同我们年轻时在课堂上学习一样，在孩子们还没来得及真正弄清到底是怎么回事的时候，绝大部分的社会知识就已经满堂灌般一股脑倒入孩子们的大脑里，并深深隐藏于其中了。一旦这些东西潜入脑海里，就会顽固地去抵抗改变。

相反，如果童年时代得不到外界的各种信息刺激，生活在一个封闭的世界里，那也会造成很严重的后果。比如，孩子从小缺乏情感关怀，甚至被剥夺爱的呵护，那么，负责个性形成的大脑关键区域中，神经反馈通路就不会被正常连接甚至不被激活。这种情况与一岁以前眼睛缺乏光刺激而不能开通视觉通路所造成的后果是十分相似的。对那些从小缺乏甚至失去情感关爱的人进行的大脑扫描显示，他们大脑中负责理性思维的额叶与情感回路之间的连接通路存在异常。从另一方面讲，如果小时候受过超常的巨大刺激，成人后，其幼时造成的"理性—情感"通路非正常连接就一直保留并直接影响以后的生活，这与单眼遮盖后所造成的视力永久丧失没什么两样。只不过现代社会已对孩子加强了关爱，孩子受到巨大刺激的事件已少有发生。但我要重点提醒的是：人类千奇百异不同性格的形成以及对事物不同的情绪反应，都是在生命早期形成的。在这一阶段无论接受什么样的"课程"，都会顽固地伴随着我们以后的生活。

我们许多运动、视觉、语言技能都是在七岁以前学会的，而社会交往等方面的技能，在外界社会快速变化的过程中继续不断地对应和调整，大约到20岁时这些技能才会稳定。在此之前，负责分管我们个性形成的大脑区域，一直保持着高敏感度状态，这一特点告诉我们幼年时期最容易使其神经通路被激活和开通，请见下图。图中表示，在不同年龄段里，不同灰度代表大脑的不同成熟度区域分布。

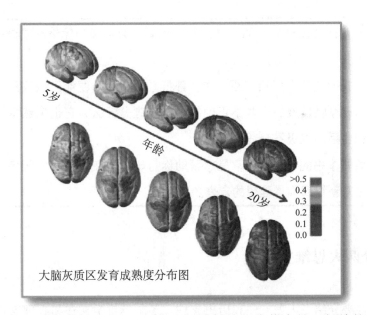

大脑灰质区发育成熟度分布图

大脑不同区域的神经回路开通多少与我们的行为能力是正相关的。在大脑负责我们肌肉运动的区域（解剖学称作大脑运动皮质区）里，其神经反馈回路开通并运行得越正常，我们学习运动技能就越容易。这就是为什么要想成为运动员和音乐家，都要在幼年时期就开始训练技能的重要原因。同样，大脑负责语言功能的颞叶区，神经反馈回路如能早早顺畅开通，就最容易让我们在 12 岁以前学会第二种语言，换句话说，12 岁以后再去学习第二种语言会变得困难许多。

我们已知道，人在成熟期所表现出来的性格、谋略，其核心基础的部分都是在人的童年甚至不超过十岁就已形成。但我们不应该成为历史的奴隶。本书的目的之一就是提供一套帮助你走向成功的工具，让你从童年时的不良影响中解脱出来，去设计和规划自己最理想的未来。

重点提示

- 人的童年，对于大脑来说，是一段非常特殊的时期。在这段时期里，大脑毫不费力地接触或学习到了数以百万计的新鲜事物。
- 而这段时期所了解事物的方式都是无意识的，并深深烙印在脑海里。

> ● 我们既要发展后天的各项技能，也要大力发展和优化形成自己个性特质的大脑核心基础部分。
>
> ● 孩提时代所学到的东西，许多都抵触改变。即便你已认识到了大脑中影响自己个性发展的一些不正确的核心基础是什么，它也仍然持续对你成人后的生活施以极不合适的影响。
>
> ● 我写本书的一个目的，是想帮助你打破命运在童年时代所带给你的阴影，去重新讨回你最理想的未来。

另外两大思维支柱

上文简要介绍了生理支柱和历史支柱，还剩下哲学支柱和心理支柱当然也要做一下介绍：

哲学支柱

其实，哲学支柱是所有支柱中最重要的。在我长期与运动冠军们打交道期间，或是有人找到我去处理他所遇到的难题时，我发现，所有问题的关键都是出自哲学支柱。正是因为这个哲学支柱太重要了，我就写了另一本书，书名是"蚂蚁与法拉利"，来专题讨论。接下来，在我们继续阅读学习这本《赢者思维》时，也需要用到其中的一些哲学思想。因此，我会不时地把带有哲学意义的生活小片段，以小故事的形式，再结合一些小插图穿插到不同章节里向你讲述。很多人都喜欢我讲述这些小故事，希望你也能喜欢。

我说哲学问题最重要，是因为作为赢者，要想达到更高层次，不仅需要清楚地了解自己，更需要具备了解自己所生活的宇宙是怎样的这样一种重要能力。除非你懂得宇宙运行的全部规律，否则就像打牌不懂得规则一样，无论你多努力，也注定与失败绑定在一起。我所写的《蚂蚁与法拉利》一书解释了这个神秘莫测的宇宙世界，回答了每天发生的生活对自己到底意味着什么。书中我提出了许多问题供大家思考和讨论，比如，真理真的存在吗？我们能掌控自己的美好未来吗？我们怎样才能知道这些呢？我们能找到生命以及生活的真正意义和价值吗？在浩瀚宇宙之中人类处于什么样的位置呢？这些问题看上去怪怪的，但却是哲学中的大问题。很有意思也很明显的现象是，当我的运动员和受训的商界人士都清楚地懂得了这些道理后，真的就对他们产生了深远的影响，让他们能突破自我，到达一个新的境界。

本书的最后，附有《蚂蚁与法拉利》的内容摘要。你可以初步体会到我是怎样通过一种真实的视觉方法，让这一哲学话题活灵活现地生动起来。

心理支柱

心理支柱是参与大脑思维的重要一环。我们在第四章"四大思维支柱的相互影响"一节里讲过，影响大脑思维和人类行为的四大支柱中，哲学支柱、历史支柱和生理支柱都是通过心理支柱有意识和无意识地直接进行的。正因为如此，我们可以把调整心理作为方法性工具使用。从下一章开始将要学习的工具使用部分，也就是心理支柱的重要内容，所以这里就不再多叙。这些心理工具能帮助克服自己的历史影响，最大化释放你的生理功能，保证你能获得天赋馈赠的最有价值的经验礼物。

好了，我要恭喜你！到目前为止，你已经学习了为下一步继续了解本书内容而准备的所有理论。现在，你应该已经建立了一个较牢固的平台，以此能让你的生活增加一些强有力改变的动力基础。你已经完成了《赢者私人定制练习册》的制定并着手应用，也完成了自己的独立评议。下面我将向你介绍一些思维调整工具和相关技术，这些都是我曾经应用于精英运动员和受训者的方法，并普遍给他们的生活带来了戏剧性变化。从现在起，你很幸运，你就如同与世界著名运动员们坐在一起那样，共同看着我是如何用真实的生活案例，来演绎和说明每一种思维调整工具的。然后，就要轮到你用这些工具，为自己做一番思想调整和改变。

OK，现在，就让我们一起来踏上这思维调整的趣味之旅。

第七章

情感转换

现在我来介绍第一个工具，你可以用它来在大脑的情感边缘系统与理性系统之间做调整，以达到平衡，我称之为"情感转换"工具（因为这让我想起数学中一个巧妙解题的转换技巧，它经常被资深数学家用来解开数学重大难题）。以下是两个真实的案例，用来说明情感转换是怎样工作的。

狗与骨头

数年前，我曾参与一个体育研究项目，并认识了一位赛车手。他极具天赋，在每一个级别晋级比赛中，他都能获得冠军。这种出色表现给人印象深刻，结果一个顶级 F1 方程赛车队吸收他进入预备队，准备让他成为两年合约的正式赛车手。但天有不测风云，就在他快要正式亮相 F1 方程赛的那一年，灾难降临到他头上，在叫作 GP2 的低级系列赛事中他表现极差。F1 方程队解除了与他签订的合同，结果，他想成为 F1 赛车手的梦想也就此成为泡影。

这位赛车手之所以摊上如此职业悲剧，很大一部分原因是由于他在不断进入更高一级的赛事时，无能力承受不断增加的压力。像在 F3 那样的低级方程赛事中，他还能轻松取胜，但当进入到顶级职业赛事后，身上的压力呈几何级数增加，压力越大，失败的可能性就越大，其结果也就越不堪设想。对于低级赛事中的某场偶然失败，他可以不太在乎或以自己经验不足作为借口，但在顶级赛事中，每种错误都可能轻易地终结他的职业生涯。

我来说说这位赛车手在赛场上的表现。他的脾气很大，当他进入赛道中途维修站加油或者更换轮胎时，一看到维修人员犯了一个哪怕是最微小的错误，他也会马上变脸，暴跳如雷，骂声不断，失控似的把车开出维修站之后，还仍然怒气冲冲。你想，这样的情绪能不导致他对赛车失控吗？在接下来的几圈比赛中他小错连连。疯狂转向，不断强踩刹车，致使车胎很快磨损，因此他不得不数次折返进入维修站，最终消耗的是比赛时间。尽管进入维修通道仅花费十分之几秒的时间，可这却像滚雪球一样，迅速累积成几十秒甚至几分钟。更要命的是，由此引发的焦躁情绪一直伴随着他的比赛，就更加影响了他的成绩。比赛结束后他又不忘返回维修站，找到那位维修员，没鼻子没脸地大呼小叫。这样做只会让维修员更加紧张，在接下来的比赛工作中更容易犯其他的错误。赛季结束后，他的车手职业生涯也因此止步。他这种粗暴的个性和不稳定的发挥，即便有着极高的天赋和驾驶飞车的技能，也很难掌控比赛，没有车队再愿意雇用他。

因为这个问题，他也曾去看过一些运动心理医生。但由于没有让他"把注意力集中在他所能控制的方面"上来，而只采用通常人在紧张时大多采用的"告诉自己要放松"之类的解压方法来帮助他，看来没有对他起到作用。当我问及产生沮丧和愤怒的根本原因是什么时，他的回答是"被极其强烈的好胜心所压垮"。他本来看到自己的目标近在咫尺，但当维修员出错时他就好像看到那个夺冠的梦想悄然溜走，就顿感无力再做任何事情。这就是他的目标与他的情感相关联并结合到了一起的原因。目标越接近，他就越感到无能力去达到目标，这就足以让这位有特点的赛车手精神完全崩溃而失控。

他的描述立刻让我的脑海里浮现出一幅画面。我把这幅画面转换到这位赛车手身上，仅进行了 15 分钟的交流，就使他有了改变。从那之后，他在比赛时绝没再出现过一次生气或沮丧。很快，他重新赢得了比赛资格。第二年底，他就取得了冠军。许多顶级车队再次纷纷登门相邀，结果一个世界最负盛名的车队与他签约。之后他取得了辉煌的战绩，赢得了许多重要赛事的冠军。

那么，是什么样的画面帮助了他？又是如何帮助到他的呢？

我告诉他，他的事情让我想起一个关于狗的故事。一只狗看见了铁栅栏外边有块肉骨头，美味多汁，距它仅一步之遥。狗能闻到肉香，汲汲渴望，垂涎欲滴。它用爪子拼命地抓扒栅栏，想一口吃到骨头。但是不管它多努力，铁丝网做成的栅栏总是挡住它，让它吃不到。绝望中，那只狗猛地往栅栏下方刨钻，但栅栏埋得很深，依然没有钻过去。这让它几近发疯，肉骨头离它这么近，几乎唾手可得，它却只能眼巴巴看着，吃不着。其实，如果狗能把死盯着肉骨头的目光稍稍移开一点儿，向它的左边看去，就在两米远处，就有一扇敞开的大门；如果它不是那么直勾勾地死盯着肉骨头，而是绕道从左侧的大门出去，只花几秒钟它就能得到自己想要的。

　　这个故事性画面，也许对你没有什么意义，但对这位年轻的赛车手来说，他体会极深。狗狂怒而玩命地与栅栏较劲，与目标近在咫尺却就是得不到的沮丧，让他产生了强烈共鸣。另外，这幅故事性画面能对他起到极好作用的另一个原因，就是他自己能跳出这幅画面。因为一旦他作为一个旁观者就更容易看出，那只狗反复去"抓咬攻击栅栏"真的是很蠢，很显然，这样做对它获得目标没有一点帮助。这幅画面很生动，完美地呈现了这位赛车手当时爆发出的愤怒和沮丧情感。这样，当他一想到狗，就魔力般地自动唤起那只狗有多愚蠢的情感转换。

　　现在这位赛车手能够用自己的自然情感唤起"狗与骨头"的场景并应用于自己的具体比赛之中。当他要发怒时，就能在情感层面上让他立即意识到，如果他一直与"栅栏"较劲的话，除了让自己受伤，他什么也得不到。实际上，他现在并没有去"说服"自己或"告诫"自己要向目标怎样努力，而只是自然而然地将自己从过度关注维修员的错误中明确拉出来，保证自己处于最佳的精神状态，以便驶出维修站后他的驾驶能力可以表现得更加完美。

情感转换要点

● 找到一个替代场景（如狗和骨头的场景画面），这个场景让你能触景生情，活灵活现地再现出，当你遇到麻烦事时所产生的那些情绪和本能反应（如不能达到目标时的沮丧，面对出错的维修员的情绪等）。

● 跳出画面看画面。替代场景不要使用自己的经历，这样你能更容易、更清楚地看清自己的处境（如用狗的情绪表现替代你）。

● 保证所看到的替代场景能引起你的自然反应，并且这种反应要有利于你（如这只狗很蠢，我的行为绝不能像它那样）。

● 保证替代场景能产生积极正面的结果（如狗通过了大门——赛车手转移注意力，集中在开车上）。

"可卡因"美貌女友

让我再举另一个真实案例来说明情感转换的过程。有一位非常成功的商人，在疯狂地爱上了一位极其性感的女人后来找我。他女友的漂亮、可爱、活泼、机智、聪明、好运动，还有与生俱来的幽默感和顽皮，总能让他开心不已。他俩深深地相互吸引着，很快他就完全沉醉于她的怀抱之中。但是恋爱四个月后，他开始意识到她很可能会对自己造成伤害。在交谈中，我了解到，尽管她外表包装得很完美，又善于交际，但内心是一个极端以自我为中心的人。她学会了利用她的天生丽质和恶作剧般的幽默来获取她想要的东西。她之所以喜欢与商人交往，其实是喜欢他的车子、房子和票子，还有音乐会之类的消费。总之，就是商人能为她提供的快乐与享受。这位女士根本不关心这位商人是否开心，也不在乎他的内心感受。她之所以能给予她的爱，只是用来换取他对她的喜爱、关心和欣赏，换来玩偶般的刺激还有金钱。我想她没有恶意，也没有想伤害任何人的意思。可能她自己也没有意识到她的爱有多么肤浅。她只是一个想吃"青春饭"的女孩子，只想着带东西离开，又不被发现，也不伤害到他人。总而言之，在她的人生中就没有树立正确的道德观来指导她的生活。

这位商人意识到，如果总是这样过下去，万一哪一天彼此之间的关系变得紧张，或者有什么灾难降临到自己头上的话，这个嘴上说爱他的女孩子很可能会抛弃他，投向别的男人怀抱。当我问起这位女孩的一些行为细节（参见第二十一章"外公说的'小细节'"）时，他的回答让我们两个人都更加确信，在是否还向其他男人敞开心扉的问题上，她仍保留选择的权利，结合她以往不忠诚的历史，这是又一个危险信号。

这位商人其实在脑海里早就知道这个女人不可能成为他的终身伴侣，也知道她会让他内心受伤，使他生活动荡。造成这些后果的原因，是他们两人的道德标准不一致。但是只要一见到她，这位商人的边缘系统就会失控，就好像飞蛾扑火般地被她的美貌吸引。尽管他们曾有过真诚开心的美好时光，但也有数不清的心灵伤痛。这次他找我，是因为他的女友在某件事上过于自私，让他失望。渐渐地他自己的正直和本性也消耗殆尽，不再是从前那个有能力、敢作敢为、行事果断的商人，他甚至想过原谅或接受她的行为。这位商人此时心里非常矛盾，"理智"告诉他要离开这个女人，去找一个更好的"她"，可偏偏"情感"却不断地阻止他行动。朋友们的任何理性建议或劝告似乎对他都没起作用，他沉迷于她的怀抱而不能自拔。

为了帮助他，我得找一幅类似"狗与骨头"那样的图片，让图片引发出这位商人内心深处强烈的情感并使他感同身受。更重要的是，这幅图片要能展示出他现在的真实处境，让他看清楚这位女友对他的破坏性和危险性有多大。我给他画了一幅画：一位阳光年少的商人花费数年时间潜心研究出一个崭新的并具有革命性的电子产品。为了完成这个项目，他募集到了 100 万美元的风险投资，经过刻苦钻研，现在只要再花几个月时间完善，他的产品就大功告成。只要产品上市，他即刻就是百万富翁，就实现了他毕生追求的宏伟目标。他将拥有自己的公司和财富，他可以尽情旅游，享受跨国商战那种你争我夺、尔虞我诈带来的刺激。我在画的过程中，尽量把这位年轻企业家坐在实验室中的样子画得真实些。接着，画中的年轻人打开抽屉，拿出一小包可卡因，吸食了起来，"今天没有工作，估计明天也没有。"从此，每天他都在可卡因暂时带来的快感高潮和之后无尽的低落状态下度过，毫无顾忌地挥霍着时间。一天天地消磨，使他花光了所有的科研基金用来购买可卡因，同时他的能力、资源、天赋与技能也随之耗尽。他失去了事业、朋友、金钱和健康，生活中他本应拥有的一切乐趣也都淡然逝去，他变得面色苍白、憔悴，双眼深深凹陷。这是一个错失良机的悲剧式故事，过山车般起起伏伏的人生轨迹，让他的生活走到了谷底并无路可寻。

看了这幅图画之后，这位商人自然很清楚画中的含义。很明显，两种选择摆在面前：要么选择可卡因，那就是一种一会儿高潮兴奋，一会儿又低落贫乏的生活，最终会毁掉自己的一生；要么选择富裕平和的一生。我希望他能通过这幅图画做到情感转换，如果他能明智地发现自己的女友就如同一包可卡因，自己对女友的如醉如痴就像是犯了毒瘾一样，他就有希望能将这个女人从自己的生活中"踢走"。

结果很好，这幅画引起了他的共鸣。他打电话与女友说了分手并祝她好运。

他甚至在自己的手机里把她的名字改成了"可卡因"。从此，只要她打来电话或发来短信，他就能立刻意识到她那可卡因般的危害。困扰他的魔咒被解除了，他不再被她的美貌所迷惑。像命里注定一样，这位商人不久就找到了一位优秀的女人，这个女人成为他的伴侣。他这样描述这两位女人：新女友像搭档一样，跟他同舟共济，一起驶向两人都很向往的彼岸；而前女友就像一位游客，在他挥汗如雨，奋力划船之时，却躲在船尾一角享受着所有野餐美味。

情感转换的关键

让我们再一次扼要总结一下上述两个案例：赛车手（狗与骨头）和商人（"可卡因"美貌女友），我使用情感转换的工具来帮助他们解决问题。我将令他们感到棘手的问题融入一个跟他们的问题几乎一样的画面中，但他们本人并不是画面要描述的对象。情景相似度几乎一样的问题却产生了完全相悖的自然情感反应。

那位商人自然而然地想到吸毒成瘾的人虚弱又没有生存技能，那么他沉迷于某个女人与吸毒成瘾一样危险。而那个赛车手反思：那只盯着肉骨头的狗是很愚蠢的，只会直勾勾地死盯着眼前，目光不长远。而他在过去的赛车职业生涯中，不也像那只狗一样眼光狭隘吗？

最后，我想用一个实验来进一步让你明白，人天生的自然意向是多么有破坏性和为什么我们需要用情感转换工具来克服它们，以此作为本章的结束。如果将老鼠关在一个有两个控制闸门的笼子里，只要老鼠踩压到一个控制闸门，就会流出阿斯巴甜味水（一种甜味剂，没有热量，没有营养），踩压另一个控制闸门会流出有益健康的牛奶。老鼠们总是选择甜味水。尽管它们看到了新鲜而富有营养的牛奶，并且同样唾手可得，但老鼠们还是拼命争抢甜味水直到撑死。它们的自然本能驱使它们选择甜味物质而不是健康食品。同样，我们天生的自然本能驱使我们对某种事物有偏好，但它不一定总是对我们有益。

综合我为运动员们做咨询时的经验，情感转换工具有两个关键技能：

（1）首先，找到那些让他们表现失衡或阻碍他们进步的地方；

（2）然后，也是最重要的：找到一个合适的画面或图像，它能唤起一种强烈的情感来克服他们自身的人性弱点。

第八章

生活中的车轮

车子出现震动的信号

开车时如果突然感觉到通过方向盘传导，车子出现了不正常摆动或者震动，那么你就会意识到车子的什么部位可能出了问题。假如真是这样，车子就要修理了。不然你开车时就不得不时刻把持住抖动的方向盘，这不仅增加了你旅途的疲劳，还会使轮胎很快磨损，甚至造成车子行进途中突然停摆，出现连人带车撂在半路上的尴尬局面，增加了烦恼。但车子出问题的原因并不总是很直观、很容易被发觉到的。

每个人特有的平衡

人生与行进的车子十分相似。我们知道，真正指引你人生前进方向的是自己所接受的哲学思想，它就像汽车的中央传动轴。以中央传动轴为中心，外延连接行进的车轮，就好比前行的人生，而连接中央传动轴与车轮所需要的其他所有汽车部件就像人生中所要装载的不同内容，如你的激情、你的爱好和你的朋友等等，也就是说，所有这些都是你生活中惦记着的、在乎的、你所爱的和你要做的，总之是你生活的内容之一。另外，每个人都是有别于他人的独特个体，就如同你自己拥有的那部汽车总是有别于他人的一样。正因为你自己思想中包含的所有内容只是你自己特有的（属于自己特有的"中央传动轴"），所以在你生活的汽车"车轮"上，每一个部件的状态和关系、位置与你自己特有的"中央传动车轴"都独一无二地相互匹配，都特定地属于你自己。

无论你生活中的车轮怎样运行，最基本的是，这部车上的每个零部件都互为依存、缺一不可，都要严谨地协调工作、保持平衡，不然你的生活将会发生不正常的摆动而失控。每个人都需要将自己生活中表现出来的不同情绪进行平衡调整，例如，要将自己生活中大量出现的"兴奋"、"激动"情绪与大量适当的"暂停"、"反思"、"冷静"等情绪进行平衡调节。为了达到最理想的平衡状态，不同的人需要有不同的车轮部件来配合。我们知道，生活中一个太过张扬和冲动的人，如果其情绪没有调整平衡，表现就远不及其他人。生活中，一些人是通过自我修炼、注意反思把自己思绪平和下来的，而另一些人是通过不断实践来修正自己，以保持平衡发展的。

动态平衡

虽然每个人都有着自己特有的平衡，但这种平衡不是静态的。在我们的人生经历和成长过程中，需要不断地调整已经存在的部件组成比例，卸掉旧的或添加新的部件。比如，我们在儿童时期的关注热点，到了成年以后就已经不是我们的兴趣所在。因此，平衡是一个动态的过程。

我作孩子的时候，话语像孩子，心思像孩子，意念像孩子，既成了人，就把孩子的事丢弃了。

——《圣经·新约全书·哥林多前书》，13：11

没有比看到一位发育健全的成人还在婴儿车上玩耍，更让人感到啼笑皆非的了。

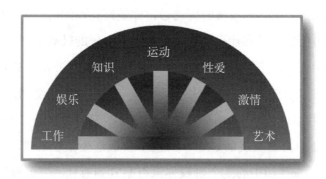

你的"中央传动轴"①

决定车轮是否平稳行驶的最重要部分是中央传动轴。它不仅支撑了外部框架，还设置和引导着车轮行驶的方向。依照这样的比喻，你的核心哲学观就相当于你全部生活运转的那个中央传动轴部分。你的核心哲学观支撑着你的行动和激情，也决定了你人生的方向和终点。如果你核心哲学观这个中央传动轴的轴承出现了松动等问题，那么在你人生旅途中哪怕是遇到小小的颠簸，都会让你的生活偏离正轨。当然，松动的轴承还会引起其他问题，比如轴承松动，就会导致车轮的不平衡，哪怕最微小的车轮失衡都会让你的车子出现速度波动，车子失去稳定人也无法控制。一套坚固而做工精良的人生中央传动轴，能让你从容应对生活中的颠簸起伏，即便是生活的车轮在某种意想不到的情况下出现短暂失衡时，也能帮你安全度过。

发现生活的"颠簸"

在车况良好的状态下，按里程表累计增加的公里数来进行车辆保养，是需要一定水平的专业知识的。车还是新的时候，平常的一点抖动都有可能渐渐使

---

① 这一小节进一步阐述了哲学支柱在人生道路上所起的主要作用。——译者注

车的危险系数增加，而这种缓慢的变化通常你是察觉不到的。车后发出一点异样的噪音，你可能觉得没有什么问题，但对于高水平的机械维修师来说，他就会认为这是一个清楚的信号，从而判断出车的前部出现了非常严重的问题。

聪明人是可以感觉出自己生活中的"颠簸"、"震动"甚至"撞击"的，也能准确知道需要做出什么样的调整，尽可能使生活变得更顺畅、更有效。一个完整的生活本身和向前发展的过程，就包括会遭遇生活中的"颠簸"和"撞击"。实际上，假如生活中的某个阶段你没有察觉到有什么"颠簸"、"撞击"，这不一定是个好征兆，说明你可能已经是在重蹈覆辙，墨守成规，不是正在面对挑战或雄心勃勃地向前发展。停滞不前的生活也可以说是一辆抛锚的车，正在浪费着你所有潜能（参见第十三章"把握当下"）。另外，聪明人还能辨别出生活中出现的徒劳无效的"车轮空转"。在现实生活里，为什么要行动、要努力？生活的动机是什么？面对这些问题，很多人常常是糊里糊涂。

衡量一个人聪明与否的另一个标志，是他能否分得清在人生的高速公路上，哪些"颠簸"来自外部，哪些问题是自己"车轮"内部所产生的。区分二者有一个可行的办法，叫作"重复发生模式"，就是观察问题是否总是反复出现。在生活的"高速公路"上，外因产生的生活"颠簸"常常是随机发生的，且一旦发生后果就很严重；而任何一种常常重复出现或循环式发生的生活"颠簸"，如情绪反复起伏、总是感到压力、悲伤、沮丧和挫败感，大多都来自于自己生活中的"车轮"本身。

像汽车修理师那样，学会发现生活中的"噪声"、"异常摆动"和"震动起伏不定"，是你成为聪明人的一项基本功。这样你就能在生活"车轮"被磨损之前做出正确的调整。常为生活的车轮滴一些润滑油、将松动的螺栓紧一紧，就可以帮助你减少日后的大修次数。因此，时常花点时间反思一下自己的生活是否达到了平衡。自问一下：你是处在平衡状态吗？你的潜能最大化地发挥出来了吗？做什么事情能让你自然而然地感到心满意足呢？你有无反复出现过抑郁和压力呢？你是在朝着前方努力进步还是遇到了生活的"颠簸"？或者还是因循守旧地生活？

他人起到的作用

有些人天生就能帮助你加强平衡力，对你的生活起到调和作用。和他们在一起，好像一切都是那么和谐自然，人生旅途变得简单快乐。这是因为他们的优点常常是你的不足，不管双方中的任何一方单独生活，都不能使自己达到完美平衡，但只要双方联合在一起就变得整体上是那么协调。这两组车轮相互结合会互补互利，要比你单独运转行驶，更要平稳更要快速。

当两组车轮联合在一起行驶时，保持两组中央传动轴的均衡一致性是绝对关键的。如果生活中的两组"中央传动轴"没有向同一方向行驶，核心价值观相悖、终极目标不一致，那么生活的"轮胎"就会加重磨损；另外，相互较劲的两组"车轮"，其造成的"轮胎"磨损程度也比单独行驶的磨损要严重和快得多，这些都会使生活车轮的行驶速度放缓，人的生活会变得疲惫不堪。

有时候，他人也可能会让你的生活变得像游乐园里的过山车一样大起大落。你也没有必要就认定别人一定是"坏人"。这也可能只是因为你俩的平衡点不相匹配。从另一个角度想，别人给你造成的生活"颠簸"，也可能是对你的挑战，让你跳出那个由于你核心哲学观还不够强大和成熟而甘愿蜗居其中的"舒适区"里的生活，刺激你去发生转变，去开始行动。其实，关于平衡，即便在国家事务中，也是个永恒话题，因为执政党与在野党虽然政见各异，但如处理得当，也可以在处理国家事务中互补，达到平衡。但它们并没有去学习和改进如何平衡各自的"车轮"。与其几个较劲的"车轮"拧把着并行行驶，还不如各党派各自的"车轮"分开单独行驶更好些。

当然，最终目标，还是让两组车轮都能各自独立地保持平衡，不需要依靠对方来弥补各自的缺点。他人对你生活的影响，其实就是引起你生活"颠簸"的重要因素，其中有好有坏。最好的方式是两组车轮分别独立行驶，但都朝着共同的方向前进。

检查自己生活的"车轮"：项目与内容

现在就花点时间回顾一下你上周的所有经历，自己检查一下生活中的平衡问题处理得如何。定期这样做对你很有必要，因为生活的"车轮"常常悄然偏离了平衡而我们却还不知不觉。一段恋情开始时总是激情四射，情意绵绵，但不知不觉你会发现，爱情并不是生活的加油站，却成了你生活中的累赘。你可能现在已经不得不习惯这种坐过山车式的生活，也能接受现状，使它成为你正常生活中的一部分，其实这种所谓"正常"本应完全避免。这种情况的发生，很有可能是你痴迷或太过于关注生活中某一特定部分，这就只能会造成你的生活动荡不定。因此，拿出一张白纸，回答以下问题：

> **关于恋爱方面：**
>
> ● 你和你的恋人是互补和谐、相互促进而达到平衡，还是随着时间的推移，步调已不同步？
>
> ● 恋爱过程中，重复性的恋情起伏跌宕比恋爱之初增多了吗？
>
> ● 你们生活中的"车轴"是保持均衡一致吗？都是向一个方向行驶吗？
>
> ● 你俩是否变得彼此更加相对独立、不那么相互依赖，但却更加默契、更加相爱了呢？（真正的爱情不应该建立在索取或依赖的基础上。）

● 你是否遇到了"恋爱僵局"的处境呢？你们经常相互挑衅、刺激和中伤对方吗？

关于工作、娱乐和对待他人方面：

● 你一周有多少时间用来考虑"生活的车轮"以及这组车轮上的零部件呢？

● 你是否太过于关注生活中某一两样特定的事物呢？

● 工作和娱乐达到了良好的平衡吗？

● 是否有充足的部件为生活的车轮运转备份？还是缺乏零部件？

关于个人改善方面：

● 你是否加大力度去完善和强化自己的核心哲学观呢？你对自己更有把握了吗？你对自己更满意吗？

● 你有自信面对生活的挑战吗？你能更好地应对他人的挑衅吗？当别人哪怕是最轻微的不恭或是挑衅，你会立刻被激怒而失控吗？

● 你所走的道路，其方向选择正确吗？

● 与上周所做的事情和努力相比，你更接近你设想的最理想的未来吗？

● 你要做哪些工作和努力才可以保证接近你最理想的未来？

● 本周你已经做了哪些事情来让你的生活车轮进一步保持平衡？

● 你处在生活的困境之中吗？你陷入了停滞不前的状态中吗？

● 尽管你在动机和行动等方面都做出了巨大努力，可生活的车轮却还在原地打转，根本没有向前接近你的目标吗？

思考上述问题的关键不在于你列出多少不满意的事情，而是：

● 首先找出你需要做什么；

● 然后真正去做这些事情。

在 A5 纸上写下这些问题的答案，以及你打算怎样去解决和去做。在纸的上方写下日期，将其放入你的《赢者私人定制练习册》里。写下来并保存到《赢者私人定制练习册》里很重要，它会向你提供并记录：

- 在这一段时间里，你所处的生活状态；
- 一份你需要知道去做的内容清单，你可以随时看到；
- 一份提高个人素质的行动计划。

有了这一次的记录，下一次再做你生活车轮的平衡检查时，就很容易看出，哪些改进是有效的，你已取得了哪些进步。

第九章

情感强化 CD 碟

要成为生活的赢者，就一定要掌握多种思维调整工具。在后续介绍的众多工具中，有一个最有效、最强大的工具，我把它称为情感强化 CD 碟。它可以帮你克服生活中的各种难题。介绍这种工具的最好办法，还是摆事实讲案例。

倔强的老教练

欧洲一支足球队的主教练找到我，因为他正在承受着国内媒体巨大的压力，面临着"下课"的危险。尽管在过去的两年中，他带领球队在国际赛事中取得过骄人的战绩，特别是有一场球赛的战绩被列入国际最佳战绩之一，但是他的球队在那个赛季对战其他国家的比赛中，输掉了几场本该赢球的关键比赛而震惊全国。更不济的是，他是个外国人，他的球员又都是清一色的国际球星。毋庸置疑，意想不到的惨败，让所有的报纸和球迷们把矛头都指向了这位外籍教练。电台脱口秀节目全都是听众打来的电话或留言评论，说如果自己是教练会如何如何，还有报纸上不计其数的各种专栏记者们劈头盖脸的品头论足。球队表现不好时，都是这位外籍教练的错，表现好的时候，就是那几个球星的功劳，跟教练没有关系。不管他到哪里，人们都对他议论纷纷，吹毛求疵。墙倒众人推，鼓破万人捶。他成了千夫所指，众矢之的。反正这位教练无论怎么做都一无是处，很有可能他就此"下课"。

无论对哪位外籍教练来讲，批评和质疑总是难免的，这已成了他们教练职业生涯中的一部分。但是，现在这位教练已经被舆论折腾得筋疲力尽。那些对他的攻击不断升温，变得十分极端，已经持续了将近半年的时间从没有间断。这种压力不是一般人可以承受的。第一次见到这位教练时，我深深感到，他还能坚持着继续应对如此巨大的压力就已经相当不错了，换成其他教练，早就崩溃并拍屁股一走了之了。可他却十分倔强，有着铁石心肠般的坚毅个性和强大的心智，像是一名穿着防弹衣的老兵，单枪匹马，在这场没有硝烟的战斗中顽强抵抗。正是因为这些，我不敢确定是否能帮助到他，这说明我本身也同样面临着挑战。

一般来说，我对来访者的治疗过程分为两个阶段。第一阶段持续一个小时左右，目的是找出每位来访者的四大思维支柱是什么。关于四大支柱，前面我们已经学习过，如果有些概念你还是模糊，不妨再回过头去看看。这一阶段，我并不急于帮他们解决问题，而是花上几天时间思考分析出他们的四大思维支柱到底包含着什么内容。而第二个阶段我再次约来访者时，我才会尝试着去做让他们的生活能持久改变的事情。如果我第一阶段所做出的结论准确，那么第二次来访就足以帮助他们解决他们遇到的那些特殊或者棘手的问题，而并不需要像心理医生那样进行十几次的复诊和数月的持续治疗。我的这种治疗方式，如果都做到位，两次足矣。做得对了，结果就好，否则，多了也没用。通常来访者需要回家去认真做我布置的作业。即使需要我和他们再次见面，那也是因为他们有了新的麻烦。可以说，到目前为止，治疗失败的情况还没有发生过。

在与这位教练的第一次会面中，我首先要查明和找出他的四大思维支柱以及它们之间的联系。我在他没有察觉的情况下，就完成了这些工作。其实，我根本就没有跟他提及四大思维支柱以及有关的事情，也绝没有直截了当地问他有关哲学观和心理状态的话题。我只是简单地问了他几个问题，不管他的回答是什么，我都要根据他的回答进行深入思考。我也没有谈论有关他目前与媒体之间发生的棘手问题和他情绪上的混乱与烦恼，而是另辟新途，通过了解他的为人处世，去勾勒出他属于哪一类人。如果通过交谈能够掌握到这些情况，我就能找到一种让他持续改变的方法，帮他正确处理和应对工作中的压力。要知道，需要解决的是内在问题而不是表面现象。我要的是治本，而不是仅仅治标。

找到发自内心的满足与快乐

交谈中，我的问题之一是："请告诉我两件事情，它们会在你的生活中让你感到真正的喜悦。"他回答的第一件事是，最近他女儿的婚礼让他觉得非常高兴。我进一步要他明确解释为什么他如此开心，他告诉我他很骄傲，他的女儿嫁给了一个非常适合她的小伙子，她选择了一位很"正确"的配偶。他还对婚礼很自豪，不仅对婚礼仪式很满意，而且认为婚礼操办得几近完美，一切都按部就班，所有程序都没有一点差错，像钟表报时一样，一切程序都是那样"准确无误"。

　　他提到的第二件事，是在他带领球队战胜他们的头号对手那一刻。当时他的球队出征到遥远的他国客场作战。只要一抬头，就会看到人山人海，全是对方激情万丈的狂热球迷。这些球迷买了几乎是一边倒的高赔率彩票，山呼海啸般地在看台上呐喊，以主场优势为本国球队助阵。比赛一开始，对手进攻很凶猛，很快就有一粒漂亮入球。五分钟后，这位教练布置在中场的一位关键性球员受伤了，不得不换下场。发生这种情况，通常来说，赢球几乎是不可能的了。但是这位中场替补队员换上后，一碰到球，就将对方的防线撕开了一个大口子，帮助他的队友们完成了一个完美的进球扳平比分。每个队员们在场上都在积极努力，团结合作，显得有张有弛，都主动精准地把各自衔接成一个整体，像钟表运转时一样，有节奏地进行。队员们的表现非常出色。这位教练在长期培训球员的实际工作中，把自己的团队培养和打造得像是一整部机器一样，让他们在高压下，"即便某个重要部件需要被更换"，也能精确运行。后来，他的球队赢得了那场具有历史意义的比赛。这场比赛被教练用"无与伦比"来形容。

　　听完这两个故事，我一下子就明白了，之所以能让这位教练产生"发自内心的满足和喜悦"，那是因为他内心的关键驱动之一就是他所描述的那几个词："完美"、"正确"、"精准"和"有条理"（参见第十四章"内在驱动力"）。我把我观察到的情况说给他听，我说在我看来，他喜欢做一名"指挥官"，非常愿意带一支虽然身怀技艺，但又松懈涣散的队伍，把他们协调有序地组织在一起，培养他们成为训练有素的集体并帮助他们取得更大的成绩。他的面部表情很快告诉我，我说到他的心坎上了。接下来我的关键问题是：如何应用这些领悟所得，来帮助他免于继续卷入充满愤怒和责骂的媒体旋涡，无论这些批评多么尖刻，也能让他内心真正保持平和？

要想成功地解决这位教练的问题，我就必须切断媒体责难的外部刺激与他的负面情绪之间的连接，而这种负面情绪，正是由于那些不绝于耳的过激评论而造成的，并深深地烙印在脑海里形成了一种情绪习惯。将"责难"切割只完成了工作的一半，还要再把这些"责难"与什么相连接，否则，只是做了"半吊子"的活，所以我还要换上一种完全不同的情感，与媒体"责难"相连接。为了做到这些，我给他制作了一张特殊的情感强化CD碟。这张情感强化CD碟的内容到底是什么，在告诉你之前，我先告诉你另一件发生在这位教练身上有关他的历史支柱的事情。

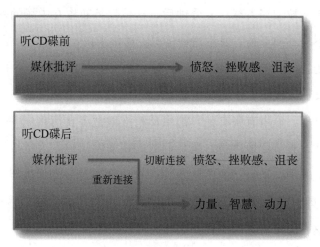

当年，这位教练克服重重困难，与现在批评他最狠最激烈的一个人考入了同一所高中。这个人后来成了一名电视台运动栏目的主持人，也就是他在策应和鼓动，引导了媒体舆论让教练下课。最让他气恼的是这个主持人对错综复杂的现代足球一窍不通，他的抨击有失公允不说，还特别简单粗暴，这可真正惹怒了教练。

当时，他俩都在那所小型精英寄宿学校上学，虽然相互认识，但是从来没有成为朋友。我问这位教练，还记得那个主持人在学校时是什么样的一个学生吗？还能想象出他穿着校服短裤时的模样吗？他说能。至此，情感强化 CD 制作的内容准备工作告一段落。

录制与应用情感强化 CD 碟

我给这位教练量身订制了一张 16 分钟的情感强化 CD 碟，并下载到他的 iPod 上。我让他戴上耳机，躺在我客厅的沙发床上，尽量让他放松舒适。我不得不说，这位冷酷倔强的老教练躺在那儿的姿势都与众不同，看着就似乎感觉有什么地方不对劲。我的这张床真是有太多的世界著名运动员躺过，有重量级的拳击冠军，有世界游泳冠军，有职业橄榄球运动员，他们看上去都那么清纯、谦和、顺从、开放和渴望。再看看这位教练，躺在那儿都掩饰不住他的粗犷和强悍，可能他开口说一个字，就足以震慑住最调皮捣蛋的运动员。如果说，世界上仅有一个人知道成功之道和如何做教练，恐怕那个人就是他。所以，我不敢确定这张情感强化 CD 碟是否对这位倔强的老教练有帮助。

在听这张情感强化 CD 碟之前，我先向这位教练介绍这张碟里面有什么内容，告诉他接下来听的过程中有三个部分：

首先，他的身体和大脑都要进入"关闭状态"，要彻底放松休息；其次，我将引领他回到从前"最开心的时光和地方"；最后，帮他重新建立情感联系。这样，当再面对媒体批评时，他会产生一种不一样的情感反应来代替烦恼，从而将自然自动地获得新动力。

在听情感强化 CD 碟的整个过程中，一直都有柔和轻慢的背景音乐伴随着我的述说，这是我为他悉心设计特别制作的。制作背景音乐讲究的是，要特别注意减少那些很随意而不必要的东西。因为这些东西会在不经意之间引发这位教练又回到有意识的逻辑思维中去。背景音乐的目的之一是要他把全部精力都集中到我的声音和语言上面来。

第一部分，我用一些引导程式语言慢慢地让教练身体全部放松。五分钟后，他进入了"关闭状态"，呼吸变得缓慢而深沉。比身体放松更重要的是，要让他的大脑"逻辑"思维也同时慢慢地进入到"关闭状态"。当他在倾听我的声音并体会身体中的感觉时，我的声音要在他没有意识到的情况下慢慢地接管和控制他的思维。此时，伴随着身体放松，他的思维开始主动顺从地跟随着我的声音游走而根本不会有意识分析我正在说什么。此时，他已处在完全舒适的放松状态，很愿意接受我为他"画"的画面情景，并置身和陶醉于画中旅行。这听起来有点像催眠术，但听 CD 碟之前，我就告诉过教练，我不会给他做催眠，仅仅是帮助他把自己的逻辑思维降低到一定的低水平，好让我能描绘并唤起他别样崭新的情感灵动画面。其实，这的确有点像做梦的状态，如果你的大脑思维正忙着感受周围的真实世界，是不可能进入"梦乡"或者进入到一个"虚幻的真实世界"中去的。

现在，我可以接着进行第二部分的工作了。我要把教练带回到在他的生命中真正让他感到快乐的那个地方和时光中去。这样做的目的是让我能充分打开他那印在脑海深处，已被关闭并被深度灼伤了的强烈情感，同时进一步增强我的引导语与他情感知觉之间的密切关联。建立这种联系至关重要，我知道，想让他有所改变，就要全力以赴改变他的情感，这比给他一个新的想法或思维方式还要重要。以前，他所有能做到的，是用逻辑思维推断和习惯来对待舆论批评，他也具备惊人的心理韧度和心理承受能力，但这些还是不够。为了能再现他曾经有过的快乐时光，我在前面提到过，在第一次会面时我请他描述生活中两件让他最开心的事情的细节，如你所知，一件是他女儿的婚礼，还有一件是那次"精准有节奏"的球赛胜利。其实，这位教练还告诉了我一件事，是他跟几个朋友在加勒比海度假。乐手们不紧不慢地演奏着轻松的音乐，营造着现场柔曼的气氛，他们放松地躺在泳池边。太阳晒着他的皮肤。朋友间的嘘寒问暖加深了彼此的友情，几个玩笑所引发的串串欢声笑语使彼此的心依偎得更近。所有这些交织在一起，使他在那一瞬间突然感到生活是那么快乐、平和、美好，让他满足。我立刻鼓励他说出更多的细节，这样我就能准确地知道怎样的画面、声音、气味和感受能将他的快乐重现，也许是手中的冰啤酒杯壁上水珠缓缓流下的感觉，也许是背景音乐带来的陶醉。在情感强化 CD 碟的这部分，我要用上述所有感觉到的每一细节和画面，营造出一个鲜活多彩的"虚幻的真实世界"，以确保让这位教练真实体验到他又身临其境，回到那个值得回忆的时光中。（教练后来告诉我，他觉得他"真的在那里"。）再次重申，这不是通常所说的催眠术。催眠术是想办法让对方进入容易受影响和容易被暗示的状态，然后跟他说一些话，比如"你将绝不想再吸烟"之类的引导语，以此来达到治疗目的。我做的只是应用了这项技术，简单地将教练大脑里已存在的那种情感回路连接起来。完成这项任务之后，就可以继续进行第三部分了。我一会儿要逐字逐句地把所有我说给他听的语句和你分享，让你知道我是如何把它们进行连接的。

阅读下面这些语句时，请你要记住，我给这位教练描绘的场景画面只对他本人有效，因为只有他有过那些经历，只有他才有自己独一无二的人格特性。我给教练选择的画面是"一位乐队指挥家"的形象，能引起他的强烈共鸣，但你对一位指挥家可能没什么感觉。画面所表达出的"完美"、"精准"之意，能促发他从内心燃起心理和情感的熊熊烈火，而你可能会无动于衷。这也就是为什么我这样详细介绍制作 CD 碟的技术与技巧的原因所在，因为每个人都需要量身定制。尽管我知道这个 CD 碟中的场景画面可能不适合你，但还是希望你能了解我是如何使用情感强化 CD 碟并让它与这位教练的个性情感联系起来的，我希望你至少得到一些启示，也学会如何制作属于自己的情感强化 CD 碟。

在你阅读下面的每行文字时，请你还要注意，关键是要用一个适当的速度，你需要有时间去把每行所说的意思都转换成画面。试着把阅读速度适度放慢并在每行结束时停顿一会儿，琢磨一下在这位教练脑海中会出现什么样的画面，何况现在你已经知道了一些对你特别重要的有关情感方面的事情。

> 你命里注定，你是一位最伟大的教练，而且曾经就是
> 但焦虑和烦恼又注定会让你失去你将要得到的
> 如果通过无懈可击的准备

就像这位指挥演奏交响乐的指挥家一样

对每一个乐手的优缺点都了如指掌

严格地训练他们

无情地、坚决地——但又是那样亲切和诚恳

像一位有智慧的慈父

教导和养育这些孩子们

以便让任何事情得体和有序

所以我现在要你看到自己作为一位有智慧的指挥家

站在学校的舞台上

正在指挥着那些有抱负、有天赋又天真的男孩们，把他们组成一支管弦乐队

你知道怎样训练他们，让他们演奏出美妙的绝世作品

你比他们更老练和更有智慧

以前你已经指挥过许多乐队

音乐响起时，你感到了平和

为了这一切你会做得最好

当你站在大礼堂的舞台上，开始你的指挥之时

我要你转过身去，看一眼台下一排排坐好的男孩子们

我要你看一眼穿着校服正坐在下面的那位电视节目主持人，骨瘦如柴的腿、疙里疙瘩的膝盖

这个躁动的孩子，在需要安静的时候，他还在喋喋不休地发表他的观点

坐在他旁边的，都是与他关系一般的朋友

我想，也许他们都是留级生，三年级

他们连现在应该怎样做都不知道

跟你相比，他们还是孩子，实际上也是

所以，我要你现在举起指挥棒

让他们安静

你不应该担心那个顽皮的学生会对你说什么

你也不必理会孩子们这样

因为现在是你开始指挥管弦乐队的时间

在这段时间里，你会把乐队铸造成一台最完美的"机器"

举起你的指挥棒

指挥演奏最优美的音乐

这就是你要做的

音乐响起时

观众席上鸦雀无声

他们静静地坐在那里

充满了敬意

你将感到平和与满足

一切都是那样准确无误和井然有序

是你组建的乐队，他们演奏得很完美正反映了你的付出

你就像一位钟表师

这是一份辛苦的工作

此刻，到处都是钟表的齿轮部件

你能看到它们散落在工作台上，到处都是

你需要把它们重新装配

有许多组装工作要做

设置，调整

你需要每一位最好的特种工匠在旁边帮你打磨、切割

当所有的部件组装在一起后，是一番完美景象

一切都按计划准确无误地进行

这些需要时间和耐心

但是你做得到

我强烈建议你注册进入赢者思维中文网站，从工具和资源栏里下载教练 CD 碟原版的 mp3 听听，这样你会从中得到一些启发。你也可以从 www. winnersbible. com 英文网站下载同样的内容，你还可以借此练练英语听力。文字是没有办法完整描绘出 CD 碟中的所有内涵的，而文字以外的东西却可以全面充分表达出你所需要的一切，就像听贝多芬的《月光奏鸣曲》时的感受一样。

你要有"雷达"般的敏感洞察力

之所以情感强化 CD 碟能对这位教练如此成功地起到作用，其原因之一，是我非常准确地挖掘出了他个性方面的关键特征和那几个"关键词"，这些"关键词"对他来说有强烈的情感意义。在第一阶段时，为了找出他的四大思维支柱里各自包括的内容，我认真聆听了这位教练的讲述，意识到了"钟表"、"正确"、"指挥"等这些词语对他来说具有特别的含义。例如，他在描述女儿的婚礼时说，举办过程像"钟表"一样准确；嫁给这位新郎是女儿的"正确"选择。这位教练选用了许多描述性词语，只是他表达的方式有些不同，或者说，是用让人意想不到的方式来表达，这使我对这些词语产生了警觉。大部分人会选择不同的词句，比如用"不错的小伙子"来形容自己的女婿，或者会说婚礼办得"太精彩了"。但像"钟表"和"正确"这样的词汇从教练嘴里脱口而出，来形容他女儿的婚礼，肯定是因为这些词汇对教练来说有特别的意义。做"正确的

事情"和"一切事情的运转都像钟表一样精准有序"对教练来说非常非常重要，因为他对"对错"、"流程"、"条理"有着很高要求。但是这些词语很容易被忽略，因此也就不会刻意去跟踪，一般来讲，心理治疗师很可能会在第一阶段花大量时间，只是侧重于讨论他面临的像：媒体不断追逐他、对他不公之类的所谓"大"问题，这就意味着可能发现不出这位教练性格里的关键特征。所以，我讲述这一案例的过程，是希望你在寻找自己四大思维支柱中深藏的内容时，也学会增加对自己的一些小细节、关键词和特别有冲击力情景的敏感度和洞察力（参见第二十一章"外公说的'小细节'"）。

老教练的第二张情感强化 CD 碟

在之后的一周里，这位教练把我给他的第一张情感强化 CD 碟听了五到六遍，觉得帮助非常大，就像在他的身体"电池耗尽"，快要失去动力之前，这张 CD 碟给他补充了新的能量。在那一周里，我又给他制作了另一张情感强化 CD 碟，重点关注他的未来。我想要扩大他的视野，让他从目前的麻烦中走出来，去面对未来更美好的蓝图从而获得他应有的历史地位。第二张情感强化 CD 碟甚至比第一张更重要，因为要想完全解决问题就必须将视线从那个正面临的问题上移开，将新的替代性注意力转移到对将来有积极意义的事情上来（参见第十六章"克服失望，避免灾难"）。

在第二张情感强化 CD 碟中，我迎合并利用了这位教练喜欢传记和历史的兴趣爱好。这位教练非常喜欢阅读有关伟人和领袖的书籍，从中学习他们的品格和他们的为人处世（再次说明，与他的第一次会面中，我就发现了这些信息）。很显然，这位教练最近处境如此艰难的一部分原因，是他的球队队员近期伤病缠身，主力球员不是退役就是在养伤，而他又处于有失公允的非难之中，有嘴难辩的孤独笼罩着他的生活，好像什么都是他的错。然而，实际上，这是一个很复杂的问题，是各种事情环环相扣的结果使然。这让我想起了二战前温斯顿·丘吉尔（前英国首相）的一段生活经历。当时公众舆论和其他政客们都在反对和排挤他。在那期间，丘吉尔充满激情地发表了关于纳粹德国的威胁即将来临的演讲，但是没有人听他的，说他言过其实，说他老掉牙了，与旧时代好战者们如出一辙。那段时间，丘吉尔演讲时遭到大声质疑的场面屡见不鲜，过去他凭借非凡的指挥控制能力而受到极高赞誉的花环开始被揉碎，他身上昔日鲜丽的光环开始褪色，用丘吉尔的话说，那是段"黑暗的日子"。当然，这不是故事的结局。丘吉尔不久又回到了公众视线里并拯救了自己国家的命运。

制作第二张情感强化 CD 碟的目的，意在让这位教练和丘吉尔之间建立情感联系。丘吉尔当年处于责难的风暴中心，因为其他人对世界形势的判断没有他清楚，而丘吉尔的预言推断才是"正确"的（记住，那是教练最喜欢用的词语之一），最终历史给予了公正的评价，并受到一代又一代人的敬仰与热爱。我想让这位教练看到他目前的处境跟当年的丘吉尔一样，而且我也希望他像丘吉尔一样，在这样艰难的日子里，"坚持己见和立场"，坚信他的时代会再次到来。将来，当他年老坐在摇椅上回首点点滴滴的往事时，他的脸上会露出满意的微笑。人们不会忘记，在那样艰苦卓绝的情况下，是他全力以赴，带领自己的队员取得了最好的成绩。人们会记住他这位不屈不挠，在逆境中继续顽强拼搏，并最终取得优秀战绩和胜利的勇士。

听了两张情感强化 CD 碟之后,这位教练又迅速充满了活力,激情饱满地重回绿荫球场,去勇敢直面那些压力。他不再像从前那样整天琢磨报纸上都说了他什么,也不会一到夜深人静之时就神情恍惚、思绪混乱。他自己还发现,他不再总是忙着想方设法制定策略来粉碎那些批评,他不再需要强迫自己那样做,而这种转变好像是自动完成的。接下来的一年,他全身心地投入训练队员并带领球队在国际战绩排行榜上保持不败纪录,从此,所有对他的责难也都销声匿迹。

尝试制作自己的情感强化 CD 碟

像我给那位教练制作的情感强化 CD 碟一样,它对改变你的情感状态是十分有效的,因此,我强烈建议你给自己制作一张情感强化 CD 碟。请登录赢者思维中英文网站,从工具栏中找到相关内容来帮助你制作:

● 下载 MP3 背景音乐(有多个背景音乐供你选择);

● 能让人放松的现成的例句描述,帮你自己顺利进入第一阶段的放松体验之中(参考网上播放的教练 CD 碟);

● 从中文网站的工具栏内进入制作 CD 碟界面,打开第三方网站的链接,从 http://sourceforge.net 中下载免费软件,可以混合录制自己的声音与添加背景音乐;

● 网站内专业录制的 CD 碟样本供你参考(可参考教练 CD 碟)。

制作个性化的情感强化 CD 碟是帮助你成为赢者的众多工具之一,用以强化你的情感。但它不是必需的,也不是强制性的。我治疗那么多的运动员和商业领袖,并不是要为他们每个人都制作情感强化 CD 碟。但是如果这张碟制作得好,找到了关键所在的话,它常常是所有工具中最有效的工具之一,这也是我鼓励你去尝试制作一张自己的个性情感强化 CD 碟的原因。

情感强化 CD 碟包含的三个步骤

每张情感强化 CD 碟都需要针对不同的人来进行量身定制，但一般都要包括以下三个步骤：

第一步骤：全身心放松，脱离现实世界。

进行第一步骤是要求你的大脑处于放松、平和与安静的状态，心无任何杂念。其目的是让大脑思绪脱离对现实世界的依赖，这样，在第二步骤，你的大脑就可以建立起虚拟的真实世界。这有点像每天晚上做梦，在梦里你就进入了一个虚拟的真实世界。睁着眼睛是不可能做梦的，因为你的思维还在意识的支配下活动。你需要让自己与外部世界完全隔离开来，所以你要保持安静平和，才能腾出必要的空间去打开你的虚拟世界。

当大脑越放松、越平静时，就越发能被情感强化 CD 碟里的那些引导语所吸引。我们知道，人的大脑与身体之间是通过相应的神经通路紧密连接在一起的。正常情况下，身体活动时大脑也处于清醒和活动状态；反之，身体休息时，大脑也处于休息状态。所以，要做到与外界"隔离"，只有你的身体先达到放松状态，才有助于大脑放松。因此，能让你的身体安静下来，就有机会让你的大脑迅速进入"休眠"状态。一旦你的思维平静下来，完全专注倾听并跟随着情感强化 CD 碟中的引导语，你就已经开始进入到下一个步骤了。

请登录赢者思维网站，网站提供了一些引导语，在你制作 CD 碟时可以选用，来帮你进入"休眠"状态。

第二步骤：建立虚拟的真实世界。

实施第二步骤的目的是让你逐渐沉浸于虚拟的真实世界中。你进入这种状态后就如同你看一部很棒的电影。在电影院里全神贯注看电影时，你会忽略周围其他所有的事情，好像身临其境。第二步骤的另一个目的是强化 CD 碟中的引导语与你情感之间的联系。

做到上述要求的最好办法，是设法利用一幅已经深深铭刻在你脑海里的活生生的画面场景。从你的生活和工作中找出有特别意义的主题，如"愉快的时光与惬意的地点"，这样的场景是最有用的，因为这种场景总是鲜活而清晰，并夹杂着你的情感在其中。另外，快乐的情感能进一步有助于你进入放松状态。

第三步骤：情感强化。

当完成了前面两个步骤之后，你也就准备好开始你的情感强化了。要想顺利完成并达到理想效果，就需要你提前认真做许多细致的准备工作，同时还要求你对自己的四大思维支柱有深入的认识和理解。你所采用的引导语必须是有逻辑性的并且在制作情感强化 CD 碟之前你已经想好，不会发生前后矛盾。毫无疑问，这是体现制作者技术水平的地方。有时候，CD 碟里的某句话有一字之差或者画面被描述得略有出入，都会造成情感强化 CD 碟治疗效果的巨大差别。另外，说话的时机、讲述者的声音语调、背景音乐的选择也都很关键。

为什么情感强化 CD 碟会如此有效

情感强化 CD 碟的作用真是强得让人难以置信。我甚至可以公正地说，只要制作和使用得当，它在使用者身上所产生的深刻而又持久的影响，连我都会感到吃惊。现在我来告诉你一个我从事这项工作以来最让我骄傲的例子，以及解释一下为什么它能起到作用。

苏西·Q 的故事

几年前，很偶然我遇到了一位很漂亮的女人，她叫苏西。我特别喜欢她就像我喜欢其他所有朋友一样，而且这几年来，这种情感有增无减。我给她起了一个昵称叫苏西·Q。

在我认识苏西的很多年前，她与一位非常成功的富商在奥克兰①结婚，并有了一个非常可爱的儿子，她很宠爱他。很不幸，经历了一段非常痛苦的离婚风波后，苏西决定尝试用毒品消愁。她服用的是那种特别能成瘾的药物，俗称"P 药"（P 是纯甲基苯丙胺的缩写），也叫"冰毒"。冰毒的靶向是直接作用于大脑中的多巴胺受体及其神经路径，会导致大脑的"愉悦/奖赏"中枢兴奋，造成难以戒断的药物成瘾。设计和制造这种药品的目的好像就是为了把人"钩住"，让人上瘾。我认识苏西的时候，她正处于人生的最低谷。因为她吸毒成瘾所造成的让人难以接受的性格改变和坏脾气，亲朋好友们都与她断绝了关系。由于丧失了监护能力，警方不得不强制把孩子从她身边带走，在严格监管下只允许她每两周看望一次。苏西是一位聪明又善于表达的人，她非常想要戒掉毒瘾，好让孩子回到自己身边。但是知道要做什么与能够做什么是完全不同的两个概念。苏西尝试过生活导师的治疗，也成了托尼·罗宾斯课程②的忠实学员。但是不知道为什么，这些治疗都只能让她短暂地脱离毒品，过不了多久，她又会重新沾染上冰毒。

我给苏西·Q 做了两个阶段的治疗。第一阶段是尽可能地去了解以及找出她的四大思维支柱的每一个支柱都是什么。很明显，她大脑里的生理支柱中有某个很重要的模块与冰毒建立起了连接，我们管这种连接叫生理性依赖。当然，还有许多影响到她的重要东西也存在于她的历史、哲学、心理支柱之中。了解到这些后，我花了一个星期做了两件事情：

● 帮助她制作了《赢者私人定制练习册》；

● 还制作了一张情感强化 CD 碟，帮助强化她的各种情感。

很明显，苏西很爱她的儿子，对失去儿子表现得十分绝望。因此，她想要回到正常生活轨道的渴望也不足为奇。但是她母爱本能的渴望和逻辑思考这两样东西还不够强大，不足以与毒品的成瘾性相抗衡。我要做的是让她对儿子的

---

①　新西兰的最大城市，位于北岛。——译者注
②　世界潜能激励大师，美国人。——译者注

爱变得"比现实更真实"。我要强化她对儿子本能的母爱情怀。让这种情感强大到能吞没她对冰毒的依赖。就像上面讲到的那位教练一样，我找到了关键的情感"开关"，将不好的情感关掉，然后调到正确的情感"频道"上来。这就是情感强化 CD 碟所能起到的作用。所以，请将你的情感依据其趋势和强度，按照思维逻辑来排列调整，就像单人皮划艇一样，桨的方向必须与舵保持一致（参见第一章的"皮艇比赛的故事"一节）。

那张 CD 碟对苏西的情感产生了很强大的驱动力，然后，她每天都使用自己的《赢者私人定制练习册》作为补充。对我来说，这是一次双赢的胜利。种瓜得瓜，种豆得豆，播撒的种子开花结果了。治疗两个阶段后，苏西的生活一百八十度大转变，再也没有碰过毒品。12 个月后，警方提取了她的头发样本检测，证明她长达一年多没有再碰过毒品。她重新获得了心爱儿子的抚养权。

苏西是一个不错的女人，她一步步地重建了自己的生活。对我来说，让人们的生活重新回到正轨，让家庭重新团聚和幸福，比指导他们赢得世界冠军更有价值。毕竟，就算某个运动员拿不到金牌，其他的运动员也肯定会得到，世界并没有因此而出现什么不同。但是苏西和她的儿子回归正常生活却不是一场输赢游戏，他俩今后所生活的世界将因此而改变。

综合应用四大思维支柱

最后我再举一个案例来结束本章。通过这个案例，我们要学会怎样把以下三个问题放到一起考虑：

- 应用四大思维支柱的原理，准确找出人的大脑究竟在想什么；
- 应用这些知识制作出一张情感强化 CD 碟；
- 将《赢者私人定制练习册》与情感强化 CD 碟联合起来应用。

史蒂夫的故事

"全黑"橄榄球队①的教练找到我咨询，问我可不可以帮助他们球队的一个队员。他告诉我，队里有一个球员叫史蒂夫，是他见过的最有天分的运动员之一。但有时候，他出现在国际比赛的赛场上时，完全不在状态，全然没有激情和能量，好像就是来享受阳光、躺在草地上无所事事的；而有时候，又精力旺盛，发挥出色，让对手输得很惨。许多精神和心理方面的专家都试着激励他，但全然无效。显然，没有哪个教练在白热化的国际比赛中，敢在自己的球队里使用这样一个发挥反复无常的球员。但是由于史蒂夫的卓越天赋和高超技能，"全黑"橄榄球队舍不得放弃他。最近史蒂夫的状态又变得太差，球队不得不做出选择：除非他有彻底的改变，不然他必须离开球队。

史蒂夫是个挺讨人喜欢的小伙子，但事实上，也是我见过的最懒散的一位。他出生在斐济②一个边远的小岛上，跟他的父母住在在裸土地上直接搭盖的小草屋里，过着简单的生活。虽然他天真而又深情地回忆了自己的童年，但我清楚地看到了"家庭质量"对他来说至关重要。他花了很长的时间才从那个草屋里走出来，成为了一名"全黑"橄榄球队队员并居住生活在新西兰，年薪100万新西兰元③。

我问他，他的人生动力是什么，他说："真不知道，好像没有。"不过，凭他现在的丰厚收入和他的家庭背景，这个答案我一点也不惊讶。我再问他，不在队里训练的时候他都做些什么。他说"宅"在家里陪老婆孩子。然后我又问他，如果我有根魔杖，可以满足他五个愿望，他需要什么时，他坐在那里呆呆地足足想了三分钟，然后说："我想不起来还有什么需要我许愿的，我现在很快

① All Blacks，新西兰国家橄榄球队"全黑"，多次赢得世界冠军，因队服全为黑色而得名。——译者注
② 南太平洋上的岛国。——译者注
③ 新西兰元与人民币的汇率大约为1:5。——译者注

乐。"虽然他只有 26 岁，但是就算他现在退役不再工作，直到老，也可以维持他的家庭生活。所以，没有什么还可以激励他也是情有可原的了。过去，教练们曾试着去激励他，但都只是从表面症状下工夫，而不是去了解他内在的历史、心理和哲学支柱。外界的激励往往只对短暂一时的改变有所帮助。

与前面第一个例子一样，在第一次的会面中，我就发现了有关史蒂夫的三件重要事情：

(1) 他是一个虔诚的基督徒；

(2) 他极其钟爱他的妻子并溺爱他的儿子；

(3) 他很敬重自己住在斐济老家的父亲。

我利用以上三个关键要点，完全并永久地改变了史蒂夫的生活。

首先，我从基督教的教义入手，这是他的哲学支柱。我从《马太福音》第25 章中选了一个故事，放到史蒂夫的《赢者私人定制练习册》里。这个故事说的是上帝如何在每个人的生命里赐予不同的天赋，每个人都有责任尽力更多地发挥这些天赋并有所创造。这个故事很有趣，因为在古罗马时期，"天赋"是重量单位，1 个"天赋"大约等于 32 公斤。一个"天赋银币"相当于罗马人九年的平均收入。"天赋"也指我们可能拥有的技能。你可以阅读一下从《圣经》摘录的这一段，体会一下"天赋"这个词同时具有的双重意思。为了史蒂夫，我还找了一张卡片摘录了这个圣经故事，这样他就不用一页一页地去读《圣经》这一章的全部内容，什么时候想看，只要看这张卡片就可以了。以下就是我放入到他的《赢者私人定制练习册》里的圣经故事。

天国又好比一个人要往外国去，就叫了仆人来，把他的家业交给他们，按着各人的才干，给他们银子，一个给了五千，一个给了二千，一个给了一千，就往外国去了。那领五千的随即拿去做买卖，另外赚了五千；那领二千的也照样另赚了二千；但那领一千的去掘开地，把主人的银子埋藏了。

过了许久，那些仆人的主人来了，和他们算账。那领五千银子的又带着那另外的五千来，说："主啊，你交给我五千银子，请看，我又赚了五千。"主人说："好，你这又善良又忠心的仆人，你在不多的事上有忠心，我要把许多事派你管理，可以进来享受你主人的快乐。"

那领二千的也来，说："主啊，你交给我二千银子，请看，我又赚了二千。"主人说："好，你这又良善又忠心的仆人，你在不多的事上有忠心，我要把许多事派你管理，可以进来享受你主人的快乐。"

那领一千的也来，说："主啊，我知道你是忍心的人，没有种的地方要收割，没有散的地方要聚敛。我就害怕，去把你的一千银子埋藏在地里。请看，你的原银子在这里。"主人回答说："你这又恶又懒的仆人，你既知道我没有种的地方要收割，没有散的地方要聚敛，就当把我的银子放给兑换银钱的人，到我来的时候，可以连本带利收回。夺过他这一千来，给那有一万的。因为凡有的，还要加给他，叫他有余；没有的，连他所有的也要夺过来。把这无用的仆人丢在外面黑暗里，在那里必要哀哭切齿了。"

——《马太福音》，25：14—30

第二次会面给他《赢者私人定制练习册》时，我解释了《圣经》中的这个故事。他愣住了，好像被扇了一记耳光。他就是一个天赋异禀的人，但却不思进取，耗掉了他的天赋。在《圣经》的那个章节中，不是我，也不是教练，而是万能的造物主——上帝告诉他——史蒂夫你不应该只是利用自己现有的全部天赋去生活，而应该通过你的天赋增加更多的天赋。由于这个道理是基于他根深蒂固的信仰——哲学支柱，因此，它就像船锚强有力地固定住船舶不动一样，使史蒂夫产生了永久的行为改变。

我为他做的第二件事情，是将一张带有标注的斐济首领图片放入他的《赢者私人定制练习册》中。

我本人很喜欢这张照片，因为照片真实地展现了这位首领的风采。

从这张照片确实能看出这位首领的威严厚重和充满活力，他看上去真的是那种具有控制力和值得你信赖的人。我与史蒂夫谈了他要为妻子和儿子树立榜样的问题。整天坐在沙发上看电视而不是去训练时，他会给妻儿传递什么信息？如被"全黑"橄榄球队开除，他会为球队里其他的年轻人树立什么榜样？他不仅需要运用他的运动天赋，还需要成为有威严的首领——他家庭的首领和球队的首领。为了改变每天懒散混日子的状态，他确实要有自己的生活目标。如果他真的爱儿子，除了爱他之外，还应该为儿子做得更多。作为一个首领，不能只是告诉他的族员们，他是多么爱他们，他还应该为他们做出表率，用自己的行动获得成功。

接下来的结果可想而知。史蒂夫参加了"全黑"橄榄球队在欧洲为期五周的赛事，每一场比赛他都发挥出色，有一粒惊心动魄又十分精彩的触球，彻底撕碎了对手取胜的美梦。结束这次勇猛而又残酷的比赛回到新西兰之后，他开始努力工作，虚心做人，很快成为球队的灵魂人物，成为年轻球员学习的楷模。他不再是过去那个总坐在沙发上看电视的史蒂夫了，相反，他在激励鼓舞其他的队员。

现在我希望你想一想我的这些方法与教练们经常用的有什么不同。教练们多半是针对这位运动员的表面症状，试图用"激励"来促使他转变、成功，而我是深入探究和挖掘他的四大思维支柱的内容，然后应用这些内容强化他某方面的情感。我利用他的历史、心理和哲学支柱的相关内容，使他的行为做出了永久的改变。

上述我对史蒂夫这个故事的描述，颇有画面感。希望你也能自己做一番想象，我是如何将这些鲜活的、很有画面感的描述，记录到史蒂夫的情感强化 CD 碟中，并以难以置信的力量来强化他的情感，让这些情感影响到他的生活的；你再想象一下，在他的《赢者私人定制练习册》里，我又是如何精心挑选与他的经历最贴近的图片，让图片与他的情感紧密地联系在一起的。

后来，史蒂夫告诉我，他不仅从那两次治疗中找到了灵感和力量源泉，而且比从前更享受自己的生活、更爱自己的妻子和孩子。而我却想说，这两次治疗不仅仅影响和改变了他的体育事业，而且更重要的是，还影响了他今后的整个生活。

第十章

石榴的故事

有时候，我会不时地中断一下本书的正常写作进程，在中间穿插一些独立的小故事或者小插叙等。这样做的目的是让你暂时停下来，花一点儿时间思考一下；另外这些小故事里也都包含着伟大的真理。刚一开始，你可能不太理解为什么我要把这些小故事放在这里，但慢慢地，这些小故事所起的重要作用就会逐渐显现出来，至少让你有一种迫切愿望，想回过头来再看看这些故事。比如说，下文中的"石榴的故事"就很有意义。因为所有赢者的特征之一，就是他们在保持生活的平衡方面趋于领先。我们所有人都知道生活中需要平衡，但是怎样才能知道你的生活是否达到真正的平衡了呢？平衡到底意味着什么呢？

许多年前,有一个年轻人拜一位有名的老医生为师。在看到了老医生治愈了很多患者之后,他开始坐立不安,跃跃欲试想独立看病人。有一天,他对老医生说:"老师,我已经跟着您做学徒看病好多年了,我现在已经准备好独立出诊治病了。"

老医生回答道:"孩子,你是在我这里学了很多知识,但你仍没有准备好去单独瞧病治疗啊。"但是年轻人坚持要自己独立出诊,缠着老医生不放。终于,老医生顺从了他:"好吧,孩子。帐篷外站着的那个患者,他的肝脏有问题,要用石榴治疗,你去给他瞧瞧吧。"

这位年轻医生非常兴奋,招呼并引领他的第一个病人进了诊室。快速地看了一下病人,他蛮有把握地宣布道:"你患了肝病,得用石榴来治疗。"一听他这么说,病人立刻一甩手冲了出去,还气愤地大喊道:"去你的石榴吧!笨蛋!庸医!"可想而知,这位年轻医生有多么紧张害怕。他朝自己"活的百科全书"奔去,问道:"老师,老师,你告诉我他有肝病,要用石榴治疗的,怎么不对啊?"

老医生答道:"唉,巧了,帐篷外面还有一个病人,得的也是肝病,把他请进来。你在旁边看着学学。"

第二位病人进来了,老医生全面地给他检查了一遍,慢慢坐下,静静地思考起来。几分钟过去了,老医生仍然没说一句话,又过了一会儿他才抬起头,说道:"我给你做过了全面检查,很明显,你得的是肝病。"接着,他又停顿下来陷入了沉思,然后慢慢说:"你需要一些新鲜的,但不怎么甜的……"他观察了一下病人的眼睛，然后继续说道："嗯……你得用石榴来治疗。"

病人起身，拥抱住老医生，十分感激他，脸上露出了满意的微笑，然后离开了。

这时的年轻医生更加迷惑了。

"老师，我真不懂了，两位病人同是肝病，我也开的是石榴治疗处方呀，为什么差别这么大？"

老医生回答道："孩子，你犯了错误。他们的确需要石榴治疗，但是还有时间。"

这个小故事揭示了一个道理，即使许多事情明明是"正确"的，可仍然需要时间来慢慢地被接受。在体现其价值或者起作用之前，往往需要一段时间的发酵或沉淀。有时候，时机也很重要，天时地利，正当其时才行。请记住，跟你阅读和学习这本书一样，与人交往也需要耐心和时间。

这的确是一个不可思议的事实：某一天，你可能会发现，某个过去你很抵触、认为很荒谬的想法，现在却是弥足珍贵、最有帮助的。

第十一章

寻找真正的快乐

我在 F1 汽车方程赛这个领域工作了很长时间。前十年，最初从事分析驾车精准度和驾车技术方面的工作。通过对采集到的遥测数据进行大量的计算分析，使赛车手的驾车风格能有一点细微的改变，目的是期望赛车手能在比赛中再缩短几微秒的时间。而下面要讲述的真实故事是关于我纯粹从精神层面，所帮助到的第一位运动员。这件事也帮助我开启了个人在这个领域的探索发现之旅，并促使我写出了这本书和书中你能读到的所有技术性思想工具。现在我就来讲述，在我动笔写这本书之前的这个故事吧！

在这个故事中，为了保护 F1 赛车手的隐私，我把这位赛车手的名字改为冈萨雷斯，灵感源于华纳兄弟电影公司出品的卡通动画人物闪电鼠——冈萨雷斯，它是整个墨西哥跑得最快的老鼠。

成功与快乐

要成为一位成功人士或者赢者，不能只是解决自身存在的问题，也不能仅设定目标和取得成绩，还需要在自己的生活里拥有真正的快乐。不幸的是，许多优秀运动员和精英商人所面临的最普遍的问题之一，就是不能享受自己的生活，而且负面问题接连不断，扰乱了他们的生活。对于成功人士来讲，成功的绝大部分原因是他们具有坚持不懈地克服和改正自身缺点的能力，而正是这一点，却成了他们生活中的一个危险因素。因为像所有的事情一样，你自己的生活也是需要保持平衡的（参见第八章"生活中的车轮"）。做到开心快乐不仅让你的生命活得有价值，还会提供和激发出你更多的能量取得更多的收益，最终获得更大的成功。当你开心时，大脑会释放出特殊的化学物质，大脑中的模块之间就能配合得更有效率。几乎没有例外，从长远来看，真正快乐的人所表现出来的进步和获得的重要成绩，总是比不开心的人明显要多得多。调查显示，不管测试的是学术能力、反应速度、强化训练后的恢复能力，还是新知识新技术的学习能力，临床研究已经证实，保持"开心""快乐"的状态能改变你的大脑，提升竞争力。

在继续叙述下一部分内容之前，我们需要先搞清楚"快乐"这一概念的重要特征所在。这里所说的"快乐"，是指"发自内心深层的真正快乐"与满足，而不是那种由于滑稽幽默，让你笑一两分钟的愉悦心情。许多小丑演员外表看上去就好笑，我们就以为生活中的他们也是快乐的，其实他们的内心有可能是空虚而悲伤的。搞清楚这一概念之后，你的《赢者私人定制练习册》里要添入"快乐"这一新的内容了。这部分内容将帮助你在生活里开启并享用"满足平衡的快乐"，下面我就讲述这个促使我伏案写作《赢者思维》这本书的真实案例，来帮助你获得真正的快乐。

冈萨雷斯的故事

多年前，我接待过一位F1赛车手，他在那个赛季的表现很糟糕，这个人就是我前面所说的冈萨雷斯。无论他的机械师怎样调整改进他的车况，赛车的空气动力系统仍然不稳定，每次进入弯道时，引擎的运转情况都与前一次有差别。由于F1赛车的速度极快，这就意味着他总是处于事故的边缘，不知道哪一次进入弯道会车毁人亡，同时还意味着由于赛车手不能很好地控制赛车而与冠军失之交臂。如果比赛发令枪一响，车况还没有任何改善，这就等同于告诉他：他的职业生涯就此止步。慢慢地，他变得越来越沮丧、易怒，常常一碰到一点问题，就把怒火发泄到机械师和修理人员身上。

做什么事是快乐的

随着与冈萨雷斯谈话的不断深入，我越发清楚地了解到，他目前的状况确实很糟糕。对他来讲，生活似乎失去了光泽，变成了只是无休止的苦练和比赛失利的折磨。聊了很久关于他的车子的问题后，我决定换个话题，让他告诉我他现在还觉得做什么事情是快乐的。刚开始，他说任何事情都提不起他一点兴趣，但是我一再坚持，让他再好好想想，有没有什么事情至少让他有一点点，哪怕是短暂的开心也行，这样我就可以把这些事情记下来，好用来解决他的问题。

他告诉我说，他喜欢开快车。我就把这句话记录下来，同时嘴里念叨着："喜欢开快车——嗯，驾驶世界上最快最贵的车，可要付出代价哦。"

之后，我又让他告诉我除了跟车有关的事情之外还有什么让他开心的事。他说他喜欢上了一位女孩。我问是不是正在热恋中，他说确实正在与进入环球小姐决赛的一位选手约会。

我问："你还喜欢做什么事情？"

冈萨雷斯答："我喜欢驾船。"

我问："你有船吗？"

冈萨雷斯答："有啊，我有一艘超靓的'向阳号'游艇，80英尺长，的确非常漂亮。"

我开玩笑地答道："哇噻，看了我记录的这些情况，你现在的生活并没有那么悲惨嘛！"

我们都笑了。

　　冈萨雷斯是一位行业内受到普遍关注的冠军选手，他成功的主要原因是他一贯特别关注怎样提升自己的能力和在比赛中自己的表现。在比赛中他把关注点都放在每一个最细微的瑕疵上，不论这些瑕疵是来自于他自己的，还是车子的，他都竭尽全力去改进。从本质上讲，他不放过任何一个细小的负面事情，把焦点对准，并将其放大。这其实并不是一件坏事情，正所谓细节决定成败。这些用心的关注都曾帮助他在赛车生涯和个人生活中获得了成功。但是像他这样经过多少年顽强努力已经发展到巅峰的优秀运动员，现在还常常"过分关注负面的差错"，那可就变成职业性危险因素了。成功的运动员们往往在此阶段变得只看得见那些需要他们解决的负面问题，这样他们的整个生活也就失去了乐趣。同样，在此阶段，他们的生活确实也有了 180 度的改变。年轻时他们向往成功、财富和名誉，并一路拼搏，而现在这些东西对他们来说都唾手可得。过去他们都有自己的生活圈，可现在却被不断地出差、住酒店、开不完的媒体会议给折腾得疲惫不堪。更有甚者，他们现在被狗仔队追击得很难再有自己的私生活，而且为了保住目前的地位还不得不接受更加残酷的超常训练。我告诉冈萨雷斯，这是顶尖运动员都要经历的过程，很正常，所以他才需要每天早晨花一点时间找回一些快乐的感觉。

坚持做到快乐每一天

　　肯定，按他大脑的思维逻辑他当然会知道他的优势和财富，只不过他已经忘记每天都要对这些内容感觉一下而已。因此我决定给他制作一个小册子，把他的照片放在封面上，将这本册子叫"赢者冈萨雷斯的私人定制练习册"。我告诉他要在前几页写满"所有让我快乐的事情"，然后每天花上几分钟看一下，提醒他去感觉自己有多幸运、多快乐。为了让他能有这种感觉，我和他一起把图片和那些内容放入塑胶文件夹的袋子里，让他随身携带以便可以随时拿出来看看。我告诉他，仅仅这样做他还不会立即就感觉到快乐，他还需要与他的赛车机械师一起找到办法，来解决他驾车的坏毛病，但条件是他必须信任我并且做到以下几点：

- 在每天早上和在做任何事情之前都要认真地看这本小册子；
- 每天至少联想一件开心的事情，使它能像电影画面一样浮现在眼前，否则就不能合上他的《赢者冈萨雷斯的私人定制练习册》；
- 不管效果如何，至少坚持两周。

这就是我写《赢者思维》的开始。冈萨雷斯很喜欢这个想法。

成为队长

那时，我告诉冈萨雷斯，他有维护他身边的维修人员和机械师好心情的责任。他不能只是把自己当作一名赛车手看待，只是到场、开车、下车，然后指责抱怨所有出现的问题。他要改变自己的态度，不要认为修车是其他人的事。尽管冈萨雷斯不是车队的老板，但他应该是自己"赛车团队的队长"，有责任每天都要去营造积极向上和相互尊敬的氛围。尽管他不懂赛车的机械维修与设计，但也要参与其中，为解决问题出谋划策。我让冈萨雷斯好好想想机械师和修理人员，他们跟他一样，作为个体也有情感、梦想、目标和女友。我让他去了解每个维修人员作为一个常人的兴趣爱好，不要把他们只看作是给赛车拆装轮胎的人。如果他们能感受到"被爱和自己的重要性"，我向冈萨雷斯保证，他们一定会为他工作得更出色，最终也就意味着他自己将表现得更好。

因此，《赢者冈萨雷斯的私人定制练习册》接下去的一部分内容是"成为队长"。我将一位著名队长的照片放在他的随身册子里，同时放了一张成为队长的必要条件的清单。冈萨雷斯必须感觉到自己是一名队长，这就要求他走进照片中那位队长的内心世界。

在接下来几周的时间里，他整个团队的进步之快超出想象，因为维修人员感受到了"被爱和自己的重要性"。他们在工作时，只是比从前多了那么一点点的额外能量，这就足够了，赛车的性能开始变得更加稳定。没人知道这是为什么，情况就是这样开始好转了。如果你走进赛车维修港时，你会注意到维修港里到处充满了正能量，而从前的那种紧张不安的气氛不见了。更戏剧性变化的是，三个月后，冈萨雷斯整个人的行为举止都变了。当然，本质上，他还是从前的那个他，但是现在当遇到一些小麻烦时他不会再抓狂。看上去他与朋友们相处得更愉快，而朋友们也觉得他更有趣、更有魅力。回到家时，他能够放松下来，看看DVD，不会像以前那样，总想做点什么以缓解不安的情绪。接下来的一年，他每天都学习和使用自己的《赢者冈萨雷斯的私人定制练习册》。这样，喜事就出人意料地从天而降。要知道，他很有名气，曾经约会过上百位女人，但总是情场失意，他的恋情总是很短暂，结束时也都很不开心。不过他找到了自己的真爱，并建立了家庭。直到现在，他们的婚姻仍然很幸福美满。

你的《赢者私人定制练习册》里的快乐章节

人的一生总会有快乐和烦心（或是不尽如人意）的事情伴随。上面这个案例反映出人类普遍存在一种倾向性，那就是总是对生活中已经拥有的或是美好的事物并不在意，也不以然，而偏偏去关注自己还没有的事物；对负面的东西特别较真儿；喜欢瞄准每天发生的不愉快事情，非得针尖对麦芒地讨个子丑寅卯，总是对自己一时的疏忽、失误没完没了地自责、较劲，这就是人的本性。人们当然知道人生充满了很多美好的事情，但是如果不常常提醒自己去感受这些事情的美好，就会总觉得杯中的水是半空的而不是半满的。当然，努力把自己还没做好的事情纠正过来，把它做好，这会让自己的生活又向前迈进一步，但这是需要付出"不快乐"低价的。请记住，生活中出现风险的原因不是别的，正是由于永不满足于自己的进步或者不满足于已拥有的获得。为了让你换个角度看待自己，希望你把方方面面能使自己开心快乐的事情写入《赢者私人订制练习册》。最重要的是，它不仅包括物质财富所带来的享受与快乐，还应包括你的健康、运动、爱好和娱乐活动，还有你的家庭、朋友以及那些在你生活中至关重要的人，另外，还应包括至今为止，你做过的最让你自豪的事情以及真正让你觉得开心快乐的重大事件等。打破常规，天马行空地好好想想吧。如果你这样尝试了，做到了，你就会突然发现，虽然你已经 40 岁了，但看上去你最多才 35 岁，仅凭这一点就足以值得你每天都品味一遍快乐了。

不必担心不知道怎样开始写你自己的"开心的事"，大部分人在一开始都告诉我，他们的人生很悲惨，没有什么值得写的，所以写不出"开心的事"。但是稍微启发一下他们之后，他们很快就会意识到原来生活中，有那么多的美好事情被他们没当回事儿，或者没有被意识到。

我的快乐章节

让你看一段我写的关于自己要每天快乐的内容。作为例子，希望能点燃你想象力的火花。我愿意时刻提醒我自己。

我有比拿破仑更好、更充实、更富有的生活。虽然我不是法国的统治者，但是每天肯定吃得比拿破仑好多了。我可以在超市里尽情地选择来自全世界的各种新鲜食品，用丰富的烹饪材料来享受舌尖上的快乐。那令人眼花缭乱的各种海鲜（龙虾、扇贝、三文鱼、石斑鱼、鱼子酱等等）、美酒（新西兰窖藏霞多丽酒、香辛的澳大利亚酒、南非的席拉思酒等），还有拿破仑急切想吃到的，或者想吃都吃不到的各种美味甜点。我还可以乘坐奢侈的波音 747 周游世界，我见识过的世界各种各样的文化和千奇百怪的事情，比拿破仑一辈子所见到的还要多。在周末，我可以骑着摩托车出去兜风，或者跟朋友们一起在海边冲浪或垂钓。我的牙齿保护得很好，因为我拥有最好的医疗条件作为生命保障。我根本不用像拿破仑那样在战火中艰难生存，我住在宽敞明亮的大别墅里享受着所有现代化生活设施带来的便利。我深深爱着一位好像是刚踏上这个星球的最迷人的女人，我也同时幸福地享受着她的热爱。我可以阅读欣赏到伟大的文学作品，学习和研究世界上最新的科学发现。我极为幸运，我可以每天拿出大把时间用于学习，更新我的思维，开发新思路去向新生事物勇敢挑战。我不想跟老虎伍兹或者费德勒交换人生，因为我可以自由支配自己的人生，做我最喜欢的事情。一周打几个小时的网球就很开心了。我不想一辈子都在不断击打那个小小的网球中度过每一天，或者为完成100 000圈的赛程，一圈一圈地在赛车道上拼命。我非常热衷于应对来自不同领域的各种新鲜事物对我大脑的挑战。我的这些想法看上去可能有点古怪，估计费德勒也不会因此想跟我交换人生。但重点是，尽管有时候我也需要做出改变，有时候我也会情绪低落，可总体上说，我所做的事情都让我很开心。

看完上面的例子，是你准备好按照这样的一个思路，动笔写下自己生活中所有开心的事情的时候了。当你正在编写自己的"快乐之页"时，请别忘记了，还可以把自己过往值得骄傲的成就和奇妙的美好时光全都记录下来。人不只是生活在当下和未来。我的经验是能保持最快乐的生活的人，都会回味过去，即便是目前的处境很艰难，也会品尝过去留下的最淳朴的快乐，从中获取真正满足与慰藉。假期过得很有意思，只是因为假期不可避免地要结束。假期所给你带来的快乐和美好时光，会深深刻印在你的脑海里并在生活中来回滚动，就像品酒一样，香醇久久留在舌尖上，让你回味无穷。你应该庆幸自己保存了那段快乐时光。

同样，如果你曾经有过一段很美好的恋情，那么你应该感到很庆幸，不管分手的原因是什么，都要学会去感恩这段经历。即便你现在孤身一人，还为找不到比你前任更好的伴侣而发愁，也要先问一问自己，你是否已经真的想好，像你第一次分手时想的那样，无论如何不要再有那样的恋情和那样的经历了呢？在你的生活里，经历得越多，你就越能体会到，所有的一切都关乎两个字——态度。越是积极去发现生活中好的一面，生活就越发倾向于引领你走向未来的幸福和快乐。

"品尝"快乐

有关大脑的一个很有意思的现象是，你越是开发自己的快乐情感并自然地把快乐情绪融入生活中，你的能力就变得越强。这种快乐情感回路与能力的相互加强关系，与你进行举重训练以不断增强肌力的道理是一样的。学会"品尝"快乐，对你整个人生都很重要，就像学着品酒一样，当你把酒呷进嘴里，舌尖在细细地品味各种甘醇，无尽的芬芳在你的味蕾上绽放，那种醉人而又久久缠绵的愉悦，比你一口吞下时要多得多。只要用心，也像品酒一样你能体会出生活的美妙。

学着"品尝"快乐而不是消费它。

学会"品尝"过去，就是享受现在，预期未来。

弟兄们，我还有未尽的话：凡是真实的、可敬的、公义的、清洁的、可爱的、有美名的、若有什么德行，若有什么称赞，这些事你们都要思念。

——《腓立比书》，4∶8

量身定做"快乐CD"碟

就像你制作情感强化 CD 碟以强化你的情感，或是去克服你历史的印记像"无意识催眠"所导致的问题一样，你也要制作特殊的 CD 碟来打开大脑"快

乐"情感的闸门，让快乐的心情充满你每一天的生活。这可不是那种激励类的
CD 碟，不是通常那种"嗨！嗨！嗨！让我们一起来！"的鼓动性唱片。这也不
是幽默搞笑的事。相反，你需要认真量身定制能开启你已经存在的快乐感受和
体现你独有的快乐情感的 CD 碟。

你的《赢者私人定制练习册》现在应该包含以下内容：

- 你的物质目标；

- 你的个人发展目标；

- 你的生活中最重要的人——家人和朋友；

- 你崇拜和敬重的人——偶像、英雄及导师；

- 你的优势；

- 你的缺点；

- 你易犯的错误和你的技能；

- 让你感到快乐的事情——"寻找冈萨雷斯的快乐"。

第十二章

坚定不移的信念

在此之前，我们都是专注于如何制作《赢者私人定制练习册》并让它在你的日常生活中灵动地应用起来。同时我们还介绍了一些核心概念，这些概念都是有关让你如何获得个人最理想未来的基础内容。从现在开始，我们将关注点移向下一个层次，去了解真实的精英们或是名人与常人有什么不同，这样你才能像赢者一样去思考，去行动。

　　因为我跟许多世界运动冠军和商业精英都打过长期交道，所以经常有人问我这样一个问题：是什么原因使这些赢者或冠军们能如此与众不同？我想他们希望我这样回答："迈克·舒马赫的反应能力比所有人都快"；或者希望我回答说："通过实验室里的研究发现，是上帝赐给了某位运动员一种特殊天赋，所以他能有如此杰出的成绩"。爱因斯坦去世后，外科医学家甚至把他的大脑做了解剖并进行观察研究，希望从中发现一些不寻常的证据来证明他的确是一位不容置疑的天才。针对"为什么某些人就是精英"这一问题，至今仍没有答案。

　　潜心研究功成名就的赢者们 20 年后，我能负责任地告诉你，在赢者与普通人之间确实有许多不同的地方。本章将通过三位著名人士鲜为人知的真实事例，讲述和解释其中的第一个不同之处。

阿诺·施瓦辛格

　　约翰·古尔戈可能是我见过的最独特最有趣的人之一了。所有认识他的人都叫他约翰医生。虽然他是位眼科医生，但是他的爱好（也是他的激情所在）是健身。他曾以优异的成绩获得过"美国先生"比赛的第二名；20 世纪 60 年代，他可以三次举起总重超过 1 000 磅（约 454 公斤）的杠铃，这可是当时奥运会级别的重量，就是与他当时的身体重量级别相比，这也是非常了不起的成绩。约翰医生是一位极其聪明而又学识渊博的人，包括他对伊斯兰教苏非神秘禁欲主义戒律的研究，还对传统的西方哲学，以及更多的其他科学都很有研究，此外他还对法律很精通。多少个夜晚，我们都是在晚餐中一起度过。有一次交谈时，他突然停顿下来，话锋一转，给我讲述了一些鲜为人知的有趣的故事。现在虽然约翰医生已经去世了，但是他讲述的那些事例及其反映出的精神思想仍然留在我的脑海里。多少年来，那些精神一直伴随着我，无论我受到怎样的挫折，都在激励和指引着我继续向未来前行。约翰医生说的其中一段传奇经历，就发生在当时年轻的阿诺·施瓦辛格身上。

施瓦辛格刚来到美国的时候，他跟约翰医生一起训练并在一起住过一段时间。当施瓦辛格赢得了他人生第一个有丰厚奖金的锦标赛后，约翰医生将施瓦辛格拉到椅子上，进行了一次亲切的促膝谈话。如你所知，在那时有许多像施瓦辛格这样的运动员，刚取得了一点成绩，有了一点儿名和利，就开始忘乎所以，花天酒地。但当他们短暂的运动生涯结束后，就一个个变成了穷光蛋。所以约翰医生慈父般地点拨施瓦辛格并诚恳地提出了一些建议，他告诉施瓦辛格要将赢得的奖金投资到加利福尼亚的健身馆商业项目上，这样他就不会把这些钱全部挥霍掉。约翰医生有把握地预测到：用不了多久，加利福尼亚州的健康和健身产业将会有一个爆炸性的增长。他认为凭着施瓦辛格对健身的激情、知名度、壮硕健美的外貌，还有现在难得的机遇，财源滚滚是不会有大问题的。

施瓦辛格十分耐心地听着约翰医生给他的善意忠告，之后用深沉、慢速的，只有他才能发出来的独特语音回应。因为他当时刚到美国不久，英语还很差，所以他说话的声音比他在《终结者》电影中那总带有恐吓般的发音腔调更慢、更重。施瓦辛格看着约翰，说道（请试着用你最低沉、最缓慢的声音，模仿施瓦辛格的腔调，读下面这段文字）：

您还不了解我渴望追求的目标，我不是想经营一家健身馆，我要做一个电影明星……还要拿到美国绿卡！

约翰医生表示了怀疑，眼前站着的是一个没受过多少教育、连蹦出几个英语单词都显得很费劲的年轻人。在约翰看来，这个从来没受过任何表演训练的人，如果不是健身运动员的话，能做个加油站里的加油工就已经算是幸运的了。约翰医生劝他要看到这些，但是施瓦辛格没有那样做。

随着时间的推移，施瓦辛格的进步让约翰医生大为吃惊和感慨，他发现施瓦辛格对自己有一个坚定不移的信念，确信自己日后肯定就是一位电影明星。没有什么可以阻挡他朝着这个目标勇往直前，他更不会退缩，像一辆所向披靡的坦克。如果哪里出现问题或挫折，那只会促使他更加努力，找到其他办法解决，继续前行。在施瓦辛格向着目标不懈努力的征途中，他还不忘利用在健身圈里的好声誉去加大自己的影响力，最终得到了幸运之神的眷顾。他成功地打进了好莱坞。约翰医生深信，没有任何人能复制施瓦辛格的成功之路，在自身条件和资源如此有限的情况下仍然成功。你看，有这么多健身冠军不断涌现，像他这样能登上银幕的却没有几个。

随着施瓦辛格事业的不断进步，约翰医生注意到他的才智和社交技能也发生了真正的改变，施瓦辛格变得更聪明，眼界更宽广，对整个世界发展的认知更有悟性。他尽力与其他领域的成功人士交往，吸取他们的经验与知识，他还常常光顾编剧和经济学家的圈子，与他们交朋友。最后，众所周知，施瓦辛格不仅确实实现了他的愿望，成为一名电影明星，而且成为票房排行榜一直保持领先的国际电影巨星之一。这还不算，他还曾经成为加利福尼亚州的州长。我们不管别人怎样评论，要知道，州长这一职位那可是要有真才实学、又要精明能干的人才能胜任的。

在施瓦辛格还没有公开宣布自己要参加州长竞选之前，约翰医生就告诉过我他有从政的雄心。当时，我曾对约翰医生说："他的确可以成为电影明星，但是，他这个偏离了方向的雄心也仅是个抱负而已，他不可能成为政治家。"结果大家都清楚，我当然没有说对。

这个故事生动地告诉了我们：有坚定不移的信念对自己成功所起的作用是多么强大。真正的信念就是要勇于对抗或蔑视他人的评价和观点甚至是大家已达成的共识。让别人说去吧，走自己的路。就像这位最伟大的拳击手，甚至可能是历史上最伟大的运动健将，穆罕默德·阿里曾经说的那样：

要想成为冠军，你就要相信自己是最棒的。

我们这里要谈的是，当每个人要想达到自己人生中某个目标时，不仅仅需要有渴望和梦想，而且还要有发自内心的对自己理想未来的坚定信心。这就是说，不管发生什么，不管想什么办法，你都要达到目标。要用这种来自内心的信念作驱动，当你被拳击对手打倒时，你就能迅速再站起来，因为你要成为世界重量级拳击冠军。击打、碰撞、后退都不是你实现目标的致命一击，都不能让你半途而废，相反这些正是你在实现自己最理想的未来的路途中需要学习和受教育的部分内容。

阿道夫·希特勒

让我们更进一步探讨一下，坚定不移的信念会产生多么强大的力量，它是如何让一个孱弱之人成为显赫一时、妇孺皆知的，曾经一度是世界上"最强大"的人的。现在，请回到过去，将目光聚焦到第一次世界大战那个兵荒马乱的年代。

世界大战对于那些不幸站在战争最前线的士兵们来说，是十分残酷的考验。他们不得不躲在泥泞、潮湿的战壕里，面对着炮火连天的硝烟艰难地生存，分分秒秒随时都可能会与生命说再见。每次隆隆的炮声都好像是对他们发出的最后一次警告：你们的身体将被炸得支离破碎，你们的名字将被列入长长的阵亡者名单里。每天从黎明破晓开始，战士们就只能与更加惨烈的爆炸、死亡、疾病和伤痛相伴。慢慢地，也更肯定的是，这种持续不断的压力和徒劳无益的残酷战争导致许多士兵精神崩溃。那个时代，这种精神崩溃被称为"炸弹休克"（也叫"弹震症"），因为士兵们的这些症状都与持续不断的爆炸声有关，因此得名。这种痛苦在不同的士兵中呈现出不同类型的症状。其中最严重的一种叫作

"癔症盲"（癔症性失明）。

癔症盲是一种纯粹的精神疾病，患者双目完全失明，但包括眼球以及连接大脑的整个视觉通路却没有任何问题。这种精神性失明是非常彻底的，患者对光没有丝毫反应，即便拿着刀假装做袭击他们的动作，他们的眼睛也一眨不眨。即使你想杀了他们，他们仍然真实淡定地"看不见"你在做什么。他们对所有的企图心和目的都完全看不见。你可以想象出，患上精神上的疾病，会表现出多么大的超凡力量。

在第一次世界大战中，就有那么一位一等军衔的年轻战士罹患了癔症盲，他就是后来赫赫有名的战争刽子手阿道夫·希特勒。希特勒觉得自己在一次袭击中被芥子气毒瞎了双眼，但是外科医生给他做了全面检查，没有发现眼睛有什么问题。因此，他被诊断为精神疾病，送往军队后方医院，由精神科医师埃德蒙·福斯特对他继续进行治疗。经过数周的临床治疗，希特勒近似癔症盲的病情没有像常规应有的治疗效果那样有任何好转，福斯特医生决定尝试一种不同的治疗方法。福斯特医生对希特勒说，他确信希特勒是带着一个特殊的使命而出生的，一生注定要为挽救日耳曼民族而战。他说，如果希特勒能真正把精力集中在自己的神圣使命上，他就能慢慢看见房间里那把主宰民族的交椅。希特勒照做了，渐渐地，那把交椅模糊的影像进入了希特勒的视线。

从此，希特勒坚定不移地相信自己一生肩负的使命，这当然也导致了之后那段悲惨的世界历史的发生。在他自己确立这一信念之前，希特勒只是一个低

阶位的一等兵，没有出众的个性特点，也没有表现出领导才能，但在那之后，他的命运却被永久地改变，成为了国家元首，领导一个国家，采用一种邪恶的方式绑架和操纵了整个世界。后来，希特勒为了掩盖他那段经历，将福斯特医生杀害了。但是这个故事再次证明了一点：如果有一个坚定不移的信念，就能完全改变自己的生活。

让你的信念与情感连接

在我们继续讨论信念与情感连接这一话题之前，我还想再强调一下坚定不移的信念的真正含义到底是什么。很多人告诉我，他们"相信"自己一定能做这个或能做那个。但是当我深入追问这一问题时，他们却都回答说，真正想表达的意思是他们想要达到这个目标或那个目标。为了达到目标，他们甚至每天一遍又一遍地使用激励般的辞藻来强迫自己相信自己，或者说是在说服自己，他们能做出一份与众不同的事业。但是不管他们如何努力自我说服，如何用思想警句作武装，我还是从他们的眼神里看到了他们缺乏的是内在真正的信念。他们并没有在自己的每一寸灵魂里真正感觉到最理想的未来。因此，他们遇到困难时就失去了自信。所以他们一遇到比赛失利就会萎靡不振，一遇到商谈破裂就变得心灰意冷，他们各种感觉和情感中的开心与否，更多地取决于眼前所办事情的成功与否。结果他们的生活就像游乐园里的过山车，随着外界事物的变化而跌宕起伏，无法自我控制。但是真正有信念的人，任何时候都是充满自信的。自信与自大完全不同，在实际生活当中，越有自信的人，越不需要特别表现和吹嘘自己。看看罗杰·费德勒、皮特·桑普拉斯、迈克·舒马赫还有老虎伍兹等人就知道，他们都乐在运动中，与他人友好相处。如果你也有那样的自信，你就不会在谈判桌上遇到挑战时变得懊恼或发怒，在比赛陷入困境或失利时也不会哭天抹泪，怨天尤人。如果你有足够强大的能力与自信，你就能完全坦率地接受目前的现实，因为你知道自己很快将会取得胜利。

　　信念不仅只是你经常要念叨的那几个词句，也不只是大脑中产生的某个想法，信念是你大脑深处炽热奔涌的情绪与情感渴望，像食欲和性欲一样强烈，有强大的驱动力。正是内心深处的那些欲望和情感驱使人们去行动。这种情感的有无，是人与机器人的区别所在。我们可以把坚定不移的信念看作是一艘船上的引擎，使船在暴风骤雨中依然破浪前行。如果没有引擎的向前驱动，你就会任凭生活的波浪摆布而始终在原地打转。当你沉溺于原地打转的生活小圈圈里，无论你如何转动生活的舵柄也无济于事，因为船舵只有在前进时才能起到作用。

　　另一个你必须记住的是，你的信念不应该仅仅关注生活中你想要获取的事物，还应关注生活中对你造成巨大负面冲击的其他方面，比如你的恋情和你的健康等。举例来说，假如你的男朋友与你分手了，你就总觉得自己再也找不到像他这么好的男人了，那么毫无疑问，这件事对于你来说是巨大的打击和伤害，而对于另外一些人来说，这只是生活中的一段小插曲而已。她们将会找到志同道合的真爱，与现在的男友分手，只不过是在寻找真爱的路上绕过了一块绊脚石。

　　为了让你能更加深入地领悟到，坚定不移的信念是完全可以引领你获得巨大成就的，我再来举一位多次获得女子铁人三项冠军女孩的例子，剖析一下她的内心世界，倾听一下她内心的独白以及这些给她带来了什么。

洛雷塔的故事

与很多澳大利亚的阳光女孩一样，洛雷塔·哈罗普酷爱运动，但与大部分爱运动的女孩子不同的是，她决定要成为一名职业运动员（她的运动竞技项目是女子铁人三项）。为了拿到比赛资助，她要通过澳大利亚体育运动委员会的评估，看看她是否具有运动天赋和潜能。所有的测试和评估结束后，委员会告诉她，她不仅不是冠军的材料，而且连平均水平都没有达到。但时过境迁，柳暗花明，现在，还是那个评估的权威机构澳大利亚体育运动委员会却认为，她是该项目世界最好的运动员之一。如果有人评估你没有这个潜力时，你或许多半还就真的考虑去做其他的事情了。可洛雷塔又是如何看待和回应这一评估结果的呢？

我记得当时我相当恼火，他们的测试打断了我每天训练的计划进程。可是没办法，我要得到赞助，就必须参加他们的测试。但我对这个测试结果看得挺开，我的态度是，不管怎么样完全由它去。其实，我心里的确是有那种蔑视的感觉的，因为我很清楚自己心中的目标，知道我想要得到什么。我有很强大的自信心，我肯定能进入世界前列。

测试结束之后，他们告诉我说，我的成绩低于平均水平，我笑了。我知道自己正在走向成功，就算没有通过他们的测试，我也能找到通往成功的道路。我真不知道他们测试的意义是什么，所以我为什么要在意他们给我的那些测试数据呢？就算他们认定我绝不可能成为一名冠军，我也认为我肯定是。

尽管洛雷塔的训练比其他人更加刻苦，但测试比赛还是失利，她没有得到乐透资金的赞助。但她仍然一天又一天忍着伤痛进行艰苦而又高强度的训练，拼命做着不屈不挠的努力。但一年以后的测试，她仍然没通过，你肯定能料想到当时听到这一消息时她是怎样的感受。我想那些体育运动委员会专家们的话语肯定又响彻在了她的耳边："你绝不是那块冠军的材料，还是去找点力所能及的工作做吧。"

随便找一条理由都足以说服她放弃，何况具有权威性的体育运动委员会都给她定了性。现在请你换位思考，想一想，如果你遇到这种情况会怎么想，你还会继续坚持下去吗？假如晚上你一个人孤单地躺在床上，回忆刚结束的那场令人失望的测试，耳边又回荡起体育运动委员会所做的评语时，你又会怎样想呢？但是洛雷塔绝没有放弃。在她看来，或者是她的回答是，失败是一次忠告，是提醒她还需要加大体能训练。这种强烈的职业体育竞技精神给了洛雷塔体育事业更大的支撑和能量。所以，一般大部分运动员在赛前都会出现的心理高度紧张的问题，在洛雷塔这里绝不存在。

> 我与大部分的竞技选手不大一样，比赛时间越近，我就越有自信。我知道我在赛前比他们做了更多的功课，这也是我训练时的关键要点。职业体育竞技场精神强烈地激励和鼓舞着我，我从来不会在比赛的时候还在想自己够不够自信的问题。我一站在起跑线上就有了信心。赛前我的口头禅是：'放马过来吧，我势不可挡！'因为我想看到最后我能做到什么。

这是多好的态度啊！在她看来，竞技比赛是一次绝好的机会来检验自己所做的努力是否卓有成效，刻苦的训练正是她在比赛中保持自信的坚固基础，而这一坚固的基础就足以挫败对手的士气。她说："每场比赛我都十二分地认真对待，就像要准备战斗一样。当我的肢体出现疼痛时，我就对自己说，我很享受这种疼痛，因为我能想象出对手们这时候会伤得有多厉害。我相信自己的身体条件是最好的，如果我都受伤了，那么她们肯定伤得更重。接着在比赛中，我会选择一个适当的时机对自己狠狠地说上一句：'再给她一刀，在里面用力刮挫旋转。'虽然没人从我的外表看出什么来，但是我心中的杀气已甚嚣尘上。"

其实，洛雷塔除了要面对自身运动条件不足这样一个难题外，还有一个需要克服的主要难题就是危险运动所带来的恐惧心理。自行车比赛是一个比较危险的项目，即使在干燥的天气下，自行车因为轮胎狭窄，也只能提供非常小的摩擦制动力。如果比赛赶上阴雨天气，道路湿滑，自行车在高速骑行下会给生命带来危险。洛雷塔有一个恐惧心理，就是害怕在下雨天骑快车。好在她经常跟她的哥哥一起训练，因为她的哥哥也曾是一名顶级的铁人三项运动员，而且自行车控制技术极强。但是悲剧就在世界杯来临前的几个月里发生了，她的哥哥在一次外出自行车速度训练时不慎身亡。这件惨痛事故所引发的悲伤恐惧的刺激，本应该足以成为她放弃自行车运动的最好托词，封装车子，远离比赛和奖牌，解甲归田。可洛雷塔又是怎样面对的呢？

有一段时间里，我确实对自行车赛失去了信心。我记得那是我哥哥发生车祸去世后没多久，我为在台湾基隆举办的世界杯赛做赛前准备，有一天暴雨倾注，整个训练赛程路段上险象环生，即使是在有小块干潮的赛道上也骑行艰难。我清楚我的强项，也知道我的缺点，可那次，我的恐惧心态被暴露无遗，因为我最不擅长下雨天骑自行车。

在最初的一段"情绪失控"之后，我把自己一个人关在房间里，对着镜子说："我必须要直面这种恐惧，继续前进。"我很快意识到，要说我害怕车祸发生，不如说我更畏惧生活中那愚蠢的恐惧心理。我不想成为一个失败者，所以我要迎难而上，因为我没有任何选择。其实这是我最好的选择。在"没有选择"的横幅激励下，我开始了崭新的生活。当我的生活中出现了严重问题时，我就勇敢地面对它们。用这种方式，我可以对待生活中任何的担心和害怕，无须躲躲闪闪。

有这样的心态作驱动，洛雷塔毫无悬念地取得了世界铁人三项锦标赛的金牌和雅典奥运会的银牌。

所以，你如果曾经总是认为自己不够优秀，或者对自己失去信心，或者总想找个借口放弃什么，那么，就请你静下心来好好想想洛雷塔的经历吧。很可能她要克服的不利因素和阻碍比你要大得多。想想她那强烈坚持的职业体育竞技精神，是如何为她的自信心提供基础和后盾的；想想她在训练备战期间对细节的关注；想想她勇敢面对恐惧心理和执著克服心理障碍的能力；想想她比赛时像作战一样的积极心态；想想她不管别人如何评价，她对自己坚定不移的信念。现在，请你再设想一下她坐在温暖的壁炉前，欣赏着用汗水收获的那一块块奖牌时那种满足、幸福和愉悦的心情，这是对克服逆境和战胜了所有困难并完美地完成了一项工作后的最好褒奖。

你的《赢者私人定制练习册》与自己坚定不移的信念

坚定不移的信念，是驱动你勇往直前的引擎，是消除征途上各种障碍的力量源泉。确实有一些人是很幸运的，一生下来，那种内在的自信就已经深深地嵌入他们灵魂当中，而大部分人都需要在他们小时候，由父母、老师、教练帮助输入和建立。还有一部分人是从他们的宗教信仰或者哲学观中获得了自信，因为他们信仰的是掌握他们命运的上帝，或者信仰其他"神秘的力量"。如果你想成为一个赢者，毫无疑问必须对自己的理想未来有坚定不移的信念。但是如果上述情况你都不符合的话，那么你又怎样才能获得坚定不移的信念呢？

答案是，你可以通过训练你的大脑来获得。这完全像是学习打网球的反手击球一样，通过反复练习去学会，或者通过学习让自己的大脑能自动将颠倒的图像进行矫正来实现。

如果你没有掌握反手击球，你就要一遍又一遍地反复练习。不久之后，击球技术就会有所改善，你的新动作一旦养成，就会在你的大脑中自动形成印记。同样地，如果你不断地练习对理想的未来树立坚定不移的信念，你的确就会得到。这似乎看上去有点像自己拽着鞋带向上蹦那样有难度，但伟大的运动员穆罕默德·阿里曾说过，"要想成为冠军，你就必须相信自己是最棒的。如果你不是，就自封最棒的。"这句话的重点是"自封"，这不是在愚弄你的对手，而是让你自己获得必胜的信念。

我实在告诉你们，你们若有信心像一粒芥菜种，就是对这座山说，"你从这边挪到那边"，它也必挪去，并且你们没有一件不能作的事了。

——《马太福音》，17：20

如果你搞懂了上面讲述的所有内容，你也就知道你的《赢者私人定制练习册》里还需要充实什么了。每天把这一新充实的内容与其他内容结合在一起来阅读、思考和练习，会帮助你树立和强化自己坚定不移的信念。现在你练习册里的内容愈加丰富充实了，不但有"坚定不移的信念"，还有"你的目标"、"重要的人"、"优缺点"、"快乐"等内容。要知道，一个充满生机的目标确实能提供你所需的能量，会使你每天激情澎湃，但这还是远远不够，你还需要有坚定的信念。因为你不仅需要尝到和感觉到你的目标，你还必须坚信自己可以达到目标。

第一步：确信信念的作用

在我练习强化个人坚定不移的信念时，我一边看着自己的《赢者私人定制练习册》中施瓦辛格和洛雷塔的图片，一边提醒自己坚定不移的信念有巨大的力量。我把他们的照片放在里面，不是因为他们是我心目中的英雄或灵魂导师，而是他们的故事证实了坚定不移的信念的力量。比起同时来到好莱坞打拼，想要成为电影明星的那群年轻人来说，施瓦辛格的先天条件远远不如他们。但是他有两样东西是那些人没有的，一个是对他自己理想未来坚定不移的信念，另一个是无论有多大困难也要千方百计，也要深入挖掘，设法得到或达到的执著意愿。在施瓦辛格看来，他所经历过的任何失败，都是一堂又一堂生动的案例课，都能告诉他哪里错了，现在应该怎样做。洛雷塔也是完全如此。

因此，我在《赢者私人定制练习册》里放入施瓦辛格和洛雷塔的照片，是想让他们不时地提醒我，真正坚定不移的信念的强大力量。如果在我的大脑智慧库里装有坚定不移的信念，那么我就具有了这一精神武器作武装，我就比我遇见过的99％的人都要强大。当你有了这样的认识和理解，再漫步在喧闹的都市里，或者进入职场进行商业谈判，你就有截然不同的感觉。

第二步：写下你自己的理想未来

我想你已经清楚地看到了坚定不移的信念的力量有多强大，现在可是鼓起勇气，大胆地开始相信你自己的时候了。还等什么，现在就开始吧！请在你的《赢者私人定制练习册》中写下你的信念，确信你自己将拥有的理想未来。这其中包含了许多内容，也就是能让你自己生活得更快乐、更充实和更丰富多彩的方方面面。这与你追求的物质目标是有很大不同的。理想未来所关注的是你成为什么样的人，做什么样的事才能真正唤起你发自内心的快乐与幸福。

很遗憾，很多人都把这个问题搞错了。他们根本不知道自己真正的理想未来到底是什么。当然，假如你不知道自己真正的理想未来是什么，那么，毋庸置疑你还没有过那样一种快乐与幸福的体验。倘若你真的在此阶段还不知道自己的理想未来是什么，也不要紧，你就尽量去想，能写出多少就写多少，但一定是你经过深思熟虑的想法才好（我将在第十四章"内在驱动力"中，告诉你怎样发现你自己的理想未来）。

第三步：制定清晰的计划

接着，你还要继续写出你的计划，来强化坚定不移的信念，这就是写下能达到自己的理想未来的计划，计划中包括清晰准确的步骤或阶段要点，而计划里的要点和步骤应该是实实在在"落地"的、可操作的。有了一个结构很清楚、很缜密，每一个小步骤都经过精心设计和安排的计划，这会让完成你的宏愿的过程更加实际、更有可行性。这些清晰要点的制定使你能很清楚，如果你能完成了第一步，就能有相当大的把握去完成第二步。一旦第二步也完成了，就能知道自己完成第三步也应该没什么问题。当你以要点的形式设计和制定好要达到理想未来的所有步骤计划后，你的心里会变得更加平和和从容，因为觉得达到理想目标，不再像登天那么困难。

我从来不跑上千英里，我不可能做到。我只是跑一英里，跑了上千次。

——斯图·米特尔曼，极限马拉松世界纪录保持者

给你看一个生活中真实的案例，肯定对你制定步骤要点性计划有所帮助。我的朋友山姆是一位专业的摄影师。许多社会名流想拍摄时尚的写真照片时，都会找到他，但问题是山姆的摄影技术太好了，他的工作日程表总是排得满满的。就是这样他还是会让三个或者更多的名人等着让他拍摄，即使加班加点，还时常不能按期完成。山姆有这么多客户的原因是他为人谦虚朴实，不喜欢自吹自擂。无意识当中，这给那些潜在的客户们一个暗示，他们可以对山姆"压价"。其结果，山姆必须超时超量地工作，他每次不知道要拍摄多少组照片才能维持体面的生活。然而，他的照片质量却毫无疑问地保持了一流水平，让人赞不绝口。他的客户群中有很多世界上最著名的人，因此，很显然山姆对自己能力的认识与实际情况有所差别，他低估了自己的实际能力（参见第三章的"别从哈哈镜中看自己"一节）。

与山姆见面时，我明确地告诉他需要在他的顾客中有更多的选择，少约客户，提高收费。这样他的收入会更多，而且还能腾出时间来更好地提高服务质量。因为山姆的理想是成为一名国际知名的、有重要地位的"世界著名摄影师"，并且拥有像他们那样的生活。这意味着他必须做出一些改变。

首先，我建议他建立一个独特的网站以反映他在业界的地位。到我与他见面为止，他的网页都是链接在别人的网站上。假如你是个名人，你的助理告诉你山姆将要来给你拍摄写真，当你在谷歌上搜索他的时候可能就不那么兴奋了。山姆需要建立自己的网站，在网站上自豪地展示他拍过的时尚照片和 100 多位

名人的杂志封面照，还有所有赞誉。他需要将自己定位在"最好"。之后，他还要拒绝一些来找他的不那么"红"的明星，做更多的筛选。虽然这可能有点得罪人，但这是让他合理地慢慢提升价格的唯一办法。他要让各家杂志社接收到这样一条信息："山姆的羽翼已经丰满，已经站到了行业的顶峰。"毕竟，如果一个很有前途的足球运动员每场球只收 100 英镑的出场费，总代表地方球队出赛的话，他在跟曼联队谈判 100 万英镑的年薪收入时，就很难处于优势地位。

好了，现在我们已经知道了山姆的理想未来，我也与他讨论了如何实现理想未来的具体步骤，接下来就是写出计划清单。我想，没必要把他个人计划清单里的所有细节都放在这里，我只是把他计划中的要点展示如下，给你做个参考：

理想未来：

- 成为世界著名摄影师，并过着相应的生活。

清晰的计划：

- 建立一个跟世界上最好的摄影师身份相配套的网站——不准退缩！
- 在顾客中进行更多的筛选——拒绝一些客人；
- 从内心情感的深层去充分相信自己；
- 学会如何轻松地推销自己，多去突出自己摄影品质的卖点；
- 提价。

像上面列出来的那样，让每一步骤都清楚、具体和直接，这样可以帮助你更好地去考虑实现目标还需要哪些努力、技能，还需要多长时间等，使你变得更有耐心、更现实。这点非常重要，没有什么比追求一个不切实际的期望能更迅速摧毁你的坚定不移的信念的了，因为不切实际的期望目标会很快被所出现的鲜活现实（一般现实的出现比预料发生的要晚）所击碎。因此，在你的《赢者私人定制练习册》的开头专门列出一页你的理想未来板块，然后把你需要完成各个步骤的可操作性要点列在上面。另外，像上面那样一条条设计好各个步

骤，还可以帮你强化检查每一阶段所完成的情况。

乐观主义与坚定不移的信念

区分并明确"乐观主义"和"坚定不移的信念"之间不同的内涵是极其重要的。乐观主义是指将目光放在事物的阳光一面，但是这与坚定不移的信念没有一点关系。要想获得真正的成功，你需要有一个非常客观实际的目标，并且了解清楚了所要完成任务的可行性和难度，以及自身的弱势和不足，知道还有哪些需要改进的地方等。洛雷塔并不是对自己的期望愿景盲目乐观，她知道自己要走的路需要她付出多少艰苦的努力，也知道自己的缺点和不足。这跟乐观主义相反，这是现实主义。不管现实情况如何，不管任务有多艰巨，也不管自己走了多少弯路，还处在艰难岁月里苦苦挣扎，但她却仍然坚信，自己一定会找到突破的方法，走上成功之路。

一个乐观主义者说，那粒掉进运动鞋里的石子根本不能阻碍她前行，她将继续翻山越岭，勇往直前。但乐观主义者们常常以失败告终。

一个现实主义者说，运动鞋里的石子会让她的脚受伤，她要把石子倒出来。山高路险，她一定会碰到各种危险，到处受伤。但是她将要达到顶峰，她将要尽情享受那"无限风光在险峰"的壮观美景。

结果全都取决于你的心态

阅读诗歌可以增强你对坚定不移的信念重要性的理解。这里摘录我放入自己的《赢者私人定制练习册》里的一首诗，我觉得对我很起作用。建议你也找一些对你能起到激励作用的诗或是名人名言、引述、警句等，将这些放在你自己的《赢者私人定制练习册》里。

结果全都取决于你的心态

如果你认为你被打败，你就是败了。

如果你觉得你不敢，你就是不敢。

如果你想成功又觉得自己不行，

那你这辈子基本也就这样了，"肯定不行"了。

如果你觉得自己会输，其实你已经输了。

纵观世界，你会发现，

没有意愿就没有成功的开始，

结果全都取决于你的心态。

失去了一场比赛，就认为失去了全部。

可却看不到比赛仍在继续，

失去全部只是懦夫的思考，

把所有的付出又拉回到了原点。

如果你心胸宽广，行动的果实就会绽放。

如果你内心狭隘，你就会落败。

多想想你能、你行、你将要，

结果全都取决于你的心态。

如果你认为高人一筹，那你就是鹤立鸡群。

如果你想展翅高飞，

那你就会超凡脱俗，

你就能赢得胜利的成果。

生活如同战斗，但赢得胜利，

不总是属于强大和行动快速的人。

早晚有一天，

赢者是那些相信自己的智者。

——瓦尔特·迪·温特尔，美国著名诗人（1905）

第十三章

把握当下

电影《春风化雨》的启示

电影《春风化雨》① 刚开始的一幕非常美，那位老师走进教室（由罗宾·威廉姆斯扮演），准备上新学年的第一堂课。他一句话也没说，在座位之间来来回回地走动，看着每个孩子那渴望的眼神。这所学校是美国最负盛名的男子高中之一，这个班又是新晋级的最高年级班。孩子们来自美国各地，他们的脸上满是愉悦和兴奋，期待着他们第一堂课的开始。当老师走到最后那排学生座位后面，一转身就从后门出去时，孩子们都顿时惊呆了，不知道接下来他们该做些什么，大家面面相觑了好一会儿，眼里充满了疑惑。

大约 20 秒后，老师把头转过来，朝门的方向探望了一下，示意孩子们都跟着他走。他静静地带着他们走进宽敞校园里的那座神圣殿堂，最后他们来到了一个大玻璃展示柜前。玻璃柜里陈列着大量以前学生的黑白老照片。老师让学生们注意看一张特别的学生集体合影。

他们跟你们没什么不同，不是吗？

一样的发型，

充满了荷尔蒙激素——就像你们现在一样，

不可征服的样子——就跟你们现在的感觉一样。

---

① 又译为"死亡诗社"。——译者注

世界就是他们的囊中之物。

他们确信他们能建功立业——就像你们中的很多人一样。

他们的眼睛里充满了希望——跟你们一样……

老师催促男孩子们尽量靠近玻璃柜观看，去仔细观察和体会老照片中每个男孩子的神情。孩子们站在那里凝视那张照片足足有 40 秒，整个大厅都显得肃穆安静。孩子们在想象着照片中每个人的生活后来会是怎样的？他们的梦想是什么？他们害怕的是什么？他们把时间都用在了哪儿呢？做了什么呢？老师让每个孩子观察照片所要产生的效果，与本书一开始教你学习的形象化集中凝视技术实际上是一样的。老师不仅让每个孩子想象照片中那群学生的生活，还鼓励他们将自己也融入照片情景之中，进入那些学生们的故事中。然后，正当他们沉浸在那个虚幻世界之时，老师突然将他们的思绪打断，跟他们说："但是，照片上所有这些学生有一点跟你们不同，先生们，你们看，这些人现在都已经过世了！化作了水仙花的肥料。"

这是一个起源于久远年代的激励方式。相关记载可追溯到古罗马和古希腊时期，当时是鼓励年轻士兵们站在故去已久的著名将军们的塑像前，接受训导。将自己的生活与那些著名的将领们做对比：如果自己也死了，能为后世留下多少有价值的遗产？后来人也能为自己树立丰碑，在雕像前肃然起敬，纪念自己吗？

　　莎士比亚在他的戏剧中也用了同样的技术手法。戏剧《皆大欢喜》中，他让贾奎斯说："全世界就是个舞台，所有台上的男男女女只不过是演员而已，他们都有自己的登场和退场。"

　　这句话的目的是帮助每个人都认识到人生的短暂，都要为自己的人生以及每一天做好打算。古罗马人有一句对人生非常有益的经典总结："把握当下。"也可以说是"珍惜今天"。

　　请注意这句话中的"把握"一词的分量。你不是"度过"或是"完成"一天，而是"把握"一天。"把握"体现了紧迫感和目的性。所以，为了把握好你的每一天，你每天早上起来的第一件事，就是要阅读你的《赢者私人定制练习册》。

　　"把握当下"是极其精练的名言。只有四个字，但是这四个字里面有太多的内涵。请珍惜今天吧。

　　接着，老师开始向每个学生灌输，在短暂的生命里，要有去寻找更多人生乐趣的激情，要有创性更多价值的渴望。作为一名文学教师，他提醒他的学生们，人生不仅仅要修建生活中的桥梁道路，也不仅仅要挣钱养家，人生还要有更美好、更丰富的追求，比如诗歌、艺术、爱情和美学等。

为了"把握当下"，你应该做什么

　　同样，现在是应该好好想想你自己每一天应该如何生活的时候了，看看自己的生活是否丰富多彩，从中能提取出多少精华。为了确定你每天都没有"虚度"，每天都过得"很有意义"、"很有价值"，请先思考一下，然后回答下面的问题：

　　● 你每天是否都生活在充实的、朝着自己的理想未来努力的氛围之中呢？你所做的事情能否给你带来最大的快乐和满足呢？

　　● 你的生活是否让这个世界增加了价值，也使你周围人的生活更有意义了呢？

为了帮助实现你的理想未来，我需要你在《赢者私人定制练习册》里增加三条内容，时刻提醒你：

- 人生短暂；
- 生活品质的重要性；
- 品味丰富多彩的生活的价值。

你可以在一页纸上用大号字写下"把握当下"四个字。另外，你也可放进罗宾·威廉姆斯所饰演的那位老师的照片或者上面提及的已过世的那些学生的旧照，也可放进一首诗歌或者是一张漂亮的图片，还可放进已故去的、与你关系亲密的友人照片。不要只用一些"生命短暂"的抽象语句描述，不如用你所熟悉的鲜活人物来表现，他们现已人去楼空，时光不再，逝者如斯夫，这样就更真实、更有意义、更能震撼你的心灵。你这样做了，就会体会到它所起的作用。

人生潮起潮落，若能把握机会乘风破浪，必能马到功成；若不能把握机会，人生的航程就只能搁浅于浅滩的悲苦之中。

——尤利乌斯·恺撒大帝，罗马共和国军事家、政治家、统治者

只有当你真正理解和看清死亡的实质时，你才能真正开始你的生活。

如 果

如果你在面对别人对你的无端指责时，

还能保持清醒的头脑；

如果你在面对众人的怀疑时，还能体谅，

并自信如常不予置评；

如果你能等待而不是心存犹豫，

或者，从不用谎言去应付谎言，

也不心生仇恨或用仇恨去反击仇恨；

既不故作正经也不夸夸其谈，更不自作聪明；

如果你充满梦想，又不迷失自我；

如果你有思想，又不止于思考；

如果在成功之时，你不忘形于色，

在困苦之中，你能勇于面对，

两者态度同样平静，宠辱不惊；

如果听到自己被歪曲误解而不生怨艾；

如果看到自己追求的美好，

受天灾破灭为一摊零碎的瓦砾，也不说放弃；

如果你辛苦劳作，已功成名就，但还是冒险一搏，哪怕功名化成乌有；

即使惨遭失败，也能心静如水，还要从头再来；

如果你能在运气不佳身心俱疲之时，仍能全力以赴抓住机遇；

在一无所有只剩意志支撑的时刻，仍能咬牙坚持到底；

如果你跟村夫交谈不离谦恭之态，

和王侯散步不露谄媚之颜；

如果无论是敌是友都不能伤害到你；

如果你能用同等之心对待所有人；

如果你能把每一分宝贵的光阴，

化作六十秒的奋斗；

你就拥有了整个世界；

更重要的是，你就成了一个真正的男子汉，我的孩子！

——卢迪亚·吉卜林，英国著名作家，1907 年诺贝尔文学奖得主

第十四章

内在驱动力

人生之路，路径各异。有的路径能在途中把你的能力练就得更强，能让你实现愿望、取得更大的成功，能带领你走向充满和平、快乐、幸福的美好生活，但有的路径却引导你误入异常艰辛的歧途，路上充满了荆棘。

通向理想未来的道路总不是轻易能找到的，所以我们往往凭着自己过往某个特殊经历，或者是很偶然地给自己找了一条人生道路。当我们走到人生的三岔路口时，往往不能做出明智的选择，或者总是忘记避开那条错误的道路。比如说，每一个人都有适合自己走的道路，一条适合我的道路与适合你的道路是完全不同的，因为人与人本身就有天然的差别。

本章要帮助你揭开隐藏在心灵深处那潜在的驱动力和激情的面纱，帮助你发现自己的理想未来，一旦它们被彻头彻尾地揭开，暴露在你的面前时，这就意味着：

● 你要对目前所做的工作和事业做出巧妙和精准的调整，因为虽然你的事业曾有了发展和改变，但它现在已跟不上你的要求和时代的变化。

● 彻底改变你的职业生涯。

● 你会发现，其实你一点儿也不需要做什么，但是你的思想与你所从事的工作事业已经达到了100％的相通和默契。

有激情才有动力

通过分析那些取得过巨大成就的成功人士，可以发现他们都有一个很重要的共同点：这些获得很大成功的精英们都是在他们成功的那个阶段选择跟随自己的激情去发展事业，而不是为了追求金钱和名誉。

这个发现并不是什么新鲜事。如果你选择的职业是你从心里就十分热爱并对它非常有激情，那么：

你会永不放弃。

当你遇到艰难困苦之时，你会发现，发自内心的激情已成为你巨大的支撑和依靠。你根本不需要强迫自己，也不需要总是激励自己。因为你之所以能所向披靡，勇往直前，完全出自于你对所从事的那份事业的挚爱。这无疑是很重要的，因为每个人的成功都是通过在面对"不可逾越"的艰难困苦甚至灾难时，保持不屈不挠的精神，扫除一切障碍才获得的（参见第十二章的"洛雷塔的故事"一节）。

你会注意细节。

如果你真正喜欢某件事情，你就会自然而然地密切关注所有的细节，明察秋毫，不放过可能影响成功的任何蛛丝马迹，并反复精打细磨，不留瑕疵，力争做到尽善尽美。你一定会找到能提升具有竞争力的、哪怕是最微小的细节，让自己的表现、产品或者服务更加优秀。

你会有更充沛的精力。

没有比花时间做你不喜欢的事情更加浪费精力的了。但是当你热衷于某项工作，乐在其中之时，你的大脑会产生一种具有积极作用的混合化学物质，对你保持精力能产生长久的生理影响。就像长期服用"百忧解"（学名叫氟西汀，是一种抗抑郁药）一样，它可以让你睡得好，睡得香，做任何事情都精神百倍。有了更充沛的精力，你就能更好地处理更多的事情，成为更受人们喜爱和欢迎的人。

因此，你需要按以下逻辑思维模式展开你的思路：

（1）因为你对做某件事很有激情——你将会做得很好；

（2）因为你把事情做好了——这件事就会成功；

（3）因为你成功了，你就更喜欢做更多的事——你就更加充满激情；

（4）这种良性循环的形成，让你越做越好。

每完成一次这种良性循环，你的生活就变得更丰富多彩、更成功、更让你乐在其中。而当你进入了这种良性循环的轨道，你生活中的车轮也就会稳步顺利向前（参见第八章）。

下面这句古代格言包含了许多哲理：

找到一份你钟爱的工作，那么，对你而言，生活中将不再有"工作"。

因为你从事的是你钟爱的事业，所以即使是艰辛的，你也能从中感到快乐，痛并快乐着。

偶遇的事业

所以，充满激情地去做事，是一种十分崇高和完美的境界。我们怎样才能做到呢？大部分人面临的问题，是在很年轻的时候就对自己的职业路径和方向做出了选择。但那时，我们还很幼稚，并不完全懂事，我们也没有完全搞懂某个职业的真实情况，很容易受到父母或者同龄人的影响。18 岁以后，我们似乎变得成熟，比如，确定了一个崇高又令人羡慕的、能治病救人的医生职业，但全科医生的真实工作情况却是每天没完没了地为一个又一个病人的小病小灾，不停地开着治疗处方，是件苦差事，跟我们想象中的完全不同。更重要的是，我们的身心还没完全发育成熟时，我们根本分不清什么是真正的对错。对于在20 岁时我们所充满激情的事物，到 40 岁不一定还能保持着温度。因此，成千上万的人始终从事着自己并不情愿，也并不适合他们的工作，也就不足为奇了。

遗憾的是，一旦我们选择了自己的事业并开始接受培训后，如果不是发生什么实质性的突变，我们很难再频繁地选择新的事业，因为我们不得不考虑重新改变所带来的风险和已经付出的大量成本。另外，还要考虑对下一代的责任、肩负的房屋贷款、孩子们的学费以及自己这样的行为方式对周围的影响等各种各样的因素。这些很可能使你对事业上重起炉灶产生这样的看法：转行是最不明智的，甚至是最坏的选择。但我认为这恰恰相反，浪费你人生最宝贵的时光，去从事那并不能给你带来深深满足与快乐的工作才是你人生的一大悲剧。人生的的确确是太短暂、太弥足珍贵了。

正因为我们选择的工作或事业会对我们一生有着如此巨大的影响，所以我们要十分认真严肃地不断分析职业进程与走向，非常细心谨慎地做出选择。尽管那么多励志书都告诉过大家不少秘诀和方法，但在我看来，对于一个具体的个体，答案不会是那么简单、单一。这类书籍有一个共同之处，就是教导你去"敢于梦想你不敢梦想的"，"豁出去在此一搏"或"全身心地将自己投入事业中去"，试图用这类辞藻来激发你的激情，但生活并不是那么简单和容易的。这类不切实际的建议，常常会给你一些误导，到头来造成了你对生活的失望。如果说这些建议有什么不妥的话，那就是声称那些建议能帮助你将生活提高到新水平的作者们，并没有考虑他们这么讲，如果不成功会带来什么样的后果，是否有不良作用，但你却是受害者。本章主要内容是引导你如何成为一个明智的人，以及如何能实际地预知你生活中所要遵循的正确之路。找到这条道路并不是一个简单的过程，下面这些真实的故事将为你揭晓答案。

外科医生与银行家

许多年前，在一次晚宴上，我认识了一位很成功的整形外科医生，他叫迈克，35 岁上下。小酌几杯之后，迈克告诉我，现在虽然他在一家医院里工作，有私人行医权，有非常可观的收入，又有特别受人尊重的地位，可他并不觉得有什么快乐。随着谈话的深入，我发现，其实他在日常生活中是一个很乐观、很会融入和调剂生活的人。他有一位很贤惠的妻子，也有很多朋友，自己的身体也很棒，爱好又很广泛。

大约六年之后，机缘巧合，我再一次遇到了迈克。这一次，他兴奋地给我讲述了他是如何放弃那份收入颇丰的整形外科医生工作而成为一个建筑工人的，确切点儿说，找到了一份比当建筑工好一点的工作。他现在自己设计房屋，自己画图纸，然后亲自用锤子、锯子等建筑工具建造房屋。迈克说，换工作是他这辈子做过的最明智的决定。

　　同样在那六年中，我还遇到了一位银行职员约翰。约翰的故事在某种程度上跟迈克的故事很相像，但是在另一些层面上又完全不同。约翰非常热衷于帆船运动，他对帆船有极高的热情，多次在当地的短距离业余比赛中获胜，这证明他有相当高的驾船技术水平和竞技能力。约翰有比较好的工作收入，同样有一个幸福美满的家庭，可他厌倦了日复一日朝九晚五的银行工作，所以决定辞职，去组建一支职业帆船赛队，参加世界航行最大的赛事之———国际环球帆船赛。他还募集到了几百万美金，召集一支制造专家团队建造了一艘新的改进型帆船。简而言之，三年后，约翰真的赢得了这项比赛的大奖。

　　众所周知，职业运动是一个烧钱的行业，不管你募集了多少资金，似乎花的总比得来的多。因此很不幸，约翰为了赢得胜利，只能拆东墙补西墙，把刚刚筹集到的赞助资金都花在了比赛上，自己根本没有赚到一分钱。这样，不可避免的结果是，为了偿还每周一次的账单，他不得不蚕食掉了家里所有的积蓄。在三年比赛的最后期间里，因为他长期在外比赛，家庭经济拮据，几乎到了崩溃的边缘，他的妻子和家庭也为此做出了巨大的牺牲。然而厄运还在他的身上继续蔓延。

　　在比赛刚一结束，喜悦的庆功香槟洒在领奖台的那一刻，约翰突然发现，他正面临着从没想到过的挑战。他虽已达到了目标，参加职业帆船赛并赢得胜利，但是，他再也不能回到从前工作的那个银行了，他的岗位已被另外一个年轻、阳光、工作能力又强的小伙子所占据。约翰的这个经历其实是一次巨大的冒险，换来的是他以及他家庭不可避免地要承担的巨大经济负担。现在，他已一无所有，有的只是"看不到未来"的沮丧心情。他在迷茫，仍然不知道自己生命中到底缺少了什么。他的冠军奖杯给他带来的仅仅是空洞的胜利，只是一时内心满足的心灵鸡汤，画饼充饥而已。

这两个故事使我们思考以下的问题：

● 怎样在自己的激情与实际生活之间保持正确的平衡？

● 怎样才能找到给我们带来深层、持久和发自内心的快乐的真正驱动力？

● 什么时候我们应该对自己的职业保持快乐和满意？怎样学习从中找到更多的乐趣？什么时候需要保持现状？什么时候需要寻找新的机会？以及什么时候需要改变方向？

● 怎样改变或调整现有的工作，让它与自己现在的发展状况更加协调合拍？

● 怎样才能发现我们真实的理想未来？

古希腊特尔斐城里的先知

如何让我们获得顿悟，对上述这些问题有明确的答案并能做出明智的决定呢？还是让我们来个时空穿越，回到过去那个著名的"古希腊特尔斐城里的先知"的时代，来试着寻找答案。所谓先知（指的是能预言未来或给予明智建议的人），实际上是一位精心挑选出来的女祭司，她就住在古希腊特尔斐城中那座伟大的阿波罗神庙里。每位先知的选择、继位与梵蒂冈教皇更替继位的选择程序是一样的。

阿波罗神庙的所在地有很多特征，最著名的是神庙建在地壳的地质断层之上，夹裹着带有清香甜味的地热水蒸气，每天 24 小时不间断地从裂缝里缕缕向外飘溢。根据古希腊神话记载，这条狭长地缝，正好是一条巨大蟒蛇被阿波罗猎杀之后尸体落入的地方。传说从那里飘出的气味就是从巨蟒腐烂的尸体里散发出来的。

从公元前 800 年到公元 100 年，世界各地的人们为了各种各样的重要事情，长途跋涉来到这里以求得先知的指点。那位先知之所以能受到如此崇高的尊敬和爱戴，是因为她的预言都非常准确，甚至许多国王和外国统治者们也都纷纷前来请教，但他们也要提前几个月预约。

在那处地表裂缝之上，摆放着一张经过特殊制造、由三根椅腿儿作支撑的座椅。在那位先知做出预言之前，她要端坐在椅子上，缓缓地吸入地缝中冒出的气体，这会使她渐渐进入到一种恍惚状态。在那个时候，人们普遍认为，吸入这种气体，能让阿波罗的"精神"导入到先知的体内，让她获得阿波罗的伟大智慧。

当那位先知最终进入了深度恍惚状态之后，一位求签心切的到访者会被带到先知面前，向她请教并俯首聆听忠告。先知总是会给出一些非常神秘的暗语或者让人费解的回复。然后由一位解签人解开先知暗语的含义，最终求签者才能了解到通过先知所传递的阿波罗的大智慧。有时候，解开先知的暗语需要数周或数月的时间。在我们现在听起来，这种事儿是挺不靠谱的，可在过去那个时代，长达900多年的时间里，不断从女祭司中选出的一位又一位先知们，都得到了所有信奉者们的无比崇拜。

用现代科学手段，人们对古阿波罗神庙遗址中仍在排出的气体进行分析后发现，先知确实是因为吸入了气体中的乙烯才会那样"high"起来的，这解释了她为什么会有那样精神恍惚的行为举止并说出一些毫无头绪、莫名其妙的话语。但问题又出来了，如果我们排除这是阿波罗的无比神力在起作用，那么我们还有什么别的说法去解释那位先知的预言为什么如此准确呢？其实，主要答案已经找到，就在用鎏金大字镌刻在阿波罗神庙入口处的那三大箴言上。因为每个前来寻觅先知智慧的到访者首先要接受指令去学习这些箴言，这是阿波罗授予的解开每位先知暗语的一把钥匙。这就是关键所在。

第一个最古老又最广为人知的箴言是"认识你自己"。这句箴言很是模棱两可，翻译其基本意思，有以下两种：

- 知道你是谁（自知之明），换句话说，从你内在的灵魂深处去了解你到底是什么样的人；
- 自我发现，也就是说，活出你自己的样儿来，或者说，活出自己的风采。

当你为自己的生活做出重大决定的时候，以上这两种解释都极为重要。如果你真的想找到你要走的正确之路，你就必须深入地了解真正的自己。什么事情对你自己来说是最合适的？你自己的内在驱动力是什么？什么事情和怎么来做会给你带来本质上的喜悦和内心满足感？你的优点（优势）和缺点（不足）是什么？如果这些你都明白了，那就可以解释先知的预言为什么这么准确了。实际上，先知的大脑已经被乙醚麻醉，变得迷迷糊糊，她随口嘟囔的几句话连她自己都不知道是什么，貌似口吐莲花，其实云山雾罩。但你不必管她怎么样，你的任务是，要对照镌刻在神庙上包括"认识你自己"在内的那些箴言，去仔细聆听从她嘴里蹦出来的一串串词语，从中找到你所需要的一些含义，然后，你开始从灵魂深处深刻思考，找到了真正的自我。接着又沿着这些知识的脉络，你马上洞察和找到了什么是你应该做的。只要先知的言语没有什么特别所指，或者非常随意，那么你就总能找到她的话与你自己心灵深处真实所想之间的联系。是你对自己的认知和理解才保证了她"忠告"的准确性。事实上，她的话越含糊不清，就越需要你去深入挖掘"认识你自己"。

迈克与约翰的区别

先知的这个传说故事，暂时引领我们穿越时空回到过去，转了一圈之后又回到原点。知道这个古老的故事对我们很有帮助，它扩大了我们认识问题的视角，我们可以从中获得感悟，来继续分析先前提到的那两个实例和下面提出的问题：

- 为什么迈克改行之后成功了，但约翰没有呢？
- 如何发现和找出能激发你激情的内在驱动力？
- 在内在驱动力驱使你走向未来的征途中，你能做什么？

迈克改行后之所以做得那么好，是因为他在内心深处知道是怎样的驱动力，让他的生活向适合他的方向运转。迈克知道自己作为一名外科医师，他的技能之一是能用三维立体思维看清平面物体，这是良好的空间想象能力。比如，他能将一组二维的 X 光片，在大脑中自动生成完整的 3D 结构，他能在脑海中准确想象出，当患者的腿在手术台上被打开时，应该看到什么样的立体结构。在手术之前，他的脑海里就有了可以从不同的角度清晰看见患者腿部内的所有立体结构组成的细节图像，如每一根骨头和每一条韧带的立体位置走向。他还知道，能给他带来真正兴奋和快乐，以及让他能觉得活得有意义的是"创造"新的东西，特别是以前从没有过的东西。创造使他获得了深深的满足感，就像产妇刚生产完，第一眼看到自己的孩子一样充满了幸福。创造新的东西让他感到很独特也很有价值，在他看来，这让他与众不同。

另外，迈克同样也清楚自己为什么不喜欢做一名外科医生，他讨厌待在医院里，整天被受伤或者生病的人包围着。当然，他对病人是发自内心的、全心全意的，希望能治好他们，但是这不是他生活中真正想从事的职业。骨折修复手术做得再好，也不可能愈合得跟没受伤的时候一样，他喜欢完美的、创新的东西，不喜欢旧的、受损了的东西。你看，他的新职业（建筑工人及房屋设计师）正好与他对这类工作产生的激情和现有的技能相吻合，同时还使他不再从事不喜欢的工作。难怪他改行之后是如此成功。

另一位改行者约翰就没能真正理解他为什么喜欢帆船赛。他事先就没能搞清楚让他如此沉浸于帆船赛带来的快乐背后的潜在原因。真是事后诸葛亮，在生活轨迹出现问题后，他才意识到自己喜欢帆船赛的原因：

● 他是一个好胜心很强的人。他喜欢像一位战斗勇士，既享受在与人打打杀杀、舞枪弄棍的对抗中战胜对手的感觉，也享受夺取胜利后那万众欢呼雀跃的瞬间激情。

● 他很喜欢比赛时体内不断大量分泌肾上腺素而又很快消耗掉所产生的强烈兴奋的那种感觉，这可以让他暂时忘记和逃避办公室里那日复一日、单调又磨磨唧唧的工作。

● 作为船长，他对他的船有绝对的指挥权，随时可以快速做出一个决定。不像在他工作过的大银行，他只是一个无足轻重的小卒，随时被上司或者各种规章制度约束。

● 在银行工作时，他是一位很专心致志和做事细致的人，对每一笔交易的复杂细节都很用心，因此他是一名优秀的银行职员。但是那些琐事和用心让他感到非常累。相较而言，帆船比赛就是一件很简单的事，风、帆、舵和比赛时与对手的对抗。

上面几点原因至少看上去是这样，但这已足够理解为什么约翰的环球帆船赛最终没有带给他快乐的原因了。因为要组织参加一个三年一次的挑战赛，所需要处理的大大小小的事务细节，与让他厌倦了的银行琐事所带来的挑战是一模一样的。环球比赛是长时间长距离的赛事，不像他过去在海港附近参加的短程赛，只有两个小时而已，所以总是持续分泌肾上腺素，让它喷涌出来并持续产生兴奋是不可能的，没有人能在肾上腺素持续大量分泌三年的情况下还能存活。尽管他是船长，名义上负责整个比赛，但是他一直被赞助商们所左右，因为赞助商们才是掌控财权的最终决策人。虽然帆船竞赛中好像是与对手上演着刀锋对决般的竞争较量，但是他们之间经常相隔数百海里，因为帆船是需要顺着风向和洋流的方向行进的，哪里还会有什么"刀光剑影""激烈血拼"的刺激场面。

约翰所犯的错误在于他混淆了海上运动项目的概念。"帆船比赛"和"环球帆船赛"是两个截然不同的比赛项目。在不完全清楚这些概念的情况下所产生的盲目激情，最终使他又漂回到了心生厌倦的原点。他其实喜欢的是两个小时的短距离帆船赛。但是，这种短距离的帆船赛与为期一年的环球赛事完全不是一个级别，环球赛事要花费数百万美金才能维持运营。这两种类型的比赛不仅仅是时间上的差别，不能把两小时的短距离比赛让它乘以 12 次，变成一天的比赛，或者乘以更多变成一年的比赛那样去想，根本没那么简单。

发现你的内在驱动力

约翰失败的根本原因在于他从来没有搞清楚，真正给自己带来长期快乐和

满足的东西是什么。更重要的是，没有搞清楚他所做的事情为什么会给他带来
快乐。简而言之，他没有认识他自己。接下来我要介绍的方法就是通过帮助你
发现内在驱动力，让你充分认识你自己。我称之为大脑内在驱动力，其实就是
能激发你激情的大脑潜在物质要素的组合，也就是能自然地点燃你兴奋点的东
西。这些大脑潜在物质要素的组合是你出生时就存在于大脑中的固有组成部分，
它们交织在一起形成了你的性格特点，换句话说，这些交织的物质内容就反映
和塑造了一个唯一的你。了解了这一内容之后，大部分人都会发现有关自己的
内在驱动力居然有那么多个人的、以前就根本没有意识到的东西被揭示出来。
正因为了解了这些，他们在今后的生活中能做出更明智的决定，他们的理想未
来与内在驱动力之间就能保持更好的线性关系，让他们"生活中的车轮"更加
平衡（参见第八章"生活中的车轮"）。

想要找到你的内在驱动力，需要经过以下三大步骤：

第一步骤：列出所有你真正有激情/嗜好/特别想追求的各种事情。

第二步骤：分析识别出每种激情对应的内在驱动力。

第三步骤：在一张纸上归纳并合并你的各种内在驱动力。

这不需要按什么顺序排列，只要你想到了就可以写下来。为了你清楚如何
去做，我先来做个示范，下面是我写出的几件我最愿意做的事情，也就是"克
里列表"。

第一步骤：列出所有你真正有激情/嗜好/特别想追求的各种事情。

骑摩托车	滑板冲浪
数学和物理	晚宴派对
我的女朋友	网球
与朋友们一起出游	写作
哲学	举重

现在我已经完成了第一步骤，把我能保持激情去做的事情都一一列举在纸
上。接下来，要找出为什么自己喜欢这些事情的潜在原因，即内在驱动力。现

在请你跟我一起来看看我是如何思考和填写的。

第二步骤：分析识别出每种激情对应的各个内在驱动力。

以激情 1 为例：骑摩托车

内在驱动力 1：速度/运动状态

我有一辆我爱不释手的现代运动型摩托赛车。它的容量是 1300cc，无论加速和行驶速度都极快。有了它，确实如同我体内也装了一台加油泵，能调动我肾上腺激素大量分泌。当我把油门踩到底让赛车加速时，感觉好像有一只巨手不可思议地将我向前猛推，带我向浩瀚的宇宙奔去。摩托赛车那极速的爆发力，好像强大到能转动宇宙的时空一样。

内在驱动力 2：完美/精确

如果油门踩得恰到好处，我一点刹车，赛车行驶线路控制准确，赛车就能精准迅速地停在我要停的位置，而且车身保持平衡，停在赛道上，这时我会感到无比开心。虽然我的驾行速度没有专业车手那么快，我的驾车技术水平也限制了我所要求的"完美/精确"的体现，但正是对"完美/精确"的追求让我感觉很开心。当偶尔遇到一次很难得的完美的转弯时，我会从头盔里迸发出无比兴奋的呐喊，开心无比地驾着赛车继续呼啸前行。

内在驱动力 3：思绪转移与集中

驾车时我的思想和注意力完全集中在这项运动中，把生活中所有其他的事情都抛到了脑后，心里只有车和路，生活中所有其他的事情都被全部关闭掉，在那段时间都不复存在。驾车运动给我一个从日常生活中走出来并得以完全休息放松的机会，对我来说，这项运动如同是在电脑上按一下"重启键"，重启我的生活。每次驾车结束后，我都感到筋疲力尽，但某种程度上说，又是重新恢复了精力，这种作用不是简单地睡上一觉就能替代的了的。

内在驱动力 4：自由

骑摩托车时我会呼吸到新鲜的空气，最容易感受到大自然的美好。当我投入到它的怀抱时，我会感觉到我们其实很渺小。开摩托车时所感受到的那原始般本真的自由是以同样的速度驾驶汽车所不能感受到的。

内在驱动力5：成就感

去做那些摩托车高水平的技巧性表演，我的能力总是达不到，但是我很喜欢这种学习过程，每当我有了一点点进步时，就会很有成就感。

内在驱动力6：机械美

我很热爱机械装置，喜欢琢磨这些零件被组装在一起时是怎样配合运作的，喜欢它们的物理特性和动力特性等等所有的一切。我还很喜欢摩托车那精美的外形和精巧的引擎机械设计。

这样我就为自己找到了骑摩托车产生激情的六个内在驱动力，就可以把下面图表中的第一栏填满。

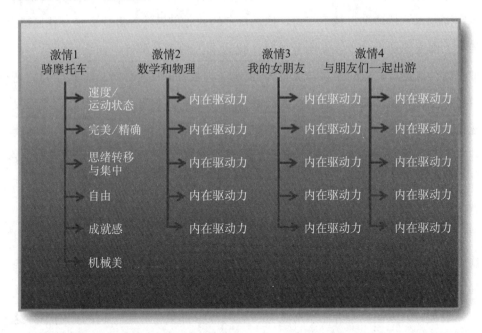

有意思的是，我特意将自己的列表与一位摩托车赛车手的列表进行比较，结果可以说是完全不同的。虽然我们俩都热爱赛车，但是两个人喜欢赛车的原因和其重要程度的次序都不一样。喜欢"完美/精准"是我第二重要的内在驱动力，但是这点根本就没有出现在那位赛车手的列表里。他可能更关注比赛的输赢，以最快速度跑完比赛所带来的荣誉，以及去证明自己等，但是同样，这些也没有出现在我的列表里。所以，同样一个激情，每个人的内在驱动力不一定一样。

现在，请你按照上述列表，列举并依次写下你自己有激情的各种事情，以及写出激发你激情的各种内在驱动力。当你编排好这些内容后，如果还能继续进行下面的步骤就会更有帮助：

- 按照重要程度大致排一下顺序；
- 试着为每一点总结提炼一个小标题；
- 写几句简单的注释来解释一下每一个小标题的含义。

像很多事情一样，只要工夫深，铁杵磨成针。对自己为什么喜欢这些事情琢磨得越深、越透彻、越下工夫，你对自己的内心世界就看得越清楚、越通透。还是上面我的那个例子，在刚开始时，我写上去的不是那样，如我写的是一参加摩托车比赛，我就"喜欢开快车"，但是经过数日的反复思考后，我才弄清楚自己如此喜欢骑摩托车，就是因为上述那些原因。你对自己的激情也必须反复深钻。我来告诉你一个真实案例，你就会明白反复深钻的意义。当我问我的朋友吉儿为什么她一生最大的激情是参加摩托车赛时，她说："因为这是命运的安排，我是为摩托车赛而生的。"但我一再追问，告诉她这样的回答并没有在真正意义上告诉我为什么，希望她能讲出为什么这是她的理想未来，她从摩托车赛中到底得到了什么才让她不会退出这单调无聊的运动。她告诉我说，她非常喜欢驾车行进时"膝盖弯曲"的感觉，还喜欢车子启动时产生的巨大加速度。我顺着她的回答，进一步探问她为什么喜欢车子启动的瞬间，因为对她而言，这才是最真实的关键点。可能她对比赛所有的准备都集中在这一瞬间，别小看这至关重要的一秒钟，它可能对整个比赛都产生重要影响。我对她回答的每一个细节继续深入挖掘和研究，最终我找出的根本原因让我们俩都吓了一跳。驱使吉儿热衷于参加摩托车比赛的最主要潜在驱动力，是她想在这个以男人为主导的运动中获得巨大的成功，她想要证明"女人可以做好任何事情"。

当我问吉儿生活里的其他有激情的事情时，她对我讲，她很喜欢和欣赏我的另外一本书《蚂蚁与法拉利》中所论述的社会学观点。这又是为什么呢？后来我知道了这是因为吉儿的第二大内在驱动力是想让世界变得更美好。突然，我发现了这两者的共性，吉儿是想成为妇女中的典范。"给女人争取权利"是"让世界变得更美好"的一部分，这让它们之间紧密地联系了起来。吉儿希望赢得全国摩托车大赛的冠军，是因为相对于其他事业，这能给予她一个体育的平台，在这个平台上，她可以进行公共讲演，发表为女性争取更多权利的演说，反驳陈旧观点，证明女性在任何事业上都能取得成功。

刨根问底去找出吉儿真正的内在驱动力，是我经手过的上百个案例中的一个典型案例。许多人认为自己已经知道了驱使自己的动力是什么，也知道了什么是自己的人格本质特征。但实际上，他们仅仅只是去刮了刮事实的表面而已。一旦他们深入挖掘，找到对自己至关重要的那把钥匙，就会得到意想不到的启发。做一做这样的功课可能是你一生中最重要的经历之一。请登录赢者思维英文网站，你将进一步看到一些真实案例，它们将向你讲述发现自己的内在驱动力对改变人生有着多么重大的作用。我个人特别喜欢西蒙录制的两段视频。

合并整理你的内在驱动力

一旦你找到每个激情背后的所有内在驱动力之后，你需要将它们归纳整合到一张纸上。假如你像吉儿那样的话，肯定会有相当多的内在驱动力是重叠的，比如，你喜欢某个职业的原因与你喜欢某种运动或爱好的原因可能是一样的。下面以我自己为例，告诉你需要怎么做。

我酷爱数学和物理是因为这两门学科都"纯粹"和"准确"。根据数学里直角三角形定理，$c^2 = a^2 + b^2$，用给出的条件，毫无疑问地肯定能准确得出答案。我酷爱数学的完美和数学方程式的逻辑真实。我也不知道为什么，恰恰是这种完全的真实和一清二楚让我欣喜若狂。这也是为什么我喜欢研究哲学的原因，哲学的目标是发现真实的本原，以及什么是我们可以和不可能知道的东西。这样就有了一系列很有趣的联系：你可以翻到前面再看一下，我列出的六个能激发我对骑摩托车感兴趣的内在驱动力的那个段落，我第二个重要的内在驱动力是在赛道上做出一个漂亮的转弯，当我完成了一次"完美/精准"的动作时，我就从中获得了快感。能完美和精准地驾驭我的赛车与我喜欢物理、数学之间发生了关联，数学、物理中"真理/定理"就是完美无缺、精准无误的。当什么事情一旦成为真理或真实后，那就是没有错误，就不是似是而非。

不管内在驱动力出自何处，出自哪个有激情的事情，都请你将所有的内在驱动力整合在一张大的内在驱动力列表中。然后仔细观察这个列表，看看有没有一些内在驱动力是一样的、相互关联的，或者是本质一样只是形式不同，就像我的"完美/精确"这一内在驱动力表现在喜欢数学和对摩托车赛有激情的不同形式上一样。然后把相同的内在驱动力归纳在一起并列表出来，原始的那张激情列表就可以不要了。

让你的内在驱动力发挥作用——认识自己

当你归纳出所有内在驱动力后，就可以把最终的驱动力列表放进你的《赢者私人定制练习册》里了。之后你可以用它作参考来指导你的行动。这就像你拥有了一个"黄金罗盘"，当你做出一个决定时，它能帮助指导你做出正确的选择。它还可以帮助你不断审视你的生活是否处于平衡状态。

很多人发现，在完成了最终的内在驱动力归纳之后，他们又觉得需要将之前定下的目标进行部分修正，因为现在他们对一个真实的自己又有了进一步深入的认识。他们会发现，之前确立的一些目标跟他们自己真正的本质并不一致。如果你的内在驱动力和目标不相符，那么，你在生活中必定会不断地遇到挫折。但有时候只要做一点点小调整，就能将你目前还不错的生活变得更加流光溢彩。

像我们前面刚刚做过的那样，通过梳理你自己那些较分散的激情，找出并归纳自己的内在驱动力，它既是认识你自己的一个过程，也是认识你自己的最好方法（就像阿波罗神庙上篆刻的箴言所忠告的一样）。这一方法非常有效，原因是通过你自己从所钟爱的那些让你产生激情的事物入手去分析，你悄然地看清了自己内心世界，而不被你原本存在的一些偏见所干扰。之前就是这些偏见持续诱导了你对自己不能有正确的认识。通过你的激情来认清自己内在驱动力，从而真正认识自己，就像照镜子一样，以一种与平常不一样的角度，去重新审视自己。

我们再回顾一下外科医生迈克和银行家约翰的故事，你就会知道为什么迈克改行后发展得很好，而约翰的发展结果就很差。迈克的新事业是与他的内在驱动力相匹配、相向同行的，而约翰的就不是。约翰所谓高水平的酷爱和激情，也只是一个"帆船"而已，只是他想当然地认为既然自己喜欢短距离的业余帆船比赛项目，那么，成为一名职业的帆船赛队的赛手也没问题。但很遗憾，除了帆船这一共同点外，组织一场业余帆船赛与一场职业帆船赛没有任何相同之处。他犯了一些足球运动员曾经犯过的错误，就像有些足球运动员自以为可以转行成为足球俱乐部经理一样。俱乐部经理的管理工作与球员的球技发挥是两个完全不同的概念，可谓隔行如隔山。约翰的另一个问题是，他想用帆船来填补自己哲学观方面和对生活目的的缺失。这注定是要失败的，他想以升格帆船比赛等级的方式来求得生活水平和地位的提高，来求得自己生活的新平衡，但这反而只能让他生活的车轮更加不平衡。

意想不到的收获

我个人曾经通过培训帮助很多顶级精英运动员和商人发掘出他们自己的内在驱动力，其结果总是让我很吃惊。按常理，精英运动员们一般不会因为这种做法而有什么收获，因为他们已经在心中设计好了自己理想未来的规划，何况体育又是一个定义明确、关注点局限的行业。但是，与我交流过后，每位运动员都发现了自己一些新的东西，每次都能激发出强烈的动力和斗志，使他们在赛场表现超群，特别是教练员们对这种方法给予了高度的肯定。

但是如果你稍微深入地思考一下优秀运动员们目前的生活状况，他们有这样的需求，也就不足为奇了。运动员在跨入自己项目的顶尖行列之前，他们已经经历了成千上万小时的超强度集训和比赛。每次比赛他们都全力以赴，殚精竭虑而造成体能大量消耗，每次竞争他们都承受着巨大的心理压力。不管他们出于什么动机，也不管教练如何激励，这样长期不断的身心折磨，就有导致精神疲劳甚至崩溃的风险。

如果帮助每个运动员找出他们自己的内在驱动力，可以使他们：

● 进一步提升他们对运动项目的快乐感。

● 保持住对自己的运动项目从内心深处喷薄而出的动力，这就意味着不需要总被动激励自己，强迫自己振作起来。

● 进一步帮助他们提高技能，突破瓶颈。这一条具有特殊意义。

一旦运动员们挖掘出了自身更深层次的内在驱动力，我就可以减少对他们这方面训练的课程，转而集中关注他们所从事运动项目的技术方面的问题，因为我知道，他们的内在驱动力已经对他们的改变和提高产生了巨大影响。随着时间的流逝，我越发意识到，能够让优秀运动员们产生巨大变化，在比赛中成绩能有大幅度的提高，能一直让他们保持住那份对体育运动的快乐享受，能提高他们忍受持续困苦折磨的能力并使他们承受住强大心理压力的考验，其非常核心的是我要设法让他们的内在驱动力起作用。

我还特别注意到，在运动员身上产生的巨大改变，在商人身上也同样发生。如果你是经理人或公司老板，那么，增加商业业绩的一个最佳方式之一，是提升你的员工的主动执行力和满足感，所以你要帮助员工：

● 发现和挖掘他们的内在驱动力；

● 调整他们的内在驱动力，使之与你公司的目标保持一致。

这是一个双赢的局面。员工们将更开心，生活更充实、更称心如意，更加靠近他们内心的理想未来；而你，作为经理人或者老板，将从已经提升的生产力效率中获益。

超越天性

如果你能努力学习认真研究，花足够的时间阅读了本章之前的所有内容，并让这些知识在你大脑里深深扎根，那么，你一定会用一种全新的视角去清晰地探究自己的内在驱动力并对其有全新的领悟。你会用这些领悟来引领你做出正确的决定，并指导你平衡自己生活的车轮。大部分人都能做得很好，他们能发现出对生活起引领作用的自己真正的自然本质。然而如果你愿意，还有一个更高级的有关心灵世界的内容你可以继续学习，它可以重塑你过往已编制好了的普通人生，因此能改变或彻底改变你的内在驱动力，而你的全新生活和理想未来也从此绽放新的光彩。你可以重新塑造你的心灵世界并为自己重新设计出一个全新的未来。我所说的更高层次的学习内容是针对少数人而言的，因为这需要付出高昂的代价。这个话题在这里就不讨论了。每个人都有自己独具个性的旅程，但是如果你感兴趣，可以阅读《蚂蚁与法拉利》一书（参见附录一）。

在过程中不断校正

在人的整个生命过程中，内在驱动力的确立不是一成不变的，随着你个人的不断发展和日益成熟，你的内在驱动力也有一个发展与成熟的过程。也就是说，你应该至少每年回顾一次自己的内在动驱力是否有变化，认真地梳理一遍完整流程：列出让你有激情的所有事情，重新挖掘你的内在驱动力，并归纳总结。在圣诞节之后做这件事情非常合适，因为在新年伊始时，你就已经制定出高质量的新年计划并开始执行了，不要只是列出新年愿望或许愿。

> **关键点**
>
> ● 将你所有的内在驱动力归纳整理好后，放入你的《赢者私人定制练习册》中。
>
> ● 这将让你拥有更敏锐的洞察力，更清楚地认识你自己，并像罗盘一样指导你做出正确的决定。
>
> ● 不仅是职业方面的决定，还应包括生活所有方面的决定，甚至是找搭档或找朋友。
>
> ● 从潜在的驱动力方面入手，不断重新审视你的目标。

第十五章

构筑并培育你的激情

找到并列出你的激情所在，从而分析出内在驱动力，这常常是让你的生活产生积极和深远改变的促进因子。如果你已经准确而又满意地找出了自己的激情和内在驱动力，那就可以跳过本章。如果是阅读完前一章后，你发现《赢者私人定制练习册》里还是空白，你又实在想不出自己内心深处有什么充满活力的激情的话，本章就是基础内容，可能会给你很大的帮助。

你的激情应该是你人生很重要的东西，激情应该是你最容易想出来的东西，可谓信手拈来。但是如果你的激情真的没能自动从脑子里显现的话，那么，你就一定要把自己真实的激情挖掘出来。

问题是：怎样才能挖掘出你真实的激情所在呢？

从无到有，构筑激情

首先你要知道，激情不是藏在什么地方让你翻箱倒柜就能找得出来的，也不是挂着标签等着你方便时来取的。如果只是待在那儿使劲地冥思苦想是想不出来的，而且这样的话，估计你还会疯掉。那样做只会让你一遍又一遍地走入怪圈，最终又回到了原点。要知道，如果激情不在，你就根本发现不了，找不回来，更不可能挖掘出来。如果是这样，你就必须自己来构筑。所以，你需要用一种完全不同的方法来构筑。我想，还是用我最好的方式——举例子来告诉你怎样去做。下面介绍我认识的一位女士，听听她的真实故事，我想会启发到你。

从那一天开始

在西班牙，有一天她从酩酊大醉中晕晕乎乎地醒来，她感觉头像被重物重击一样的疼痛，而且面容憔悴身心疲惫。那时，她只有 20 岁，可她的生活似乎失去了方向。白天，她做市场销售，可每到夜晚她都次次不落地跟朋友们到市区各种娱乐场所去嗨，而且通宵达旦。可今天早上她与以往不同，久久地站在镜子前细细地打量着自己，突然她意识到她不应该再这样生活下去，她不应该每天一觉醒来总是面对和重复那些毫无意义的事情，虚度光阴，而是应该寻找比那些已走了味儿的夜生活更有味道的事情去做。她照着镜子，注意到自己的腹部堆满了脂肪，好像套了一个救生圈，青黑的眼圈里吊着一双浮肿的眼睛，两眼无神。"我的天呐"，她感觉太可怕了。她想要做点什么以改变现状。

那天晚上，她决定去附近的游泳馆游泳瘦身，做运动锻炼总比去市区鬼混强得多。游泳并不是一件容易的事，更谈不上有什么特别的享受了。开始游泳时，她周身疼痛，肺好像要炸了一样，在水里，她上下扑腾几下就得停下来大口喘气。但她是一个有决心的人，或者应该说是一个很固执的人。每周她都给自己制定一个比上次略高一点的目标，这周游两次，下周就改为四次，从每次游 20 个来回增加到每次 30 个来回。

几周下来，她的身材开始变得匀称，线条也改变了，她不再感到全身疼痛和体力不支，自我感觉也变得越来越好。她开始找回了自我，甚至在训练中也找到了一些乐趣和满足，还结交了一群游泳的朋友，享受着友谊带来的快乐。

通过游泳她还发现自己有好胜心很强的特征。每周她都试着去超过一位之前比她游得稍快一点的人，然后下周再挑选另一个游得更快的目标并设法超过他。战胜他们给了她实实在在的满足感，第一次尝到了比赛与获胜带来的甜头。她特喜欢那种感觉。为了增加击败泳池里更多游泳者的机会，她开始注意节食，戒烟戒酒，虽然没有特意地去安排什么，但她的生活和人生价值开始悄然发生改变。

有一天，游泳馆内举行了一场游泳三项全能比赛。这听起来很有意思，从那之后不久，她就将跑步和自行车运动列入她的训练计划之中，而且发现她的跑步成绩还真不错。

现在我透露一件可能真的让你感到意外的事。

这位女士就是我在第二章向你介绍过的那位世界冠军。我曾讲过，为了走向冠军之巅，她饱尝了常人难以想象的巨大艰辛。这位女士不是别人，正是我的前女友安妮。从她在西班牙泳池里的第一次训练开始，15 年之后，她获得了世界铁人两项锦标赛的冠军！

一路走来，她赢得了上百次的比赛，体验到了人生的精彩。她在全世界都参加过比赛，认识了各种形形色色的有趣之人，上过电视，为体育杂志写过专栏，还学习了生理学和营养学，并成为了泳衣模特，为泳衣代言。她现在的生活与 15 年前那个镜子里看上去有点宿醉未醒的女人相比，没有一点相似之处。

培养激情

这个故事的重点是，当安妮第一次游泳的时候，她从没料到这成了她的激情所在，也从没想过她会从中获得如此多的乐趣。其实，当时她仅仅是在忍受这种运动，如能有点收获也就可以了，仅此而已。但是坚持了一段时间的训练之后，她发现游泳也是让她产生兴趣的一件事情，而这些乐趣是她坐在家里的沙发上绝不会想象得到的，更不可能是分析出来的。毋庸置疑，对你来说也一定是这样。不管你怎样绞尽脑汁去想，如果你的脑海里它不存在，你是想不出来激情的，就是想也是空想。找到激情的最好办法是你去尝试做各种事情，从而去构筑和培育激情，即使你并不指望尝试的事情能成为你热爱的、能产生激情的事业，也不枉劳作。

"培养激情"有点像学习打高尔夫球。刚开始接触高尔夫运动时，你很可能会幸运地打上一两杆干净利落的发球。但这是个令人乏味的过程，在草坪上你花了大把的时间，但总是将球打到错误的方向，这哪有一点意思。但是如果你能继续练习的话，不用多久，你就能在午后的阳光下，与朋友们一起享受着高尔夫的乐趣了。当然，学习是无止境的。精准巧妙地击球，控制球的走向和力度，完美击出球，以及让对手目瞪口呆地看着小球平稳落入洞中的那些技巧都是要反复练习的。参加正式比赛所带来的兴奋和快乐感，与你刚开始练习、战战兢兢击球时的心态是完全不一样的。

因此，如果你还没有想出任何让自己充满激情的事情，你就真需要走出去，想法构筑和培育几个。要付出大力气去体验一些不同的事情，给激情一个机会，同时也给自己一个机会。第一次体验或许会像刚开始练习打高尔夫球那样，不一定会有多大的正面感受，但是你需要给它们一点时间（参见第十章"石榴的故事"），还要去快乐地参与。

激情是可以传染的

我们再说说安妮，她因对游泳的激情而激发了对其他事物产生激情的可能性。游泳让她获得的健康体魄，像是为她提供了一个视野平台，又激发她去买一辆自行车，去穿越乡村田野，享受骑车的快乐。竞赛所取得的成功又为她开启了全新的模特生涯。这个故事昭示了我们生活中的一个重要的法则：每多一项有激情的事物，就会给你增添一项新的技能和能力，这又会激发你对更多事物产生激情。激情是能够相互影响和相互传染的。激情能够产生激情。

心理学界有一个著名的发现，当一个人对三种事物产生浓厚兴趣时，那么，在一生中他大约会对二十余种事物产生激情。他的爱人也会感染到同样的激情，以此他们更能一起品尝和享受到生活的乐趣。而且，他的技能和兴趣爱好像花粉一样去传播，还会影响周围更多的人也产生同样的兴趣，因而他会从拥有的激情和结果中获得更多额外的能量，从而激发更多的激情空间，使之能真正把握住当下（参见第十三章"把握当下"）。

激情的变化

关于激情的另外一个重要内容是，随着我们的成长，激情和兴趣也在变化之中。你要特别注意不要被儿时的兴趣爱好和激情所拖累。要记住你一直总是享受体育带来的快乐，但这并不意味着你就不能学会享受艺术和学术所带来的乐趣与激情。在安妮的故事中，15年的体育生涯和成功的经历，让她积累了许多如何通过刻苦学习和实践去取得成功、成为赢者的亲身经验。退役后，她将这些实战中得来的宝贵经验用于其他领域的学习上，从而有了全新的事业，也加入到富人的行列。她有了充实、快乐又满意的生活。而所有这一切，都源于在西班牙时的那天早上，她看到了镜子中的自己。

最后我要说，随着年龄的渐渐增长，你会看到激情这东西其实是挺复杂的。有些有激情的事业竟被一些细节或微小的差别限制了发展，而有些激情却有广阔多样的发展空间。赛车手杰基·斯图尔特有一次对我说："取得三次F1世界冠军就足够了，再这样继续一圈又一圈地开下去，即便再获得第四次、第五次桂冠，对我也失去了新意。我想去体验更多的生活乐趣。"杰基后来成为了一位成功的商人，并且在商圈里获得了更大的机会，跟之前F1赛车比起来，他挣了大钱。

要保证：你的激情构筑和培育要与你的情感成熟和智慧增进同步。

第十六章

克服失望，避免灾难

很好，你要是按部就班地阅读和学习，进入这一章时，我就要祝贺你，因为你肯定有进一步的收获与进步！相信你生活的车轮应该更加平衡，你也已经发现了你的一些激情所在并且开始应用你的《赢者私人定制练习册》了。但是生活中的所谓"倒霉事"总会不可避免地出现。至少，每个人都会遇到失去某个自己所爱之人的经历。因此，当你碰到某些让你的生活向后逆转的阻碍时，知道如何应对是非常重要的。

《亡命天涯》

如果一位与你朝夕相处、分享最美好时光的伴侣突然故去，那份心中的痛苦是很难加以平复的。每晚回到家中，曾经的那位誓要与你共度一生、常带着灿烂的笑容迎接你回家的人，再也不见了，等着你的只有那空荡荡的房子。你只能一个人默默地用餐，只能一个人默默地处理家庭琐事，只能一个人看电视，这怎能不勾起你对往日一起边看电视、边对节目内容嬉笑评点的快乐时光的回忆呢，这怎能不勾起你对那个能读懂你的内涵、幽默和顽皮的故人的思念呢，你一定会觉得未来突然变得那样漫长缥缈、毫无生机。

但即便是上述足以催人泪下、让人悲痛不已的悲剧，也比不上山姆·谢泼德那段令人撕心裂肺的惨痛经历。由哈里森·福特主演的电影《亡命天涯》就是以山姆的真实生活为原型拍摄的。山姆不仅失去了自己的妻子，更要命的是他眼巴巴地看着那个凶手残忍地用棍棒活活夺去了他妻子的生命。山姆不顾生命危险，赤手空拳，奋勇冲向凶手拼死搏斗，想要在乱棍下救出妻子，但很可惜他被挥过来的棍子一下击中了颈部晕了过去，就在这当口儿

他妻子惨死在那只棍棒之下，凶手也趁着山姆昏迷之时逃之夭夭。

　　真是天大的不幸，接下来山姆面临着更大的灾难。他虽然绝对是无辜的，但却被控告为杀害他妻子的凶手。山姆是个好人，一位成功的医生，待人真诚，乐于助人。这样一个好人不但没有受到社会的尊重，反而发现自己被以头号谋杀案的凶手的身份出现在全美国所有的各大报纸和电视媒体的报道中。在监狱里等待出庭听取法院判决的日子里，他发现他的朋友们来探视的次数越来越少，连朋友们都开始相信是山姆杀害了他的妻子。

　　但至少山姆还抱有希望，寄希望于法官能伸张正义，最终判他无罪，放他回家，让他这个无辜的好人能慢慢地抚平创伤，重新开始自己的生活。但事与愿违，结果无望。请你想象一下，他无辜痛失了自己的妻子、失去了朋友和事业，又无缘无故地被判有罪，处以终身监禁，他心中充满着何等惨烈的悲痛，他忍受着何等不公的处境，煎熬度日。他的一生被自己从来没有做过的事情毁掉了。这无法言喻的损失，这巨大的悲伤，这人身自由的剥夺，这些灾难都由那无法抗拒的不公平交织在了一起。以泪洗面问苍天，为什么生活如此不公？

　　山姆只能把他人生大把最美好的时光消磨在监狱里。最终，在复审时，他才被还以清白。他被释放了，但没有任何赔偿。他出狱时已是一个孤独多病的老人，再没有希望重启他的医疗事业。这位可怜的老人，本来有一个美好的事业，本会有一个幸福的晚年，可他的一生却被那个患有精神疾病的流浪汉随机的施暴行为给彻底毁了。这个真实的故事提出了两个重要问题：

　　（1）面对那样严重的灾难，怎么能指望一个人安然度过？

　　（2）帮助你从灾难中解脱出来，继续享受多彩余生的最佳方法或工具是什么？

接种免疫悲剧的疫苗

　　本章主要讲述假如出现了超出你驾驭和控制范围的飞来横祸和沮丧情绪，你应该如何克服。一个灾难的来临并不是你的错，至少不是主要由你引起的。

由于还没有一个"速成"的办法能克服或减弱悲剧的产生以及所带来的副作用，另外每个人的痛苦经历也不尽相同，所以，你的大脑思维所产生的应对方式，有可能会帮助你解决问题，也有可能把问题弄得更糟。本章所提供的解决工具和解决过程是需要长期不断的坚持和调整的，而不是把发生的悲剧在今后的生活中"掩盖住"，或"封存"在你的记忆中，并一直伴随着你的生活。该工具以及它的解决方案是让你从过往的经历中去学习、去认识和理解你所失去的是什么，甚至去由衷感激你的失去；该工具还可以帮你在接下来的生命时光里尽可能地找到最佳的生活方式和状态并快乐前行。这就需要我们了解和学习更多的内容，而不只是像很多人为了帮你改变现状，让你调整和保持住"积极的心态"或"凡事去看阳光的一面"等那样简单，这些真的是远远不够的。克服灾难的影响需要使用特殊的工具并运用得当。

在悲剧不期而至之前，如果你已经熟悉并会使用这些特殊的思维工具，将对你极其有帮助，就像人体接种疫苗一样。注射疫苗后，需要一段时间在你体内的免疫系统中产生抗体，才能有效抵抗病毒的入侵。同理，思维工具也需要时间逐渐地在你的大脑潜意识里建立并深深扎根，之后才能帮你击退灾难。你需要在自己开心和坚强的心理状态下吸收和消化这一思维工具，并将它逐步完全地植入自己的潜意识。

一项对健康快乐的百岁老人仍保持生命活力的调查研究结果，也揭示了这种"免疫接种"过程的重要性以及对生活所起的强大作用。

从快乐的百岁老人那里得到的启示

一组调查研究人员希望找到与寿命相关的关键因素和证据：为什么一些人在100多岁时，身体还保持着健康和活力，而另一些人则在70岁时就老态龙钟或者过世？是基因、饮食，还是财富或大量的运动让他们年过100仍在健康地生活？经过细致的医学调查，研究人员发现了数百个确切的相关因素。再经过

认真研究和分析，研究人员确认了在百岁生日时仍能保持健康快乐的三个突出因素。令研究人员感到惊讶的是，位于前三位的因素竟然都是思维方式，而不是他们期望的生物学物质，像胆固醇水平或者是血压之类的指标。这的确是个好消息，为什么这么说呢？因为身体发肤受之于父母，你是无法改变的，而你的思维方式却是完全可以改变的。也就是说，在一定条件下你生命的维度是可以由你来掌握的，甚至主要是由你来决定的。

研究人员发现的三个最重要的因素是：

（1）化解沮丧或失望情绪并从中得以恢复的能力；

（2）对生活外向开朗的态度；

（3）积极主动地追求生活中的激情。

那么，为什么上述这三个因素对活得好、活得长是如此重要呢？

生活中的沮丧和失落情绪是不可避免的

分析上述三大因素，它们有两层含义：第一，如果你活得足够久，你总会有沮丧或失望的时候；第二，对生活保持外向开朗的态度和积极主动地追求生活中的激情，是帮助你化解和克服沮丧与失望情绪的两个关键性因素。也就是说，上述三个最重要的因素中的（2）和（3）是解决（1）的关键所在。

人生中出现失望情绪和发生悲剧总是不可避免的。迟早，某个你深爱的人会离开人世，这将是无法改变的事实，每个人最终都会死去，这是客观规律。而且，你活得越长，经历的事情越多，你遇到骗你的人、伤害你的人、让你感到失落的人的机会就越多、越大。如果你不能学会如何去克服失落的情绪，那么你就会被困其中，为那些注定不可改变的事情不断缠绕、纠结。从此，你只能在失去爱和失意的阴影中蹒跚，在经济拮据的困扰中、在真实发生或是想象出来的巨大灾难中生活。这些会导致一连串关联性负面效应而使身体出现生理性改变，让你的大脑呆滞衰退，身体退化变老，看上去与你的实际年龄根本不符。所以，这就不难理解那些不会化解和克服失意沮丧情绪的人，都不能活到百岁并保持良好状态的原因了。他们在生活中过早地失去了对周围事物的兴趣，过早地失去了快乐。他们肩上扛着本不该扛的、生活中太多的零七八碎。但是朋友，你愿意这样生活一辈子吗？如果你学会使用本章介绍的这些思维工具，你就能变得更坚强、更善良，成为一个聪明的人。尽管你的身上还留有过去遭受伤害后留下的疤痕，但也正是这些伤疤愈合了你的伤口，保护你不再被伤害。你将有机会幸福微笑着活到百岁，迎接人生新的春天。

年龄越大，心事越重

一般来说，年龄越大，对灾难出现的可能性所产生的忧虑、担心就越多，心思也就越重。其实这是对灾难或悲剧所产生的影响程度的误解。发生不幸应当理解为生活中很正常、很自然的现象，不应过度解读。你看，小孩子多是本真无虑的。如果一块棒棒糖掉在脏兮兮的地上无法入口，他会觉得是"天大的灾难"，但转天，没吃到糖的事儿早就忘得一干二净，当然，这是由于他还没发育成熟，对责任的认知、对做事后果的考虑还很有限。不过，在这方面，我们成人要向孩子们多学习，孩子们都不担心的事，至少我们也不必过于担心。但是，我们也要承认生活中这样一个事实，年轻时，事业或者职业才刚刚起步，工作中出现的问题并不是最终的结果，我们还有时间从所犯的错误中去学习、去纠正、去总结、去重新开始。而假如有一天，我们一觉醒来，突然发现自己已有了家庭、有了房屋按揭，可年龄已经 40 岁了，一旦工作中出现什么闪失，生活肯定会是我们真正担忧的问题。所以，的的确确，随着年龄增大，生活中令人担心的事也越来也多，我们就变得越来越心事重重。

与人们无忧无虑的童年时代相比，成年后的生活的确会变得越来越沉重和复杂，但问题是，有些人却认为这种变化是生活对他的不公。虽然都已长大成人了，但有些人还像孩子一样期望自己生活在彼得潘①的梦幻世界里，这种想法是非常愚蠢的。在我们的成长过程中，生活会带给我们许多失望和困惑，痛苦会越来越多。因此，我们才需要学会在成长过程中如何克服种种困难，生活才能变得更加美好，我们才能直面挑战，成为生活的主人。

> 上帝赐予我平静，让我接受我不能改变的
>
> 赐予我勇气，去改变我能改变的
>
> 并赐予我智慧区分两者

灾难后情绪变化的四个阶段

当不幸遭遇灾难时，一般都要经历情绪变化的四个阶段，要想克服它，就必须明白这个过程：

认知阶段（第一阶段）；

情绪化阶段（第二阶段）；

理性阶段（第三阶段）；

进步阶段（第四阶段）。

如果你想从中受益，就要清楚每个情绪变化阶段的具体内容是什么，为什么这些阶段的出现都是基本的、必不可少的，以及每个情绪变化阶段都需要使用什么工具来克服。

认知阶段（第一阶段）：对应外界冲突的大脑模式

人的大脑有一个关键的功能，是对世界运行规律是怎样的，以及做了一件

---

① 彼得潘是苏格兰小说家及剧作家詹姆斯·马修·巴利笔下的人物。彼得潘是一个拒绝长大的顽皮男孩。——译者注

事后接下来会发生什么有一套精确的常规认知模式。大脑在你无意识状态下不断地进行着预判过程。例如，当你打开电灯的开关，会预料整个房间被照亮，而不是期望听到喇叭的声音。如果此时喇叭真的突然响了，你可能会吓得跳起来，因为这不是你预判的。

你可能还不知道，大脑每天无时无刻不在你无意识的情况下做着成百万次的预判分析，因为它们已同这个现实世界的运行规律配合得天衣无缝。只有在你的大脑出现错误时，你才能意识到它在做着预判。比如说，想一想你在黑暗中下楼梯时会发生什么。你认为还应有一级台阶，但其实你已经走到底了。你的腿脚并没料到会直接踩在了平地上，似乎这会让你很诧异，其实是你的大脑已经在自动控制着你的双脚按预期的常规方式继续迈腿下楼，但是那里已没有了台阶。不到这种时候，你是不会意识到你的大脑里已经建立了一个对下一步要做什么的预期模式。因此，预期模式能保证你在迈向下一级台阶时，你的腿脚能踏到正确的位置，用正确的方法向下移步。

当你的生活突然被一些没有预料到的意外或者重大悲剧搅得波澜起伏之时，就会出现大脑的预期模式与现实之间的不匹配，其结果就像你没料到脚会碰到台阶下面的平地，或是你开灯时突然听到喇叭的响声一样，你会感到同样的"震惊"。

大脑中已存在的这种能让你知道你是谁，能为你解释和预判世界运行基本规律的模式，到目前为止，是帮助你处理好生活中所有事情的最完美、最成功的模式。也就是说，如果由于某些无规律可言的事件发生而想否定和推翻大脑中根深蒂固的原"观点"的话，那么，你的大脑就会面临着巨大压力。在没有预设办法的情况下，你的大脑面对这种情况的反应是，采取多种战略以求做出调整，于是，在这一认知阶段里就会出现以下反应：

惊诧

首先你会表现出惊诧，因为你的大脑无法在这个突发情况与它预判的应该发生的情况之间做出快速调整。大脑不知道该怎么做了，于是就暂时"死机"了。

非真实假定

大脑解决现实与预期不匹配的另一种方式是，假定这些事情都不是发生在自己身上，而是发生在别人身上。因此，所发生的事情似乎并不是"真的"，就像你是在"梦境"里或者"别人正经历着灾难"一样，你只是一个束手无策或袖手旁观的局外人。这就是为什么有时候在灾难来临时，人们会表现得麻木不仁。

逃避

还有一种常见反应是像一只"缩头乌龟"，尽可能地切断所有外界的信息输入或者刺激干扰。这是一种很自然的反应，大脑会利用这种自然反应来试图减轻额外的压力和赢得时间找出应对办法和措施，同时试图以此"消化吸收掉"这一不正常的状态。

否认

大脑还有一种处理这种冲突情况的办法，即暂时"否认"大脑预期与现实出现不匹配状况的存在。"这种事不可能发生在我身上，我根本不相信这事会发生。"

上述所描述的各种状态表现都是大脑常采用的一种自然反应机制，其本身目的只有一个，就是试图应对和解决自己大脑内的常规认知模式与实际发生情况不匹配时所导致的一些问题。在大脑做调整的初期，也就是在认知的第一阶段，你还真没太多事可做。这期间大脑需要的是空间、安静和减少压力。睡眠对认知阶段特别有帮助，因为当你睡觉时，你的大脑就开始着手解决问题了，它在忙着重建和形成新的神经回路，然后对那些不匹配的问题做出调整。此时如能得到其他人给你的安慰，如"一切都会好起来的"，是你最需要的。获得他人的安慰、照顾和保护，这会让你的大脑减少许多紧张和忧虑。

虽然在第一个认知阶段里你没有太多的事可做，但在灾难来袭之前，你却应该提前做一些准备工作才对，这样才能帮助你在不幸来临之时有效应对。其中最重要的是要对那些不可避免的，或可能会发生的灾难做好心理准备。人们都应该清醒地认识到命运总是会无情地捉弄生活里的每一个人，你没有必要把这些强加给你的遭遇，如别人的欺骗或出卖、朋友和爱人的离世等阴影总是深深地印记在心，挥之不去。你要把自己的生活建立在一个永久的、有内在良好心理素质和有精神质量的基础之上，如美德、善良、仁慈、忠诚、追求真理和美好，这些才是让我们在这个"来去匆匆"的物质世界里得以存活的保障。尽管你积极上进，也计划着拥有一个美好的未来，并且从心底里相信它的到来，但同时，你还要从心里保持住平衡，要清楚地知道，人生总是短暂的，转瞬即逝，同时人生是美好的，也是有问题的。

总的来说，认知阶段的持续过程是相对短暂的，应该在数日之内迅速完成。关键是要尽可能做到快速接受已发生的悲剧现实，给大脑一个尽快适应的机会。这就需要你按照以下的方式去做："我没办法处理这种情况。我怎么可能让时间倒流？悲剧已经实实在在发生了，我能做的只是接受它并做到最好。"现实中有一种最糟糕的情况是最不可取的，就是持续否认已经发生的现实，总是逃避不去面对已经发生了的结果，这样做会给你的大脑找个理由，不去接受现实，大脑就会仍然顽固地保持在已不适合现实的原认知模式下运行，最终只是增加和持续了你的痛苦。

情绪化阶段（第二阶段）：情绪宣泄——最初的反应

在之前的章节中我们已经说过，人类不是机器，也不是电脑，不能在第一时间马上更改程序去面对灾难。对于人类来说，我们的大脑除了具有逻辑和理性思维系统，还深藏着一套与其他系统有链接，原始而相对落后的独立情感系统——大脑边缘系统（参见第五章的"大脑边缘系统——情感"一节）。这套相对独立的情感系统对我们人类来说很有价值，它能塑造和控制着我们的行为，能保证我们不需要学习做什么和怎么做也能生存下来。比如当你处于恋爱或开心的时候，大脑边缘系统就会活跃起来，因为这样一些美好重要的事情都是你希望和想要在生活中不断重复的，是你喜欢的。同样，当你面对重大灾难时，你的情感系统也会激动燃烧，因为灾难对你不利，会让你受到伤害，是你极不喜欢的，于是大脑边缘系统就召唤出难以置信的强大的思想情绪，像悲伤、愤怒、失落感、悲痛和麻木不仁等，至于会宣泄哪种情绪，这取决于灾难的性质。产生这些情绪的原因和目的是，你的大脑边缘系统希望未来能避免这些情况的再次发生。

在此阶段，是给个拥抱还是开始心理治疗？

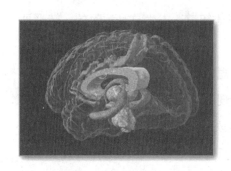

在情绪化阶段的早期，大脑边缘情感系统所产生的化学物质传遍并布满了你的大脑，在一定程度上影响了你逻辑思维的正常运转，中断了理性的思考。你的注意力全部转移，都集中在你的损失上，使你对生活因不再像从前而怨天尤人。实际上，你并不是被那极其悲惨的灾难所击垮，而是被由此产生的剧烈情绪所重创。在情绪化阶段的最初期，你需要做的很简单，就是找人来安慰你，找朋友倾诉和陪伴，理解事情的发生，以及得到他们的鼓励：你一切都会好起来的。

在这一阶段，你是情绪化的，所以你需要的是情感支持。

所以此时为你进行任何细致的心理治疗、分析和劝解都不能真正帮助到你，因为你的大脑边缘系统是独立于你的逻辑系统模块之外的，此阶段它又处于强势地位，大脑就很难逻辑地思考问题。这时给你做心理辅导，跟你讲道理，但就好像大腿受了伤，却包扎了胳膊一样，无济于事，而且会事与愿违。可惜人们常常不懂得这个道理，当你在此阶段悲痛难过时，他们都出于同情凑过来善意地给你出主意或者提建议。其实在这个时候你真正需要的只是一个深情的拥抱，因为它能使你感受到爱。此时你真正需要的是倾诉，是找一个耐心聆听你倾诉的人。你需要感受到被爱，需要有安全感，需要感觉到自己是一个有价值的人。

朋友

最有力、最有效果的情感支持是来自你的家人和要好的朋友，来自那些对你的痛苦真正感同身受的人，来自那些与你有福同享有难同当、肝胆相照的人，还来自那些有教养、有知识、有品德的人。他们能深深地感受到你的痛苦，就像自己的大脑边缘系统能感受到的一样，只有在这个层面上，才能最大限度地影响到你。生活中只有少数几个人才会与你有这样休戚与共的感情联系。这样高品质的朋友是一生最大的财富之一，这与你的生活快乐、寿命长久都有很大关系。如能建立这样深厚牢固的友谊，就像给你接种的疫苗里又添加了免疫辅助因子，你就能更好地应对生活中的各种挑战。

给大家看一个真实的案例，来了解朋友的真正含义。几年前，我遇到了我现在最好的朋友西蒙，那时在我的生活里我刚好摊上了一件我根本不希望看到却偏偏发生了的悲剧性事件。我坐在咖啡馆里与西蒙诉说我不幸遭遇的来龙去脉时，他脸上的表情无比悲伤。他深深地叹了一口气，眼泪从他的眼角慢慢流出。西蒙是一个非常坚强的小伙子，阳光、愉悦、有智慧，现在却感受到我的痛楚，好像发生在他的身上一样。他不需要说任何话，其实他当时也说不出话来了。他能真正地感受到我的痛楚，表现出真正的关爱。我知道，这绝不是演给我看的，也绝不是那种作为旁观者给予的遥不可及的"同情"，他就是为我难过，简直就是与我一道经历着痛苦。西蒙真是一个好人，让我体验到了什么叫贴心的感觉。虽然他一言不发，但我却真实地感受到了宽慰和帮助，感受到他好像在经历着我的痛苦。直到死，我也不会忘记那一刻。像这样真正的好朋友是我一生的无价之宝。

人为朋友舍命，人的爱心没有比这个大的。

——《约翰福音》，15：13

情绪化阶段的持续过程：

不像认知阶段很快就会过去，情绪化阶段的情绪宣泄初期要持续多久，情绪才能云开雾散取决于诸多因素。情绪宣泄的过程是受生理驱动的，起主要作用的是你的基因和过往的经历（"历史"）。这个过程有点像病毒感染，如果你染上了病毒再加上本来身体就虚弱，那么你就要花更长的时间去清除体内的病毒，恢复起来就慢一点；如果你身体很好，有强大的免疫系统，就会很快好起来。同样，如果你被一波未平一波又起的倒霉事情折腾得濒临崩溃、身体虚弱，说明你的"情感电池"已经耗尽，那么，你情绪的波动需要更长一段时间才能平息。还有一个因素也影响情绪恢复的长短，它就是你的基因。有的人天生大脑边缘系统就比其他人活跃。如果我们把一些极端的情况也考虑进去，一般说来，情绪宣泄初期的持续时间大约为数日或数周，但不会持续数月，更不会是数年。

我再进一步解释一下上述提到的，"情绪宣泄初期的持续时间大约为数日或数周，但不会持续数月，更不会是数年"这句话。我的意思不是说几周之后，你就不会再有任何悲伤或痛苦的感觉，当然还会有，而且过了许多年以后，当某件事情触动你时，那些悲伤往事仍会如潮水般涌出，像一张全彩照片历历在目。因为你毕竟经历过灾难带给你的痛苦，所以偶尔你还会有悲伤或者失望的感觉。但我想说作为剧烈情绪宣泄的这一表现，用几周的时间可以逐渐平复，而不是没完没了总在发泄。一般来讲，你的生活不会再让大脑边缘系统的原始情感所掌控，也不会摆脱不掉灾难带给你的痛苦。所以，不要把过多的时间花在对已过去了的痛苦往事的回忆上，应该有意识地去减少这些回忆，因为生活还在继续。与其束手无策地在不能自拔的悲伤情绪中度过，不如尽快地振作起来，想想你能拥有的积极美好的未来。

悲伤平息，印记仍在

如果灾难已经平息，你仍然任凭灾难所带给你的情绪化反应在脑海里来回打转，长期占据你思绪的一席之地，那你就会从此变得一蹶不振、浑浑噩噩，有可能无所事事地浪费了一生。我们举一个开车时险些出车祸的例子，来看看人的情绪反应过程。试想一下，如果你开车时突然一滑，差点跌入山谷，你会猛然一惊，心跳立即加速，全身一下虚弱无力，手不停地发抖。这是你大脑本能的应激反应，它在准备给肌肉提供充足的血液，以防止有什么严重的紧急情况发生伤害到身体。好在车祸并没有发生。慢慢地开远之后，你那急速的心跳和虚弱无力的身体才会慢慢平复下来。到了第二天早上，当你重新上路时，你的心跳肯定已经完全恢复了正常。

但是第二天，如果你不是像往常一样直接开车上路，而是坐在车里闭上眼睛，想象着一幅现场惨烈的画面：你的车从山谷边滑了下去，掉下山崖，你的脸被挡风玻璃撞得鲜血淋淋，那么你的心跳很可能又立马加速。这是因为你的思绪又再一次唤起了之前的情感反应并持续发酵，就好像是那起差点发生的悲剧又再次发生了一样。

生活中你遇到灾难时，也会出现同样的现象。灾难刚一降临时，都会有初期的情绪反应。正常情况下，这些反应会慢慢消失，你的大脑也会恢复到正常的平衡状态。但是如果这种情绪反应时间过长，你的精神和身体健康就会面临严重损害的危险。如果这样的情况真的持续发生，那么最终会出现严重的后果，因为这一类的情绪持续反应会引起大脑化学物质平衡状态的重大改变，而大脑的失衡状态又会导致身体的改变，它远比基因或饮食对你寿命带来的不良影响要大得多。

因此，当你的初期情绪反应消退后，应该做的最基本的事情是赶快停止对已经发生了的灾难没完没了的过度关注，把精力转移到你最现实的生活中来。当然，说得容易做起来难，其中一个解决办法就是读懂下面第三阶段的全部内容，按照所提供的办法来解决你的思虑过度。

理性阶段（第三阶段）

如果你曾经历过灾难的发生或者不公平的事情，你就会熟悉下面的情节：你的脑海里会像过电影一样一遍又一遍地回想着这一系列发生的事情，问题、愤怒、担心和挫败等，情绪也一遍又一遍跟着起伏，似乎你很难让你的思绪关闭。尽管这些思绪总是在脑海里不停地缠绕，你希望通过思考从中求解，但是你却似乎总也找不到任何解决的办法。

假如把你思考的所有事情都写下来，你会发现，你翻来覆去杂乱无序所思考的那些问题恐怕也就是如下这些：

> 我男朋友离开了我。
>
> 我再也找不到像他这么好的男朋友了。
>
> 我到底做错了什么？
>
> 我好孤独啊。
>
> 我再也找不到像他这么好的男朋友了。
>
> 这不公平啊。
>
> 他为什么会离开我？
>
> 我做错了什么？
>
> 这不公平。
>
> 我再也找不到像他这么好的男朋友了。
>
> ……

现在你看看上面列出的那些话，实际上可能只有五到六个不同的想法缠绕着你，但是看上去似乎有成百上千个，因为这些你忧虑的问题是从脑海里无序随机出现的，只是每次出现会有一点点不同而已。某种想法，它可能已经出现过四次，或许六次之多，但是大脑并没有保存，所以你觉得每次出现的想法都是一个"新"的问题，这样你就疲于应付没完没了的问题，被那些表面看似乱麻一样的烦事所压垮。但毫无疑问，其实只有那么几个有限的问题真正在你脑海里"折腾"，等待你去解决。

消除灾难所产生的持续影响，最根本的一步是要切断这一无休止重复出现的不良情绪的循环链，如不这样，重复的不良情绪只会耗尽你的情感并将情感宣泄初期阶段的持续时间拉得更长。下面介绍的方法和技巧将会帮助你打破这种不良循环。

你要做的第一件事是，将所有的想法都写出来并编好号码。你会发现同样的一个问题都会有三到四个不同的描述，只是表达方式稍微有点不同而已。将这些相似的描述合并成一个问题并在旁边编上相同的号码。整理完毕之后，你会惊奇地发现，"成堆"的问题最后只是四到五件没有解决的重要事情。试着去这样做吧！

另外，还有一点值得一提，在你把问题整理归纳并用号码编排好后，你会发现，大脑会自然而然冒出这样的问题：唉，又是第四号的想法！这个问题今天已经出现十五次了。这种简单的识别本身就有戏剧性效果，可以很好地帮助你去斩断灾难带来的不良影响，让你重新适应生活，继续前行。

紧接着你要做的，是试着找出每个反复困扰你情绪的问题的解决方案。假如，你发现你的男朋友背叛了你，那么一直在你脑海里反复出现的问题可能是：为什么他要这样对待我？（你可能把它编号为想法1）

当然，这有很多可能的答案，例如：

● 他是一个自私的人，以自我为中心，只顾自己的感受；

● 他缺乏道德观念或者没有行为准则；

- 他是一个很可怕、很下流的人；

- 他窝窝囊囊，总出纰漏；

- 他从没爱我。

上面这些想法，在你脑海里总是不断出现的原因是，你还没有找到问题的答案。大脑会不停地一遍又一遍思考这些问题直到找到答案为止。如果是这样的话，就用下面的方法来帮助大脑求解。假定他背叛你的原因是前面三条中的任意一条，但是你又不能确定的话，那么这时，不管实际上到底是这三条中的哪条原因，你都应该得出同一个结论：他不适合你，无论他是自私还是很令人讨厌，最佳的选择都是离开这家伙。不管怎样，都没有理由再让"为什么他要这样对待我"（想法1）这样的问题继续折磨自己了。你就想，这是结束这段感情的时候了，好让我的生活继续前行。然后划掉想法1，写下这样的结论：

"无论是什么原因，他都不适合做我男朋友。从长远考虑，就算暂时我会伤心，可离开他是我最好的选择。"

不管上述想法1在你脑海里是否再出现，现在，请跟着我，就是找个借口也要对自己说：

"啊！又是想法1。根本就不用再想了，不管是什么原因，离开他，我都会生活得更好。"如果你是这样做了，你就体会到这样能帮助你斩断总在脑海里缠绕的那些重复又毫无意义的情绪，并从没有丝毫益处的情感消耗中解脱出来。

然而，如果你觉得答案是想法1里的第五条"他从没爱过我"，那么你就需要扪心自问一下另一组性质不同的问题了：

- 我过去做错了什么事情吗？

- 我能改变自己的行为方式吗？

- 我从这段恋情中体会到了什么呢？

- 我要做什么才能改变现在的状况？

同样，你也要写下每个问题及答案。这样做会带来很大好处，能帮助你的大脑恢复逻辑思维判断，而正是运用你的逻辑思维让它成为主导，克服大脑边缘系统支配情感的肆意泛滥，最终能结束你受困于各种没完没了的问题之中而不能自拔的状态。这有点像你试着去解决一个复杂的数学难题一样。数学家从来不会一口气把所有计算的方程式都写出来，而是按逻辑演算一步步地写出计算步骤，然后得出最终结果，否则，他们的思维会迅速被涌现到大脑里的全部数学符号混淆并且会出错。

重点提示

为了阻止无意义的想法重复产生，必须按以下步骤去做：

● 找出并写下每个独立的想法；

● 一行行按次序写下这些想法并编号，归纳合并同类项；

● 在每个想法的下方，写出所有可能关联的答案；

● 对每一个想法做出最合适的结论；

● 不管什么时候冒出一个想法，都要与被编了号的想法对号入座，回忆和重复此处曾写的结论，这样你就不会再担心那个新冒出来的想法了，因为你之前已经有了结论。

进步阶段（第四阶段）

如果你能顺利度过第一至第三阶段的情绪变化并做出调整，那么，你就一定会取得进步并有所收获，这也正是这一阶段的自然结果。

预防接种：阻断助燃悲剧发生的氧气

如果回忆一下"从快乐的百岁老人那里得到的启示"那一节（第十六章），你会记起快乐的百岁老人有两个区别于普通人的重要特征：

对生活持外向开朗的态度

他们都真诚地关心他人，以积极向上和建设性的心态主动融入社会。

主动追求激情

他们都积极主动去追求做事情的真正激情。

以上两个特征都可以帮助解决灾难所带来的问题，这绝不是偶然的。因为它们都能将你的关注点从灾难上面移走，阻止你因悲剧的发生而处在非正常的困扰之中，起到平衡你生活的作用；同时它们还能帮助你终止本应渐渐消退的非理性情绪的继续存在。事实上，灾难带来的痛苦只有在你着意持续关注它时才能存在，就像人需要氧气才能维持生命一样。如果你过于关注灾难带来的痛苦，就会像给精神世界里长出的"肿瘤"加氧，助其生长，而长大的"肿瘤"就会慢慢地吞噬你的灵魂细胞。幸好人的大脑对周围的注意力是有限的，如果你能发现有其他事情更加重要，而且号召力更大，你就没有那个闲工夫再去过度关注痛苦了。另外，如果你能有外向型思维，并且你能真正在乎和关心你的家庭、朋友和日常生活，这样你就能很顺其自然地正确看待灾难及其所带来的一切。如果你把生活的社交圈再扩大，就像拉伸照相机的镜头一样，使自己的视野更宽广，你就可以上下打量，观察到生活中更多的细微之处看到整个人生更广阔的风景。

还记得本章一开始讨论过的"疫苗接种"吗？接种了"疫苗"，你就有可能在灾难来袭之前，具有了相应的抵御能力。有外向开朗的生活态度和对生活充满激情是另一种"疫苗接种"。但人很难瞬间就能打开外向开朗的生活态度的开关或瞬间"得到"真正的激情，特别是当你处在灾难之中，就更不太可能做到。对生活的激情和外向开朗的态度都需要精心培育许多年，才能逐渐成长并在你的灵魂深处扎根。很多情况下，激情都始于微小，随时间慢慢长大，就像一排树，只有它们都长高成荫，才能帮你遮风挡雨。

灾难的哲学——生活是不公平的

关于哲学有关问题的细节讨论详见《蚂蚁与法拉利》这本书，这里我只是介绍其中一个小的方面，因为它对帮助你克服和度过灾难，非常有实用价值。这里我们要讨论一个关于你是否笃信生活是公平的问题。

　　我们所遇到的各种事情常常是依照我们的预期和意愿来发生的吗？从一出生，我们的大脑就根深蒂固地被烙上了"生活应该是公平的"美好期待。我们被这样教育着：如果对手在桥牌比赛时作弊欺骗你，你就可以理直气壮地对他发怒，因为做事要公平；如果裁判不主持公道，做出了一个错误裁定把你罚出场外，你就可以向他提出强烈抗议，因为做事要公平。但生活不是游戏比赛，让人无奈的现实告诉我们，并不是每个人都能遵守公平规则。

从另一个角度我们还要说，全世界有几十亿的人口，不可能每个人都被允许按自己的意愿行事，假如真的允许每个人都想怎么样就怎么样的话，这个世界将永远不会有一个良好的总秩序。向往自由自在是每个人的本能，是无时无刻不存在的内心追求，这与人为谋划的各种限制和人为想象的常理格格不入。在那个命中注定的夜晚，当那个罪犯闯入山姆·谢泼德的家后，悲剧发生了，这与山姆没有丝毫因果关系，根本不是他的错，但那位杀人犯的确自由地行使了他自己的自由。这样的自由会让人们产生"为什么世界是这样不公平"的疑问：好人没好报，坏人却得意。埃莉诺·罗斯福总结了这些情况，说过一句精辟的至理名言：

　　如果你觉得生活是公平的，那么你是被严重地误导了。

　　　　　　——埃莉诺·罗斯福，美国第 32 任总统富兰克林·罗斯福之妻

　　除非你全部理解了"生活并不公平"的意思，否则你绝不可能安然度过生活中许多真正不可避免的灾难。到头来，你会陷入对不幸往事的反复回忆与思

考之中，并不停地问自己：为什么老天总把灾难降临到我身上？然后你又不停地回到同一个问题上，不断重复地思考，导致悲观情绪一直伴随着你（发生在第二阶段，甚至延续到第三阶段）。但是无论你自问多少次同样的问题，都是没有任何意义的，因为你想找到的那些所谓的答案、原因、理由可能都是不存在的。所有这些反反复复的过程最终只会导致你再愤怒、再受挫。这是一个很大也很重要的论题，为此我写了另外一本书《蚂蚁与法拉利》来加以说明。

灾难"牺牲品"与悲剧个人化

另外，如果你还不能接受"生活原本就是不公平的"这样一个现实，其后果是你会最终把问题个人化，成为灾难的"牺牲品"。如果我们总认为生活只有跟自己过不去，不公平的对待只是自己才有的，那么我们就很容易觉得是自己有什么问题，就会失去信心，很难做成什么事了。但是上天绝不是单一针对电影《亡命天涯》中的山姆·谢泼德个人的，更不是惩罚他个人。那不是他的错，而是那个到处流窜、随机破门作案的杀人犯所犯的错。不知什么时候，你也许也会碰到不幸的事件，但请记住，那不是你的错。

一个商业伙伴可能因为贪婪而把你的钱财"卷包烩"；男朋友也许对你不忠，没有比这个混蛋更自私的了，他不知道怎样好好地对待你，更不知道怎样经营爱情。对这些已发生的事情，你应该怎么看呢？你就把自己看作是一个无辜的人，抓到了别人的小辫子。或者把这些事看作只是随机出现的坎坷，是世事难料的偶然而已。当然，你也要从这些事情中学习，吸取教训，知道今后怎样更加明智地选择。

你的合伙人与你分道扬镳，开始与其他人合伙，这与你一点关系也没有，因为你没有任何"错"（虽然可能还是有的）。也许他们还这样认为，你是一个好人，但不是他们寻找的那个。还是那老句话，无论如何，这些都是生活的复杂、随机和变化万千使然。毕竟有的人喜欢莫扎特，另一部分人却由于工作生

厌而更喜欢弗雷迪·麦考利（皇后乐队主唱）。即便他俩都早已离世，可他们的
作品还是会被当今的某些歌迷所青睐。毕竟"萝卜白菜，各有所爱"嘛。这个
世界上也许还有人像你喜欢某个歌星一样喜欢着你呢。

**生活就是我们经历过的一切全部复合在一起的过程，人们的失败在于总希
望选择在一种状态下度过此生。这未尝不是一种死亡。**

——阿娜伊丝·宁，世界最著名的女性日记小说家、西班牙舞蹈家，被誉
为现代西方女性文学的开创者

如果对这种自然而然、随机出现的情况，你仅凭着个人对生活的偏好和
经验去解释它的发生，你就会把所有原因统统都归咎于自己，认为都是自己
的错，那么，生活中的很多事也会跟着发生螺旋式快速倒退。你只要一做事，
就肯定会底气不足，就在削弱和否定自己的价值和生存的意义。它一定会激
活你的大脑边缘系统，让你产生大量的如同进入黑暗时所产生的情感知觉一
样，感到惊恐、郁闷和害怕。因此，当你面对灾难或生活的不如意时，很重
要的一件事是你要学会识别哪些部分是内在的、你不能预料到的、你掌控不
了的，哪些是宏观的、外在的、是你能掌控的。不然的话，一旦事情发展到
无法解决的地步，后果就无法挽回。如果真的到了这个地步，你的一生实际
上都与灾难捆绑在一起，情感将被逐渐消耗，你变得麻木不仁，最终你连最

基本的什么是不可解决的事情也都分辨不出来了。正是因为那个流浪汉的随意，才恰好发生了那起不该发生的惨案，所以无论怎么痛苦煎熬，山姆·谢泼德也不再去纠结为什么那个流浪汉要杀他的妻子。这种态度和做法是明智的，对他来说是很有帮助的。下文所描述的是在我们生活中所出现的一些偶然和不公平事情的例子。

水手

我们每个人都可以把自己比喻成生活中的水手，在生命的海洋里漂泊。可以肯定地说，水手的航海技术越好，对将会出现的各种情况准备得越充分，每次航海活着归来的几率也就越大。但是即便是最厉害的水手，也随时有可能被变幻莫测的惊涛骇浪无情吞没，这就是大海的本性。统计法则告诉我们，航海的次数越多，海上生活的阅历越丰富，碰到那种不期而遇的恶劣天气的机会就越大。但与此同时，我们出海的次数越多，发现新岛屿的机会就越大；对自己能力的认识越透彻，对船只性能就越了解。每次经历都能提高我们的驾驭能力，知道怎样正确处理各种突发情况。所以，我们必须专注于自己的航海技能和出海准备，必须学会如何乘风破浪。那种一遇到狂风巨浪就对着大海愤怒咆哮的做法是毫无意义的。

祸兮福所倚

我的好朋友安德鲁的漂亮宝贝女儿在经受了漫长痛苦的脑癌折磨之后，在花样般的年华遗憾地离开了人世，女儿的离去给安德鲁带来了人生巨大的悲伤和痛苦。孩子去世五年后，我在伦敦遇到了安德鲁，并与他一起在伊顿镇的街道散步，他告诉我，在他女儿刚刚离世的那一段时间里，他悲痛欲绝的心情是用任何语言都无法形容的，即便是诗歌和音乐都无法描述他一家人的绝望，也无法表达对女儿的无限思念。尽管他是一名牧师，以前主持过很多次的葬礼，但那一次太不一样了，那可是他自己的亲生女儿啊。他经历过了现实的残酷、真实和无情，也体会到了什么叫痛彻心脾。好在他有一个很好的大脑边缘系统，能很好地挽住情感的波澜，让他将注意力转移到自己生活的正常轨道上来。

还有，当他从女儿离世的阴影中走出来之后，安德鲁说他也收获了一些珍贵的东西。谁也不愿意遭遇悲剧，但正是如此，他才真正经历了挚爱和绝望、希望和愤怒交织在一起的最本真的生活形态。在那之前，这些情感对他来说更多的是抽象的想象。这些感受只能从别人的感受或者书中所写了解一二。虽然安德鲁的生活经历丰富，游历了世界各地，也经历过许多冒险，但这一次女儿的去世却从根本上改变了他。他自己第一次觉得自己真正地觉醒了，他变得更加善良、热情、可爱，特别珍惜每一天、每一分钟。他接触到的每个人对他来说都是那么弥足珍贵、那么不可多得，他更加珍惜人与人之间的缘分。他不再会想当然地草率行事了。他认识到一切事物、人和生活都会转瞬即逝，所以要学会去品尝它、享受它。从此，他的生活重获新的能量和活力。

安德鲁的经历是一个克服悲伤情绪的生动案例。它告诉我们战胜灾难的关键不是活着，而是要敢于接受生活所给予你的一切，接受不公，并把这些经历和经验看成是自己从中得到的收益。如何能做到这些、如何能克服所有的逆境，请见第二十七章"外公的小屋"，那里我将向你讲述关于我个人的真实案例，会对你有所帮助。

季节变换的生活

生活中的一个必然规律就是改变，就像四季变换一样①，所以你的生活也会有很多的不同阶段。让自己保持快乐无比，又平静深沉的秘诀之一就是学会细细品味季节变换带来的所有不同的味道，当生活的下一个阶段来临时，能微笑着对过去说再见。

----

　① 　请结合中国的《易经》思考更有意思。——译者注

　　不管你如何努力锻炼，年轻时那种赛场上勇得第一的健壮体魄，和那种天真无邪、七个不含糊八个不在乎的气盛劲头，也会随时间不可避免地慢慢逝去。这是人体正常的生理现象和生命规律，大可不必感到惋惜，因为你已经拥有了一段美好快乐的年轻时光，而且以此为基础，让你的下一段人生将更具珍贵的智慧、才略、知识和成年人的魅力。

　　"季节变换的生活"，这个概念也能帮助你应对灾难。比如，一位女士的丈夫因心脏病突发过世了。不可否认，丈夫的突然过世对她是一个巨大的打击和难以估量的损失，对她来说，世上再没有什么能替代她丈夫的了。但是，在许多案例中，守寡的妻子勇敢地学会了面对艰难困苦依然前行，学会了如何重建自己的生活，在没有丈夫的日子里，依然能有同样丰富多彩的生活。突如其来的空虚和寂寞可能会激励她继续追求新的目标和梦想，不然，她将在不变中永远倒下。她进入了人生独立和获取成就的"新季节"，虽然这与过去有所不同，但同样出彩。这里最大的困难是如何能学会走出过去寒冷的冬天，拥抱春风又绿、季节变换的新生活。

　　凡事都有定期，天下万务都有定时。生有时，死有时；栽种有时，拔出所栽种的也有时；杀戮有时，医治有时；拆毁有时，建造有时；哭有时，笑有时；哀恸有时，跳舞有时；抛掷石头有时，堆聚石头有时；怀抱有时，不怀抱有时；寻找有时，失落有时；保守有时，舍弃有时；撕裂有时，缝补有时；静默有时，言语有时；喜爱有时，恨恶有时；争战有时，和好有时。这样看来，作事的人在他的劳碌上有什么益处呢？我见神叫世人劳苦，使他们在其中受经练。

——《传道书》，3：1－10

第十七章

像管理公司一样管理自己

到现在，你的《赢者私人定制练习册》应该已经快要被各种笔记、表格和图片填满了。但我想为你的《赢者私人定制练习册》的最终总体框架如何安排和组织提些建议，这样你每天早上看自己的《赢者私人定制练习册》时，就会更加有效率并且保证你能在自我提升过程中不会漏掉关键要点。

　　这里介绍的是我个人的方法，用这种方式我对职业运动员们所制定的《赢者私人定制练习册》的内容进行调整归类，使其结构化。我让他们把自己想象成商人，如果自己有一个多部门的公司，应该怎么架构和管理。例如，一位运动员的名字叫"艾尔登·塞纳"，那么，我就会让他想象他有一个用自己名字命名的"艾尔登·塞纳公司"，然后让他思考如何让所有的部门都运作起来，使公司生意兴隆。还以这位艾尔登·塞纳为例，他的"生意"是取得 F1 世界冠军。但如果在架构和管理中只写几句话，就会漏掉应该如何去赢得冠军的具体细节，这就相当于把"微软公司"简单地叫作"卖软件的"。可是微软公司的使命使它不仅要组建一个销售部，而且还要组建其他许多部门才能完成任务，如程序设计部、研发部、市场部、人力资源部、财务部和法律事务部等等。每个部门对于微软能否在开发销售方面取得成功都是十分重要的，任何一个部门的乏力或落后都会导致整个公司受挫。这就是许多运动员出问题的地方，他们经常把注意力过度集中在跑步或跳高比赛得金牌的最终目标上，却忽略了他们自己公司所有部门的整体运作，而在保证赢得奖杯的目标上，每个部门都是同等重要的。

个人职业思维导图

　　有一个问题我一定会问每一个运动选手的，那就是问他们的职业优势是什么。他们基本上都是"游得比别人快"、"开得快"之类的回答。他们中的很多人都认为，他们在职业生涯中真正想要的是，压力不要太多，也不要太少，刚好就好。接着，当我问他们怎样保证自己能比别人游得快时，他们就得思考一会儿了，然后回答说是通过体能训练，具体一点就是通过增加训练负荷和时间等。我发现，他们的确也获得了不少成功，但直到现在他们也没有深刻思考过如何让自己获得职业成功的更多问题。因此，我给他们画了一张表，以赛车手为例，如下图所示：

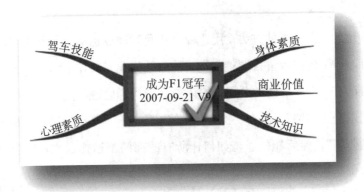

诚然，作为运动员，他们的确需要有超强的技术和健硕的身体作强有力的支撑，但是要达到职业顶尖水平，这还远远不够。

另外，作为赛车运动员，他们还必须扩充大量的有关车辆维修技术的知识，以便将赛车受损的信息准确地反馈给赛车工程师；还需要学会动手维修各种车辆，操作汽车悬挂系统和绘制发动机的机械图等。如果不懂这些知识，工程师就不能保证赛车在行驶时保持良好的状态。这就意味着，不管他的驾车技术有多好，能开得有多快，他也不可能击败其他将车保持在完美状态的赛车手。此外，他们还需要考虑广告赞助商的商业利益，因为赛车是个烧钱的买卖，还得要为赞助商站台或参加相关活动，所以他们必须具有公开演讲的技巧和表现力，还要与他们的财务经理和媒体人建立牢固的关系等等。总而言之，你可以看到，作为一名赛车手，要达到职业高水平，仅凭"开得比别人快"是不够的。

对于一名职业赛车手来说，开车就如同经商做生意，而他"生意"的每个"部门"都有哪些工作要做呢？我做了一个较为复杂的树状思维导图，如下图所示。

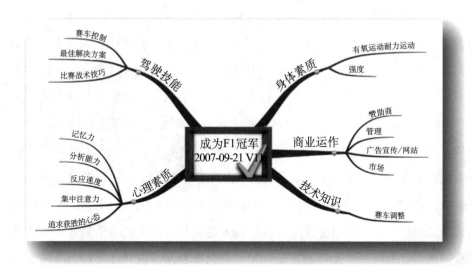

当然作为读者，你并不需要知道关于赛车手面对的全部具体问题。上图只是一个例子，我的目的是想让你从中看到如何编排你自己职业的整体架构和工作流程。你需要把你自己设计的个人职业思维导图放在《赢者私人定制练习册》里，帮助你管理和经营好你的职业。

我做的这张思维导图的作用，是保证每天早晨运动员起床后能迅速对照这张图检查是不是每一项中的内容昨天都做到了，今天要做什么。一张思维导图能覆盖和关联所有的要点，让运动员能在数秒之内就了解自己一天要做的事情，不会漏掉任何重要的事情。按照上述方式坚持数周后，他们都会跟我说，他们觉得很吃惊，发现了很多自己应该注意但从没有特意关注的问题。而在这之前，正是这些不曾注意到的小细节和小问题，使他们偏离了方向，糊里糊涂地做着徒劳的事情，占用了自己有限的时间。

你生活中的思维导图

现在需要你将个人职业"思维导图"扩展应用到你的整个生活中去。在生活的轨迹中不仅仅只是有一个职业或者是赢得一场比赛，一个真正赢者的生活应该是丰富多彩的，从娱乐、交友和各种爱好中获得快乐和满足。但问题是，我们常常不想花太多的时间和精力，投身于"非职业"的事情上，因为生活中我们往往遵循"会哭的孩子有奶吃"的原则，那些"非职业"的事情不像"正式职业"那样总在"大喊大叫"召唤我们，所以总认为"非职业"的事情不是"最紧急的"而有所忽略。我们还认为，生意或体育赛事上的工作常常都有截止日期，如果我们不在限定的时间内完成规定的任务，其结果是不言而喻的。但是我们的个人生活并非如此（至少短期之内没有什么不良结果）。这就是我们为什么总让职业工作轻易挤掉个人生活的原因。如果我们每天早上花上半分钟的时间来提醒自己，让所有要做的事情都成为生活中真正有价值的部分，这样我们就能把自己的时间分配得更宽裕，而不是只围着某一件"催得最急"的事团团转。你生活的思维导图正好可以帮助你合理安排好你的生活和时间。

做生意也好，运动赛事也好，在任何有风险的职业中，要想维持事业巅峰期长久不衰的最好办法，是把个人的生活保持在平衡的状态。而生活思维导图的作用正在于此。过分地强调工作，花太多的时间用于工作需要的社交和应酬上，长期如此下去，反而会让生活变得枯燥乏味，而且会将人体的能量电池耗尽，导致体虚力单，甚至病魔缠身。如果一位赛车手生活的全部只有比赛的话，那么他所有的开心快乐都取决于每周的比赛是否能赢。如果周日的比赛输掉了的话，他就会完全否定自己的价值和快乐。这样长期起起伏伏的输赢感受，会对他造成严重的伤害，除非能有其他的快乐来弥补赛车带来的单一满足的失衡。但除了赛车之外，如果赛车手有更多其他的兴趣爱好，那么，这些就像在他的生活中加了缓冲剂，起到稳定与平衡生活的作用。赛车手是这样，你也是一样。

创建个人生活的思维导图

现在，花点时间，让我们来开始创建反映你全部生活的思维导图吧。如果你没有发现更好的思考方式或手段的话，下图的内容将给你启发，用这种模板你可以写下你所需要的内容。构建你个人的生活思维导图，制作时特别要注意的是，不要只是把思维"树干"仅向外延续到两级水平，你要继续扩展枝干，延伸到三级、四级或者更多，以此保证你能抓住自己生活中所有必要的细节，以便更好地浏览和管理自己的生活。

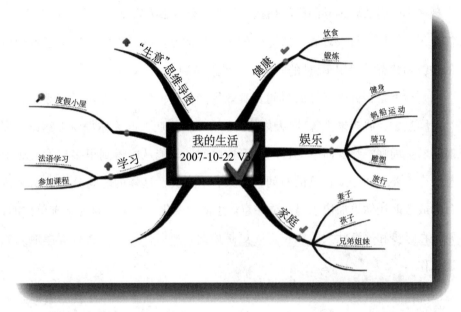

　　你可以在一张纸上先草拟一个框架图，也可以使用 PPT 模板或者找到专业思维导图模板如 mindjet（www. mindjet. com）来制作。也可登录本书网站，在工具中查找。思维导图模板有很多好处，比如方便升级、方便放大或缩小分支图、可以隐藏任意级层，还可以链接各个文本框和添加日期等。制作好后，你要将这张图贴在你的《赢者私人定制练习册》的首页，这样当你每天早晨查看你的《赢者私人定制练习册》时第一眼就能看到它。查看这张图，可以帮助确定你是否将自己宝贵的时间、精力、情绪都合理分配到了每件事情上，以保证你每天处在一个恰当的平衡状态。当个人生活思维导图出现在你的《赢者私人定制练习册》首页后，你要将之前已写好的所有有关《赢者私人定制练习册》的内容，根据思维导图中的顺序，做一次重新整理和排列。

每天早晨如何使用你的生活思维导图

现在你的生活思维导图已经贴在了你的《赢者私人定制练习册》的首页上，你需要每天使用、每天查看。这样做的主要目的是，帮助你每天快速了解你生活的全貌和状态。仅用 15 秒的时间，你就能做到：

（1）检查是否分配了你的时间及其效果如何。你做检查所采用的最好方法是"回顾过去，展望未来"。昨天你的时间分配合理吗？昨天你每项工作花了多长时间？上周呢？只要简单地自问一下这些问题就能从中得到很多启发。然后再想想今天要怎样分配自己的时间，明天、下周呢？这样的时间分配能帮你达到目标或者能让你更加快乐吗？请注意，生活的变化一般是以周为基础单位的，特别是在进步和逐渐壮大的成长期间更是如此，所以你每天需要有规律地完成上述工作。

（2）检查你有没有忽略掉哪些重要的方面或事情。要知道，有些事情看上去很紧急，其实没那么重要。紧急不代表重要。

（3）检查你的生活有没有需要更新的地方。

当你看着生活思维导图中的每项内容，思考着上述三个问题时，你会欣慰地发现，你所做的这些都是在为你生活的每一天做着巧妙精细的调整，你的生活在改变，当然是越来越好的改变。

《赢者私人定制练习册》内容清单

在《赢者思维》一书配套的中英文网站的工具栏里，你会看到一个文件模板，上面列出了《赢者私人定制练习册》最基础的组成内容。以下是《赢者私人定制练习册》中你要完成的主要内容清单：

　　（1）个人生活思维导图；（2）家人或朋友的照片；（3）物质目标的图片；（4）个人职业生涯目标；（5）个人发展目标；（6）我心中崇拜的偶像和伟人；（7）我的优势和弱点；（8）我坚定不移的信念；（9）把握当下；（10）个人生活中的车轮；（11）我的幸福生活；（12）我的内在驱动力；（13）诗歌。

第十八章

重在行动

我无须过于强调这章有多么重要。学习再多也不如动一动。的确，能否正确应用你的《赢者私人定制练习册》，是你能不能最终实现理想未来最重要的因素。

　　在长期工作中，我注意到那些能够行动起来，正确使用《赢者私人定制练习册》的人，他们都在生活中取得了最大化的收获，这是毫无疑问的。即便你做出了全世界最好的《赢者私人定制练习册》，却放在柜子里不去应用，只是在需要炫耀一下时才拿出来翻弄一下，这是没有一点用处的。下面是一位非常成功的女商人主动写给我的电子邮件，她就抓住了如何使用《赢者私人定制练习册》的要点。阅读下面这封邮件，看看你能否找到她成功的关键所在，我将在本章的结尾做出总结。你可以先看看自己能找到多少。

一封主动反馈的邮件

克里：

您好！我打字不好，写得也很凌乱，希望您不要介意。您不需要回复我，我只是想与您交流一下而已。

我只是想告诉您，您的书——《赢者思维》，我越读越觉得句句是真理。我就是您书中的鲜活例子，我应用了您用在精英运动员身上的思维和思想工具，我的生活在几个月的时间内就发生了改变。您的书与其他的那些近似疯狂的自我激励书籍完全不一样，那些书总是许诺一些离谱的改变，而没有教我具体怎么去做。现在我的心理素质和体能每天都有改变。现向您举几个我休假回来后工作上发生的改变：

（1）工作表现太棒了，公司总裁和副总裁都这样评价我（仅在结束休假后两周）。我提出了一些创新想法，其中一个已经被公司广泛实施。

（2）我在 12 月份的一次活动中被一位刚认识的朋友邀请到美国顶尖大学做演讲。所有的食宿、交通费用都由对方负责，同时还付给我不菲的报酬。

（3）我自己另外做的两个咨询项目也开始有了起色。其中有一个项目还有望被一家电视网络公司在 2009 年的秋天收购。

（4）我每天都阅读自己的《赢者私人定制练习册》!!! 每天早上起来第一件事就是翻看它，好确定现在需要做的最重要的事情在哪页哪部分。随着时间的延续，我越来越觉得需要新增一些内容，删掉一些内容，添加新的名人名言，把图片换掉，等等，简直太疯狂了！我有一个信封，里面装着我新增加的内容。我已经更换了灵魂导师那页，又重新排列了目标那页，增加了一张圣诞节我跟男友的合照，我们又和好了。我很爱他，他也很爱我。

（5）关于照片：我的《赢者私人定制练习册》的封面上的照片是一年前拍的，那时我穿着一件灰色的毛衣……体重超重20磅。我想换一张新的照片，印证我的改变，所以在度假之前，我请我的专业摄影师朋友帮我拍了一些照片，当她拿照片给我看时，我眼泪都快流出来了，太幸福了！瘦了20磅，这可是我更有自信的版本！

（6）从休假结束开始，我每天基本都扔掉一些旧衣服、不用的杂物，以前房间里到处都是这些东西。

（7）我的创新思维、我的边缘系统、我的右脑……我一直都知道自己很有创造力，但以前肯定都被埋没了。因此，我使用《赢者私人定制练习册》强制自己又回到了喜欢做手工的儿童时代，剪裁、和泥巴、组装，感觉自己在将艺术和手工制作进行融合，创作作品。然后我又做了一个超级棒的卡片，把男朋友喜欢的照片、名人名言等都放在了上面。他很喜欢我的杰作，然后告诉了他的妈妈我的艺术特长（之前我还不知道），后来在圣诞节的时候他的妈妈送给了我一组漂亮的木画架、画布和一套颜料。这样，我的艺术之旅又重新起航了，我在家附近找到了一个绘画培训班。另外在我做室内大扫除时，意外发现了我妈妈穿过的一件旧T恤，这是我仅有的一件妈妈的衣服，其他的不是扔了就是卖了。这件衣服是我妈妈以前画画时常穿的，上面尽是颜料印，但不难看，扣角领，淡绿色，是上世纪70年代的款式……我的妈妈是一名教师，她也手工雕刻一些作品然后在上面着色，这些手工作品常常作为礼物送给一些人，如我的姨妈、外公外婆，还有她的朋友们……从来不卖。然而那些画画得太好了，很多人都去找我姨妈来买画……我妈妈从来没有完整地开发过她的艺术才能……但是，我觉得我要开发我自己的特长，而且我打算第一次正式开始画画时穿上妈妈的那件满是颜料斑印的旧T恤。

（8）每天早上，我都要读一读自己的《赢者私人定制练习册》，我还会不时地读一读从别的书籍中看到的几个积极的经典句子。我在做日常工作、思考和进行祷告时都会播放和您给我的那张 CD 差不多的曲子，做瑜伽、其他有氧运动时也是如此。我认为，持续地每天做这些事情已经让我的生活有了不一样的改变。坚持不懈让生活变得有所不同。

克里，我对您感激不尽，您让我看到自己的内心、隐藏在深处的东西。减去 20 磅的赘肉，以前只是一笑置之，现在已经有了事实的证明……肯定地说，我再一次感到了自由……我不担心我的成绩会有反复，因为我知道了如何阻止自己回到原点，我也学会了不再原地打转。只有在行动和不断实践中我才真正认识到了这些，懂得了在学习和成长的过程中与他人分享。

祝好！

黛比

你获得了哪些启示

你找到黛比的《赢者私人定制练习册》使她有所收获的关键点了吗？她的要点应该是：

（1）坚持不懈。

最最关键的是她每天都使用《赢者私人定制练习册》！就像她说的，坚持不懈是关键。为什么呢？因为只有坚持不懈才能逐渐地让你的大脑重建神经回路。这与任何一项运动训练都是一个道理。例如，如果你每年只去滑一次雪，你肯定没有进步。但是如果你连续 12 天都在滑雪场的坡道上练习的话，那就一定会有很大的进步，因为人的大脑有这样一个特征，就是在扰乱和更改原有的神经回路之前，需要通过日常不断、长时间和有规律的刺激才能建立一项新的程序。

只有规律地、重复地加强和巩固你新得到的信息，你才能让新建立的神经回路靠前显现，发挥主导地位，而原有的神经回路才能退隐其后。因此，你必须每天使用你的《赢者私人定制练习册》。

（2）更新并充满生机。

请注意在她的成长过程中，她的《赢者私人定制练习册》的内容是怎样变化的。她的脑子里有一大堆新想法，不时就冒出来一个，多到她要单独找个信封把这些想法装起来。她拼命地去想新主意，有些想法还是真挺奇怪的，但她乐于接受也享受这些新想法的出现。这些对于她来说就是真正的兴趣所在，她感觉什么事情都像新的一样，就像她又开始了画画那样。这就是为什么她从不厌倦自己的《赢者私人定制练习册》，并且经常进行更新的原因。你也能每天使用它，因为总会有新的想法、新的改变出现。一般一周或者最多一个月后，你的《赢者私人定制练习册》就会成为一本新书。

（3）每天只看几页。

她每天并不是一口气把她的整个《赢者私人定制练习册》从头看到尾的，往往当天计划要做的事情，恰好是眼前所翻看的那几页重要内容。也许这是一种超自然现象，你的潜意识似乎能知道每天你需要看哪些内容，然后自动停止。所以，每天早上只需要花几分钟阅读那些实用部分即可，不必浪费太多时间。

（4）与她的情感强化 CD 碟联合使用。

从她的电子邮件可以看出，她阅读本书后确实做了很充分的功课，她找出了自己的优缺点，并将这些列在自己的《赢者私人定制练习册》里。她将优缺点列表与自己量身定制的情感强化 CD 碟结合在一起，帮助她与大脑的感情中枢系统建立联系。使用形象化集中凝视技术，在阅读《赢者私人定制练习册》、参考思维导图的同时播放 CD 碟，这一招对她起了重要作用。

（5）重在行动。

这位女商人已经取得了成功，这是她的个性使然。从她的回信中你可以看出，她在应用书里的一些思想工具时，一个坚定不移的信念已经开始在她的内心生根。之后她重在行动，积极地落实自己写在纸上的内容，并在落实行动中获得了勇气，她没有那些"继续向前"一类的空洞口号，而是在她不断有所变化的同时，不断地更新自己的《赢者私人定制练习册》。

如果你能像黛比一样一步步地去落实、去实践，你也同样会获得巨大改变。

重在实践，但何时开始行动就在于你自己了。

第十九章

开始于结束

这不是结束的开始，这只是开始于结束。

——前英国首相温斯顿·丘吉尔

到现在为止，我已向你介绍了如何取得进步以及要想成为赢者所应使用的工具和方法。现在还是暂时休息一下，放轻地阅读下面的故事吧，然后我们一起再来回顾一下什么是真正的赢者，对这一问题，看看是否能从下面的阅读中获得一些启迪。

拥有亿万财富的赛车队老板

很久以前，有一支 F1 赛车队为了备战澳大利亚国际汽车大奖赛而让我去面试。我的一套将数学和神经学结合在一起应用于汽车比赛的独特技术引起了他们的好奇。当我到达面试现场时，车队的老板、行政主管、工程师、设计师等大大小小十二位决策者们身着正装，已经坐在会议室的皮椅上等着我了。面试还算进行得顺利，他们问了我关于怎样帮助他们处理特殊的应急情况等一大堆问题，我也做了相应的回答。这样来来回回大概持续了二十多分钟，车队老板这才突然打断了我们，开始说话："那你说你值多少钱？"我吓了一跳，回答说我不知道他这句话是什么意思，是问我能给他的车队带来多少收益，还是为他们工作，我要收取多少费用？

他说："都不是，我是问银行里你有多少存款？"我更迷惑了，说，我还是不能肯定你到底要问什么。他说："不是明摆着的吗？衡量一个人有多成功就看他银行里有多少存款。那你值多少钱？"

我思考了一会儿，回答道："我想爱因斯坦不会每天早晨醒来后就数他的

钱。他衡量自己生活中'成功'的价值，是发现出多少宇宙运行的规律，是宇宙规律的发现给这个世界上每一个人的生活带来的改变；我不认为列奥纳多·达·芬奇临死之前还躺在床上数他有多少钱，我想他挂念的是让他足以骄傲和满足并灵动记录生活的画作；我确信甘地关心的是数千万民众的生命与疾苦，而不是他几乎从没贪图和享受到的物质资产。如果你的车手都用金钱来衡量自己的话，那么，对不起，我不是你们要找的人。"

　　我起身，对自己提前结束面试表示抱歉，然后返回了新西兰。

　　　　　　在返程的飞机上，我思考着面试时那个耐人寻味的问题。那个车队老板真的相信一个人的价值能简单地仅仅用金钱、物质资产和获得多少奖杯来衡量吗？乍一想，这个言论似乎很荒唐，但是我越想越觉得这正是现代西方社会不言而喻的真实理念，只是没有谁敢像这位车队老板一样这么勇敢地、直率地、赤裸裸地表达出来。

外在物质的成功

西方资本主义国家，靠资本驱动。对资本的诠释是取得成功，是赢得更多的奖杯，是生意发展的阶梯，是赚更多的金钱和拥有更多的财产。没准儿，这可能也是你买这本书的部分原因。这些价值观隐藏在每一个商业广告之中，那些广告试图介绍花样翻新的产品或服务吸引你购买；与此同时又花大量时间把拜金、崇拜外表等观念潜移默化地灌输给我们的孩子，并伴随孩子们的成长，这比父母和老师的教导感化要大得多。我们都把著名运动员和电视明星当作偶像来疯狂崇拜，甘愿成为明星们的忠实粉丝，明星们走到哪儿就跟到哪儿，这恐怕多半是因为我们看中了他们的高颜值和羡慕他们成功赢得的财富。的确，他们都是资本运作的成功者，都达到了拥有资本的顶峰，他们生活在上层，有名望，有成堆的金钱，有好车，有别墅。然而，在我看来，他们当中有些人与寓言故事《皇帝的新衣》里所描述的皇帝有点儿相似，外表一点儿也不美，还赤裸着身子，特别是内在没有灵魂，不会有长久的发展。我们其实是被那些夸大的宣传给洗了脑，欺骗了，但却还没意识到。

谁还知道波菲利

我们再想一想这样一个问题，我曾说过，如果某一个很著名的运动员在他的整体大目标的计划实施中，偶尔输掉一场比赛，这对他来讲无关紧要，但很明显，另一位运动员就必须要赢得比赛才能出名。运动比赛的竞技场就好像是一条制造冠冕英雄的循环流水线，这里不重视制造出来的个体是谁，因为世界绝不会因这些冠军的姓氏、长相而发生改变。

世界上最知名的运动员之一波菲利，不知是否还被世人记起，他是一名伟大的战车赛车手。古罗马时期，他的名望极高，曾吸引超过 25 万人前来观看他的比赛。那个年代，没有汽车、火车，也没有电视和广播，他的名声都是靠人们口口相传而来的。人们步行或者骑马数日，只为一睹他的风采。在古罗马那个时代，25万人可是一个庞大的数字，相当于现在3 000万人在现场一起观看老虎伍兹的开球。可是，现在谁还听说过波菲利其人？他的名字早已被世人忘却，他当时的影响力并没有持续。我不怀疑他曾是一位震惊四座的伟大运动员，也充分相信他的勇敢、技巧和耀武扬威曾倾倒大片热血沸腾的观众。但说到底，这些炫耀根本什么也不是。可我们看看苏格拉底，曾与波菲利呼吸在同一蓝天之下，其盛名却永世流传。再看看甘地，也是精神永存。比较这些伟人们的自身价值和对人类的贡献，我们现代人确实将一些演艺明星、商业大亨、著名运动员和各类名人追捧得近于极端，近似疯狂。

当然，本章前面出现的那位拥有亿万身价的车队老板，我们应该为他所经营的车队的现代规模和打造出的赛车队的战绩而感到骄傲。他确实做得非常好，跟波菲利一样，仅凭这些就应该值得喝彩。但是除了改进风管排气量、发动机热压器和获得奖杯奖金之外，他所经营的"王国"真正为人类做出了多大贡献呢？你觉得现代的F1比赛与20世纪70年代相比更好看、更精彩纷呈吗？尽管现代赛车速度已经有了空前的提高，但观众还是对赛事褒贬不一，产生热议甚至争执（比如英国的古德伍德使用上世纪60～70年代的车进行比赛，引来热议）。现代汽车大奖赛虽然奖金丰厚，吸引人的眼球，但其本身的趣味性、观赏性以及宏大场面远远比不上之前。从 20 世纪 60 年代开始，由于数十亿美金和数百万人工的投入，确实提高了赛车速度，但却没有提升赛车给人们带来的乐趣。而我们仰望另一群伟人：苏格拉底、甘地、马丁·路德·金等，他们对人类的贡献却能流芳百世。同样，一位外科医生、一位普通的社会工作者，他们挽回患者的宝贵生命所积累的经验，也都成为人类的宝贵遗产。

内在美

我们再回到那位 F1 赛车队老板的话题。他只看到了一个人成功的外在目标和标准，却没有看到人的更深层的内在发展。而二者都很重要，缺一不可，不能偏好任何一方。在企业和商业领域成功的商人和运动冠军们都是值得尊重的，无论在哪个领域所做的努力和取得的成功都是十分不容易的。但是，我们不能忘记还有很多人，他们像所有 F1 世界冠军一样努力地工作、细细地打磨自己的技能，他们同样在改变着世界，却没有获得任何名誉和金钱收益。对于我来说，他们才是真正的世界冠军。

人类天生会通过一些表面现象对事物做出初步判断。我们人类淳朴的动物本性让我们通过外貌来评价女人，让我们通过事业成功与否来评价男人，特别是崇尚自由的现代更是如此。但只有先进的和有智慧的人才能超越自己的本能，从内到外全面地看待和评价他人。一个以自我为中心、走着猫步的女皇，傲慢地对她飞机上的空乘人员百般刁难，或卑鄙地将手机扔到别人头上，这样的女人无论从内在还是外在我们都应该把她列入不具备吸引力的那类。这样的人根本不应当得到赞赏，我们更不能容忍她像名人那样受到优待。但问题是，现代资本主义社会把我们训练得习惯于戴着有色眼镜从外部来审视和评价他人，这就是完完全全的消费主义观念。像所有的物质都会慢慢地破灭，表面的东西也不可能持久。人的内在美才是真正的美，灵魂纯美比什么都重要。这个结论，让我想起了我的另一位好朋友唐·奥利弗的生活。

一位高大的人

唐·奥利弗先生是一位很高大的人，他的手掌有棒球手套那么大。他在新西兰连续十年获得了重量级举重冠军，同时也斩获了无数国际大赛的冠军和金牌。他还是一个很成功的商人，拥有好几家很豪华的健身房。虽然他很有力气，体格看上去也很棒，但是他却在鼎盛时期罹患了胰腺癌。他的葬礼盛大，宽大的纪念堂里，前来悼念的人群络绎不绝，很多人只能挤在停车场和路边，聆听高音喇叭传出的活动安排。各种悼词中几乎没有人提到他获得的任何冠军名号，而是流着眼泪在那倾诉着他的善良和慷慨。下面的故事是奥利弗先生人格魅力的写照，同时，也散发着生命意义的光芒。

我记得有一天，我走进奥利弗先生的办公室，他刚刚结束了跟他的一位工作人员安杰利克的谈话。安杰利克最开始是健身房的前台接待员。不过，虽然有详细的工作流程指导说明和其他工作人员的帮忙，她还是在工作中不断地犯错，惹了不少的麻烦。因此奥利弗先生把她调到了健身房一楼，在那里她的工作相对简单轻松些。尽管她也做了最大的努力，也得到了经理的帮助和鼓励，可她还是同样做不好本职工作。她可能太单纯了，还不能胜任现代化健身房的工作。在警告了她几个月之后，奥利弗先生把她叫到办公室准备辞掉她。但当了解情况后，奥利弗先生告诉安杰利克，他决定再给她三个月的试用期，安杰利克突然大哭，泪如泉涌。简而言之，那次谈话后，奥利弗先生不仅留她继续工作，还给她加了薪水。一般来说，这种做法很不符合常规，但奥利弗先生心中却有另一番全面考量。他换位思考，以同事的身份来体谅安杰利克，觉得像她这种情况，到哪儿也很难找到一份像样的工作。我觉得奥利弗先生做出这种决定虽然会因此在生意上损失一点钱，但却赢得了人生的全部，更赢得了世界。你看，如此多的民众自发前来参加他的葬礼，就足以表明他们对奥利弗先生的深深怀念和无比崇敬。

> 人就是赚得全世界，赔上自己的生命，有什么益处呢？
>
> ——《马可福音》，8：36

从葬礼中学到的

说到葬礼，在我参加葬礼追悼会时，有两件事情触动了我，让我很有感慨。第一，感觉到人生是如此短暂。参加葬礼常常会促使我回忆往事，那些过往历历在目，好像昨天刚刚发生过的一样。小时候，我与同学、玩伴一起骑着破旧的摩托车，调皮地想象着自己初吻时的情景，幻想着什么时候可以买到一部新车。可是现在，我却站在教堂前，带着我的年少的孩子一起参加我同辈朋友的葬礼，我还一点也不怀疑，我儿子此时也正怀着我儿时同样的梦想。人生真的很短暂。第二，相较于感叹人生短暂，我更感叹的是人生质量的高低，也就是说，当每个人书写完人生最后的篇章之时，回头总结出这部生命之作的内容到底有多少。什么是一个人的生活质量？当一个人逝去，埋葬掉的远不止于他的躯体，更多的是他的梦想、希望和他所有最珍贵的东西，这就是质量。他生前的成果、学位、银行存款可以保存下来，但在浩浩宇宙之间，这些曾经值得炫耀的东西，也只不过是沧海一粟而已。

唐·奥利弗所获得的奖杯虽光彩夺目、闪闪发光，却不能引发我回忆起他非凡的运动能力，能保存在我记忆里的，是他的睿智、热情和善良的人格魅力。之所以那么多人都愿意与他来往，交朋友，是由于他的品德而不是因为他曾获得过什么奖杯。他的笑容、善良和智慧，已远远超过了他的生理年龄，给人们留下了永久的回忆，其实奥利弗一直活在人们心里。我想，如果不是奥利弗获得那些奖牌，其他人也照样会获得，世界照样依据自己的规则继续前行，而不会由于谁获得什么而有所不同，但是奥利弗的人格魅力和品德却给人们留下了深深的印记和影响，能让世界有所不同。他给那些接触过他的人们带去了欢乐，也增加了他们的生活价值，而他们又将这些价值和欢乐传递给了更多的人。真正衡量一个人的伟大，是当他逝世后，看看这个世界为此失去了什么，其余的只不过是过眼烟云，很快就烟消云散。

我见日光之下所作的一切事，都是虚空，都是捕风。

——《传道书》，1：14

奥兹曼迪亚斯

伟大的诗人雪莱①写过一首叙事诗——《奥兹曼迪亚斯》，据传说，奥兹曼迪亚斯是一位神秘的国王，是世界上权力最大的统治者（奥兹曼迪亚斯的原型很有可能是埃及法老——拉美西斯大帝）。此诗的中心思想是描述人类那种毫无意义的傲慢自大。奥兹曼迪亚斯作为统治者去世后才几个世纪，这位曾经不可一世的国王给后人留下的也仅仅是他那尊雕像的残垣碎片而已。曾经竖立着巨型雕像的底座破烂不堪，一半被埋没在沙土之中；昔日雕刻于底座的行文曾经肉麻地为这位强权者歌功颂德，彰显着他至高无上的权威，但现在也只能与空旷的沙漠为伴。

虽然我十分担心会玷污了雪莱所写的这一伟大诗篇，但诗篇中的只言片语都让我激动不已，浮想联翩。它激发我的渴望，我把它附在下边，希望它内在的真意与本章密切相关。

———————————

① 英国著名浪漫主义诗人，被认为是历史上最出色的英语诗人之一。——译者注

奥兹曼迪亚斯①

我遇见一位来自古国的旅人

他说：有两条巨大的石腿

半掩于沙漠之间

近旁的沙土中，有一张破碎的石脸

抿着嘴，蹙着眉，面孔依旧威严

想那雕刻者，必定深谙其人情感

那神态还留在石头上

而斯人已逝，化作尘烟

看那石座上刻着字句：

"我是万王之王，奥兹曼迪亚斯

功业盖物，强者折服"

此外，荡然无物

废墟四周，唯余黄沙莽莽

---

① 此诗采用杨绛译本，在此表示感谢。——译者注

寂寞荒凉，伸展四方

现在拿出你的《赢者私人定制练习册》，在最后一页写下为了美好未来你需要挑战的重点：

- 思考一下，回首往事时，你的一生会是怎样的？
- 你正在努力提升你的内在美吗？
- 问问你自己，你有没有影响到你接触过的朋友，给他们增添价值？
- 你现在是否在为自己的理想未来而努力？
- 你的行为是否表现得正直善良？

开始于结束，你现在刚好处于结束后的开始。

第二十章

人是生活中最最重要的

现在，你像一艘朝气蓬勃、承载满满收获的巨轮，向着自己最理想的未来扬帆启程。此时是要考虑生活中最重要的两件事情的时候了：

　　（1）你将成为哪种类型的人——这决定于你个性的质量；

　　（2）与你亲密无间的朋友都是怎样的人。

你可以看到，世界上最富有的人不是那些资产最多的人，不是那些最有名望的人，不是那些最成功的人，甚至也不是那些最受欢迎、备受追捧的人。世界上拥有最大宝藏的人，应是那些：

● 能驾驭得住自己真实可靠的生活，并让自己的生命最丰富、最充实之人；

● 能有几位高品德、高素质的最亲密的朋友（闺蜜或至交），并能时时享受到他们最诚挚的呵护之人。

这里用词非常讲究，我没有用"身边的人"，而是用了"最亲密的朋友"。你可能有很多的朋友，社交很广，你也很受欢迎，但是这种受欢迎往往都限于表面。这些朋友能让你在一定程度上开心，保持你工作积极的状态，但是不能给你带来你本应拥有的丰富的生活内涵。这种泛泛之交的牢固程度比我们听到的广告音乐或电梯音乐强不到哪去。虽然这些音乐可以填满空虚的背景空间，但它只是个陪衬，你无法从它身上获取本质上想要的东西。就像背景音乐无法与那些情感丰富、编排复杂的精美歌曲相媲美一样，普通朋友也无法与你的至交、闺蜜相提并论。"最亲密的朋友"指的是，深厚的友谊像一条牢固的纽带紧密连接着你们，并深入彼此的内心和灵魂，让你们相互信任。这样的朋友是最知道你内心最深处的感受的，关心你，呵护你。这是一种极其深厚的友情，你们对彼此的欢乐、笑声都能产生共鸣；你们相处时会更加轻松、容易、和睦，绝不会有任何"很勉强"、"很不舒服"的感觉；你们可以安静地坐在一起，就是不说一句话也不觉得尴尬；你们在一起可以互相取笑，尽情快乐地释放自己的情绪，共同享受着生活；你们在一起时绝不需要严肃、一本正经，彼此交流也不必要有什么具有深刻意义的结果。因为你们是紧密联系在一起的至交，你们相聚时的任何活动和交流都是自然的、无拘无束的，甚至是狂野的，在一起的时光都自然而然地对彼此产生了意义。

让我们再一次将与上文相关的一些关键词在脑子里过滤一遍：彼此关系—品质质量—亲密无间—真实可靠—诚挚的呵护。在生活中你需要有这样的人，你确实需要这样的人做你的朋友、爱人、搭档和同事。

如果在生活里你结交了这样高品德、高素质的人，那么他们对你的生活会产生积极正面的作用，结果会很好。问题是，这个世界并不到处都是高品德、高素质的人，因此，你需要学会如何识别出这样的人，并想法让他深入到你的内心世界成为至交。当然，你还需要学会处理好与普通朋友的关系，因为生活的力量会把所有这些不同的人都聚拢在你的周围，这就要求你做到待人宽容、有耐心，做事有原则底线并且富有大爱之心。

选好朋友

人的整个一生中，差不多会接触到数百万的人。这些人当中的绝大多数，如你公司的同事、运动俱乐部的朋友，你与他们的交往基本上可以说都流于表面。你不会在乎他们是谁，因为他们到底是谁并不是你能去选择的。大部分情况下，没有他们，你反倒轻松愉快。你有自己的生活，他们只是你丰富多彩的生活中的点缀。但是你在生活中的确需要精心挑选几个人——你的好朋友、商业亲密伙伴和亲密爱人。这些人是你需要非常精心挑选的，因为他们会对你的生活产生极其重要的影响，他们的思想认识水平会影响和塑造你的思想境界。他们做的事情、他们怎么思考问题、他们遇到的问题以及处理方式，他们的生活轨迹和生活目标等等，都会对你生活的方方面面产生巨大影响，进一步说，这些会影响到你选择做的事情、你的思考方式、你所遇到的问题以及你的生活轨迹与方向，最终影响到你会成为什么样的人。这是因为你一直生活在他们的周围，沉浸在这种环境之中，所谓近朱者赤，近墨者黑，你会毫无疑问地逐渐被他们的行为方式、伦理道德观、愿望和梦想所影响和同化。虽然这个过程缓慢而悄无声息，但它产生出来的力量无法阻挡，影响着你的一生。这是人类的天性。在喜马拉雅山的自然条件下，无论你再怎么努力也烧不开一壶水。这说明自然环境的重要，人文环境也是如此。

凡事都是一分为二的。你最亲密的爱人、好朋友、生意好伙伴可能是伤你最深的人（同时也是最能助你生活前行的人）。如果回忆一下所有曾经让你最懊恼或最失望的事情，你会发现绝大部分可能都与你很亲近的人有直接关系。

所以，你所交往的人，他们内在的人品非常重要。如果他们品德高尚、品位高雅，你会发现，自己的生活总是设法向好的方向发展，变得更充实富有、更有创造力，你会觉得更快乐。但是如果他们的人品很差，那么迟早你会受到伤害。

但问题是，生活中很多人表面看上去很不错，但其实表里不一。我们希望找的生意伙伴，比较理想的应该是睿智潇洒有魅力，有丰富的阅历、广泛的人脉和各种社会关系，但他们如果对你表里不一，口是心非，人品不怎么样的话，即便这样的人是高人，你要是与他们进行商业合作，他们早晚会让你失望，或者占你的便宜，甚至很有可能让你的结局很惨。生活中相爱的恋人也是如此，可能一方腰缠万贯，谈吐机敏，外表潇洒，似乎前途无限，但由于内在的人品问题，最终却成了伤你伤得比任何人都深的人，这种发生在生活中的例子还少吗？

因此，具有看透他人内心世界的独到眼光和正确的辨别能力，是你不管怎样都要学会的最重要的技能之一，但同时要知道，它也是大部分人最难掌握的技能之一，这样就出现了一个问题：

你怎么能真正读懂他人的内心世界呢？

我有几个经过无数人的实践证明有效的方法，我将它们介绍给你，对帮助你提高洞察力是有用的。人们发现，每当忽略了这些方法，都将面临为生活承担高昂代价的风险，所以你要认真领会学习。下面我要介绍的第一个方法是我外公告诉我的。

第二十一章

外公说的"小细节"

我的外公特雷弗·亨利爵士是新西兰一名知名的高级法官，活了 105 岁。他经历了漫长而又丰富多彩的人生，经历了他那个时代我们能知道的几乎所有事情。他在所工作的法庭上接触到各种性格的人，听到和看到了太多的故事和争辩。在他年轻时，新西兰几乎没有什么汽车，电力也没有被广泛应用。也就是说，在那个年代，如果他要想见他的女朋友必须骑马骑上三天三夜，夜晚露宿丛林，与鸟为伴，以干粮果腹。外公在 70 多岁的时候，驾着 747 飞机环游了世界。

　　我想没有多少人能像外公那样看到世界所发生的翻天覆地的变化，更没有多少人能像外公那样以强烈的热情和智慧去拥抱和融合这些改变。而且，据我所知，当时外公是唯一一位全部读完一套不列颠百科全书，并终生进行研究的人。外公不仅在学术上有天赋，而且年轻时还是一位杰出的运动员，赢得了许多奖杯。除了他所取得的成绩以外，他还是一位具有相当水准的演说家，听他的演讲总受益匪浅。

　　在我外公 90 岁后，我每个星期二都接他来我家吃午饭并一起聊天。通常在饱食一顿扇贝和三文鱼海鲜餐后，外公要休息一会儿，然后轻松愉快地品味着一杯下午茶。而我因为是在家里工作，就伏案工作个把小时。我的朋友和生意伙伴经常来家里找我，出于礼貌，我总是先向他们介绍一下我外公，然后才开始会谈或工作。我很愿意听取外公对我工作给予的指导和建议，这也成了我生活中的一部分。让他参与我的部分工作，既给外公带来了快乐，同时我也从他那里受到了启迪。

　　在我结束一天的工作，送外公回家的路上，偶尔，外公会向我说出他对某个来访者做出的小点评，虽然这不是经常的，但对我有很大帮助，后来都证明外公的判断十分正确，没有一点错误。如果他对某人举起了小警告旗，那么，我就要注意，不知什么时候，这个人肯定会搞错什么事情或让我陷于被动；如果他告诉我某个人可以交往，那么我就敢说，这个人肯定能成为我商业上的优秀伙伴或是极好的朋友。有时候，外公的判断确实与我的第一印象完全不同。

　　我对外公能做到如此精准的判断感到十分好奇，我问他是如何做到的，外公笑着说："你所遇到的每个人都有一段属于自己的经历。从这些经历当中你能大概品味出他/她是谁，他/她是怎样的人，能大致了解他/她做什么和为什么他们可以从事某项工作，以及为什么他/她会如此与众不同。这些经历对他们来说确实非常重要，因为他们已做出了大量的努力，认真仔细地对自己的经历进行打磨，使其尽善尽美。因为每个人都会用心雕琢自己引以为骄傲的经历，让其听上去更有意思更有趣，所以会自然而然地把人们的注意力吸引到这些经历上面来。但人们在不断讲述着自己经历的同时，也将其中的一些小细节不经意地流露出来。这些小细节里隐藏着人们行为中的小微妙、小差别和个人的小城府，这些才能真正告诉你一个人真实的内心世界。可是人们往往不太注意这些小细节，因为小细节常常是被那些有趣的经历所掩盖和吞没了，如果你能学会听懂这些小细节里的内容，你就能够看清一个人的内心世界，越多地去实践这一'听懂生活小细节'的技能，你就越能读懂他人真实的内心世界。"

　　下面我来讲述一个人的生活经历中所流露出的小细节的真实例子，看看它是多么微妙、多么精准和有力地反映一个人的内心世界的。

西蒙与克丝蒂

　　我有一个朋友叫西蒙，是一位职业男模，英俊潇洒，聪颖大方，身上散发着自然的魅力。不幸的是，许多年前，他被前女友深深地伤害而后分手，那种恋情所带来的痛苦是非常强烈的，以至于为了保护自己身心不再受到伤害，他决定不再谈恋爱。从那时起，他的生活圈仅仅限于各种娱乐场所，过起了玩世不恭的生活。

然而，随着岁月的流逝，西蒙厌倦了这种逢场作戏的人际关系，他又开始向往人与人之间那种更有意义和更深层次的东西。又经过许多年以后，他终于找到了完全符合他心意的一位女士，她叫克丝蒂，西蒙决定不顾一切地追求她并十分认真地与她交往。你应该能猜到，克丝蒂是一位活泼、精力充沛和聪颖的女士，这样的女人最能讨男人的欢心，所以西蒙也被克丝蒂的迷人外表所征服，向她敞开了自己的全部心扉。当然，克丝蒂也表示愿意继续相互了解，希望与他共度爱的旅程。

随着交往的不断深入，他们已经无话不谈。相处两个月后，西蒙问克丝蒂，关于在认识他前，她加入那个昂贵的高档婚姻介绍所的事情，西蒙确信克丝蒂绝不是那种打算找短期婚姻的女人，所以他很好奇。克丝蒂回答："我之所以参加婚姻介绍所，是因为我需要普遍撒网。"

请关注一下克丝蒂的回答，这里有一个微小的变化，也就是所说的小细节，这句话其实在提醒西蒙应当要注意一个问题，日后有可能让西蒙的爱情和婚姻重蹈覆辙，而再一次伤他的心。生活中，我们大多数人一般都不大在意类似"瞟一眼"的微小细节，你看，在克丝蒂的回答中，她用了一个词"需要"，用的是英语现在式，而不是过去式。这就说明，她在不知不觉中已经告诉西蒙，她虽然与西蒙处于热恋之中，但仍然有需要继续进行普遍撒网。尽管她并没有意识到，但一个语法小细节已经暴露出她内心的真实想法，所以如果到此为止也就好了。可后来的事实是，尽管在克丝蒂的生活中她是那么的投身于西蒙，西蒙也为了她倾其所有地努力并付出全部情感，但是克丝蒂却仍然与其他男伴们保持着电话来往，打情骂俏。当然，克丝蒂有许多异性朋友并没有什么错，但问题是她私下里，甚至潜意识里还在吃里扒外地寻思着找其他男伴呢。用不了多久，西蒙就会被这个让他投入太多的情感、真爱和时间的心爱女人，再一次推入情感深渊，刺伤自己的心。

实际上，西蒙确实察觉到了这个带有警告性的信号，但作为一个热恋中的人，他的心已被克丝蒂俘虏，所以他做出的决定是忽略这一警告信号，这也是他身上存在的另外一个问题。我们经常是"无意识地"去忽略生活中的一些小细节，因为我们不太想听到这些小细节到底能告诉我们什么；我们宁愿相信经历中的一切，因为我们太希望大故事里的一切都能发生。

无声的"小细节"

谈到我们生活中的小细节，有一个很有意思的现象，就是这些小细节的真正意义并不在于当事人说了什么，而在于他做了什么。让我来举个例子。

我有一个朋友是一位花钱如流水的亿万富翁。他那种可以为女人提供一切的生活方式，确实兴奋了女人的神经，自然而然地吸引了不少追求者。这些女士们乘坐着他的各式私人飞机，飞往她们梦寐以求的迷人的地方；只要她们心血来潮，他就顺从地驾着他的超豪华游轮出海远航。这位可怜的百万富翁，我们暂且叫他马丁吧，面对一个棘手的问题。他正在寻觅一位能长久地与他生活的伴侣，而面前的这些人与其说是真正与他一起分享生活，分享他的梦想、他的思想和他的激情，倒不如说只是追求一时的快乐。问题是，他如何分辨出哪位喜欢他的女士是他真正要寻找的，而哪些追求他的女士只是为了现在的生活方式和他所能提供的物质条件？要正确分辨并不容易，需要做出相当大的努力，因为人们往往会被某些表面现象迷惑住而不能自拔，只有在事情发展到糟糕的地步才会如梦初醒。这样的女人总会告诉他，她有多么爱他，她会用书中介绍的小把戏来诱惑他，以保持他的兴趣。这些女士们是在争取他本人呢，还是在争取他所提供的生活方式呢？他怎么才能知道呢？这些女士们自己知道这些吗？

像我在前面说的那样，答案就在无声的小细节之中。

比如，马丁是一位珍稀鸟类的爱好者，家里有专门的鸟舍。如果家里的某只鸟生病了他会格外地关心。如果一位女士真正爱着马丁，她也会同样格外关心这只生病的鸟，理由很简单，因为这只鸟对马丁来说很重要。马丁感兴趣的事情现在对她来说变得十分重要，因为马丁对她很重要，可以说是爱屋及乌吧。因此，即便是小鸟没出什么问题，她照样自然地喜欢和关心它们，她也变成了一位鸟类爱好者。如果某位女士真正爱上马丁，有关鸟类的话题一定是他们交谈的内容之一，因为这样就能同马丁产生 "同频共振"，接触起来变得很容易。她会从心里自然而然地这样做，因为她已经不知不觉地开始分享他的激情了。如果不是马丁谈起鸟类话题，她绝不会主动提及的话，这就提示了一个小细节：无论怎样，对她来说马丁并不是那么真正地重要。

其实每个人都会与他人谈论彼此感兴趣的话题，比如炒股或假期见闻等。关键是，当别人激情满满与你谈论你特别感兴趣的话题时，你如何知道他到底是不是也真的感兴趣，特别是所谈论的话题并不是他感兴趣的。生活里，人们不常谈及的事情常常比他们常谈及的事情告诉你的还要多。

督察格雷戈里："你还有希望引起我注意的其他观点吗？"

福尔摩斯："关于那只狗在夜晚发生的稀奇古怪的事情。"

督察格雷戈里："那只狗在夜晚是不会做什么的。"

福尔摩斯："那是一件稀奇古怪的事情。"

——阿瑟·柯南·道尔,《银色马》

个人"小细节"

怎样更好地了解你自己呢?

这个问题提得似乎有点不合常理,因为如果连你自己都不知道自己在想什么的话,那就不是你了。无论怎么说,你也是唯一知道自己在想什么的人。但是假如你去挂号看一位够优秀的心理专家,通过交谈你才发现,原来你根本不了解自己,而专家却能以你的本性特征看待问题,他们是怎样做到的呢?

答案是这样的,有经验的心理专家或心理治疗师们通常是认真仔细地倾听你的过往经历,从中发现里面的小细节,这很神奇。如果你开始专注自己的小细节,你可能会大吃一惊,啊?!原来你并不是你自己总认为的那种人。例如,前面提到的克丝蒂多半在自我意识里很确信,她是在与西蒙真诚地谈恋爱,可能在她的意识中一而再、再而三地重复着她与西蒙的正常恋爱关系,她无意脱口而出的英语现在式的"需要",与过去式的"需要"在意思表达上是有所区别的,其实这已流露出她选择西蒙还是有所保留的。假如问及为什么还与其他男性保持来往,她很可能会轻易地辩解说那是普通异性朋友的交往,或者说成是与男性正常的社交活动。然而,在她的内心世界里,有部"雷达"时时刻刻都在搜索和寻找比西蒙更好的人,因为她的"潜意识思维"与她有意识的想法有着不同的运作路径。这种人性的表现是经常出现的,但她的内心意识才是她最终到底想要做什么的最好预报器。

这一问题的关键点是,人们几乎都愿意生活在人生经历中那让自己最得意最舒服的部分里,最愿意听到有关自己好的那部分。当自己的小细节与主要经历亮点有冲突时,往往小细节所"抱怨"的都是有关自己不愿意听到的部分,而这部分又恰恰正是需要自己改变的问题所在,而且有助于自己的进步与提高。

因此，努力尝试找出自己的小细节，你就会惊讶地发现，从中会学到很多，并且成长很快。

衡量一个人聪明与否的标志之一，就是他是否能真实地看待自己，是否有自知之明。如果你能学会去关注自己的小细节，你就会从中获得很快的进步，你就会成为一个更加快乐和完美的聪明人。

学会做一名 "侦探"

评价一个人的个性和特征的第二种方法还是杰基·斯图尔特先生教给我的。杰基获得过三次汽车一级方程锦标赛世界冠军，我认识他还是在 20 世纪 80 年代一次美国专业汽车展销会上，那时我为福特汽车设计改进了一款电子产品。杰基很喜欢我的产品，我们决定一起开拓这一市场。展销会结束后我飞回了新西兰，继续完备和改进我的电子产品。一周后，我接
到了杰基打来的电话，问我我的财务事项是否都安排好了，特别是我的一家信贷公司所有需要上缴的税款是否全部付清。我让杰基放心，我的税款全部付清。他的回答让我有点费解："好的，不过你还是最好再查一下。"所以我又给我的会计师打了电话询问此事，会计师也肯定我的每项税款都已付清了。

一周后，会计师给我打来了一个令我意外的电话。他说："你肯定没有想到，税务部刚给我打来电话，说他们没有你最近一次的缴税记录。我在电话里花了一小时才使他们弄清楚，他们确实收到了你的付款，但不知怎么搞的，这笔税款却错发到了另一个部门。"我的会计师也感到不解和错愕："连我这个会计都不知道的事儿，地球那边的人怎么会知道呢？"

其实，杰基在决定与我合做生意以前，对我的背景做了一番非常全面的调查。他告诉我，他对信誉与名声看得很重，信誉就是一切，而且经验教会了他看人不能只看表面，不能以貌取人。他要尽可能多地了解与他交往的人是怎样的。当然，我没有对他隐瞒什么，所以我不介意他对我的调查。

多年过后，我越发感到杰基的忠告是十分宝贵的。无数次，这些知识与忠告要么一开始就能帮我避免犯大的错误，要么在我与他人的来往当中，通过对外公所说的"小细节"的观察，向我事先举起了警示牌，提醒我对这样的人要做更全面的调查了解。有意思的是，在我遇到的事例中，有80%证明我的猜测和疑心不是没有道理的，我发现有些事情如果不制止，最终会给我自己带来麻烦，有些事如果总是藏着掖着，一旦出了事就太迟了。

知识就是力量。

请告诉我你周围的朋友是谁

优秀的侦探在对案件深入调查时，不仅要看那些明显的证据和线索，还要采集那些间接的、看似不重要但有细节联系的证据。所以，如果你要了解一个人所需要获得的最佳细节线索，就得从他交往的朋友们的性格特征中寻找。老话说得好："告诉我你的朋友们是谁，我就能告诉你是谁，你会成为谁。"

你周围的朋友会告诉你他们认同的大量行为准则、他们的生活价值观和对事物的好恶判断。你的朋友不仅会告诉你生活中哪些地方要谨慎并加以改进，而且会告诉你你的个性特征中哪些对你的生活是起积极作用的，对你是有价值的。

在这方面，有一个很实用也很有趣的练习，你最好花上个把月的时间进行练习，这就是在你的朋友圈中精心挑选出六位，写下他们的名字，每个朋友名字的旁边都写上能最准确描述他们的四个形容词，这样你就有二十四个描述性形容词了。当然，有些形容词可能会是重复的，这没关系，暂且不要管它。现在，请取出另外一张纸，把你的名字写在中间，然后再将所有你找出的形容词统统写在你名字的周围，如下图示意的那样。①

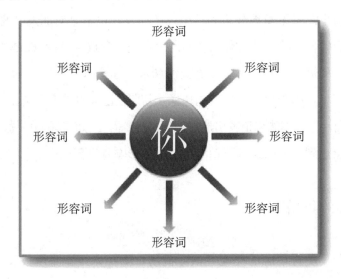

这张图有大量的信息告诉你是谁呢！

例如，你的朋友中有三位都有一个共同的特征，就是他们对自己没有安全感，或者总希望找到一些安慰。这可能就意味着你自己本身也很缺乏安全感，因为这些缺乏安全感的朋友需要你的时候，你会感到一种价值感。也许你能通过提供给他们所需要的而获得大量的满足和安全感，也许不是，但不管怎么说，这是同理心的表现，所谓人以类聚，气味相投。所以无论如何你也要问问自己，为什么这么多相似的形容词围绕在你名字的周围呢？在现实生活中有很多时候，真实的答案并不是一眼就能看得出来的。

我知道一些人做了这样的练习以后，就做出决定去改变他们的朋友圈，因为他们已意识到以前交的一些朋友不是能辅助他们生活进步的人。一年以后，这些人都来告诉我，改变朋友圈使他们的生活有了很大的改观，生活更快乐了。通过吐故纳新，剔除那些 "低价值" 的朋友，为接纳更有价值、更高质量的朋友腾出了空间。你要积极地从你的生活圈里去除那些低质量的朋友，否则你是

---

① 本图因为是给你一个示范，仅列出八个形容词示意。——译者注。

没有时间空间，也不会做出努力吸引新的朋友进入你的生活的。我的意思绝不是让你有事没事总是不断地分析和琢磨你的朋友，也不是对朋友"喜新厌旧"，我的意思是有时你的确需要对你的"朋友库存进行盘点"，看看谁是"积压品"，妨碍了你生活的进步。其实，君子之交淡如水，你花时间与朋友的交往，最终会变得清澈简单，因为生活本来就是这样。新朋友已伸出双手迎接你，需要加入你的生活空间，你可不能忘记腾出地方来呀。改变需要努力和付出，这是值得的。

你绝不会想到，你的这些行动将会怎样地影响着世界……

曼哥瑞的玛塔

我来到位于曼哥瑞区的奥克兰国际机场，就要离开新西兰很长一段时间，去英国工作。因为我考虑在机场告别多少会有些伤感，所以提前一周我就与家人和朋友们做了道别。现在我在机场里很轻松，只剩下登机前的例行签到检查，再整理一下长途飞行的行装，以及思考一下我未来新的冒险生活。

在我向你讲述我登机前发生的一些事情之前，我很希望先向你介绍新西兰一处叫玛瑞瓦的非常特殊的海滩。希望带你到那里走一走，不止一次，应该多次才好，在那里可以真正感受到季节的力度并欣赏到无限美好的自然风光。玛瑞瓦有着一望无边的沙滩，黑亮亮的细沙在阳光下晶莹闪亮；在身后高山峻岭的陪伴下它绵延不断 40 公里，祥和舒展地伸展在新西兰北岛的西海岸上，一座座高高低低形态各异的沙丘使沙滩显得更加平坦，平坦与错落遥相呼应，彰显着大自然雕刻的层次，真可谓鬼斧神工。这种天然形成的地貌，让拥伴海滩的那晶莹剔透的太平洋海水，像脱缰的野马，无拘无束地尽情拍打海岸，掀起层层白浪，并让这本真自然的狂野，随着波涛传递到对面的澳大利亚。玛瑞瓦，它的美丽就在于它的原始、粗犷和自然。

夏季

夏天，在玛瑞瓦海滩，你到处可以听到孩子们在浅滩和浪花中进进出出的嬉闹声；到处可以看到成千上万涂抹着防晒霜的铜色之躯，舒展地躺卧在沙滩上，享受着灿烂阳光的沐浴；到处可以看到熙熙攘攘的人群在尽情地玩着沙滩板球、橄榄球和排球。黑亮亮的沙滩干净而又炙热，你都不敢赤脚行走。在这里，到处充满了幸福和快乐，你会陶醉其中，而且除了幸福和欢乐，你在这里还真不好找到其他的感觉了。

冬季

这里的冬天就全然不同了。你能看到的只是绵延数十公里空荡荡的海滩，只是偶尔看到少许游客来填补一下这空旷的寂寞。寒风习习，仿佛整个海岸都变得僵硬冻结。几只鲣鸟孤独地站在沙丘上，好像不知季节的变迁，还在苦苦地寻觅那已看不见了的残食，而整个沙滩也只能默默地吞咽着无情的自然变化，同时体味和沉思着苍茫轮回的生活。苍天就是这样狂野、多变、桀骜不驯和势不可挡。

季节的变化让同一个地方产生了如此的不同。其实生活中的变化与不同，也遵循着同样的道理且随处可见。

让我们再回到曼哥瑞机场，把登机前发生的事情讲完

我到机场前往英国的那天是当年的 9 月 11 日①，寒风仍然凛冽，凉飕飕地吹进离港大厅。离港出境的全都是高高兴兴去国外度假的人们，根本看不到恋人们急切等待爱人归来或是伤感离别的场景；免税店里空空如也，食品店也无人问津。在整个航空候机楼里，能看到在那里等待的仅是不得不需要与乘机发生关联的人们，比如那几个匆匆忙忙到达目的地的商人，他们频繁地转机，不仅增加了飞行安全风险，而且最终的商业结果也不一定令人满意。

虽然冬天的寒冷渐渐消失，但却引发我心中阵阵恐慌与酸楚。

不知怎么搞的，当时的那种心情我从来没有过。触景生情，这让我联想起内维尔·舒特（美国著名作家）1957 年写的《沙滩上》中那段对核战争过后的

----

① 新西兰位于南半球，与北半球正好季节相反。每年的九月中旬正是新西兰冬春交替之季。——译者注

描写：袭击过后，座座购物中心空荡凌乱和恐怖。这也让我想起了冬季里玛瑞瓦海滩的空旷与凄凉。

但正当我坐在冷冰冰的候机楼里，郁闷的心情挥之不去之时，突然风停了，云开日出，阳光灿烂。两位很要好的朋友穿过大厅向我走来，他们为了在机场见我一面特地请了假，这真是没有必要，但却让我感到一股暖流注满全身。实际上我很清楚，他们根本没有多余时间来看我，他们刚刚开始一份工作，还不稳定；他们必须做出努力，每天 6 点就早早开始一直忙到深夜，因为那里每一分钟的工时都要计入。况且我们已经说过再见了，但他们还是在繁忙的工作中抽出时间，特地来到机场，不是为了别的，只是表达一种善意和爱！

9 月 11 日，截然不同的场景和心情同时出现在那一天，那一刻。

当我就要走向廊桥进入机舱时，他们把一枚毛利人雕刻的小坠饰戴在了我的脖子上。它叫玛塔，象征着一条纽带把人们牵系在一起，永不分离的意思。这一纽带虽小，却是如此强大有力，它预示着接受者必须返回。我佩戴着玛塔再一次与他们紧紧相拥。从此，这份感动永远留驻在我生活中的每一天。不仅是他们俩，还有更多善良的人们带给我感动。

玛塔是爱的礼物，更是爱的力量。

这枚不起眼的项坠，这个小小的玛塔，却有强大的动力，把我的心境从冬天一下子推到了夏季。我与你分享这小小的爱举，是为了把爱的力量传播。如果你也能分享和传递更多小爱所带来的感动，那肯定让我更加感动。

生活总是太过于忙碌。

生活中太多的事情还在上演，在继续。

电视杂志等媒体不断地教育人们爱不仅包括性爱也包括博爱。无私的爱是不求回报的。大爱没有障碍，完全可以延伸到老人与年轻人之间，完全可以融入老板与雇员之间。

还有一个关于爱的例子发生在我另一个朋友身上。她是一家公司的 CEO，平常工作很忙，却在我不知道的情况下，抽出时间参加了我父亲的葬礼。她从来没有见过我父亲，但她静静地坐在教堂的后排，与她不认识的人一起参加完一整天的全部悼念仪式和追思活动，以此来表达她的尊重、同情与善意。当她正要悄然离开时，我拦住了她，问她为什么来。她说，她要纪念曾塑造过她生活的人，也想在葬礼中找到他更多的东西。这种私人友情的自然流露也是我在本章想要表达的意思。

人，周围的朋友，才是你生活中最重要的。

第二十二章

"天气预报"

预测与了解未来的重要性

如果你能对自己的未来做到准确预测，说明你在生活中具有了很大的优势，并且能从中获益。比如你知道将要发生什么，那么你就能提前做好准备并能选择有利位置且使自己处于最佳状态去应对预期发生的事件。这种预测能力要比你从别人那里得到的判断真实准确得多。

想一想，多少次你把时间和精力都投入到你的朋友、同事和爱人身上，但到头来他们还是让你大失所望？我们看到，很多人曾经疯狂地相爱，最终却互揭伤疤，以苦涩的离婚而告终，这些都特别真实地存在于我们的日常生活当中。是什么原因导致了两个曾经信誓旦旦、海誓山盟要共度余生的人，最终却形同陌路，给彼此带来巨大痛苦的呢？每一个不幸背后有千千万万个原因，但千千万万个不幸都有一个共同的特征，那就是随着时间的流逝，共结连理之人，已经变得不再是彼此在结婚之初大脑记忆里的那个人了。想一想，如果你能预测某人将来会变成什么样子，那么情况会不会好很多呢？

在"预测未来"的领域中，有一个花费了数十亿美金和大量人力的研究项目，那就是天气预报。为了能准确预报天气，气象专家们动用了最复杂的软件、最先进的超级计算机、卫星云图和人类已知的最尖端的探测技术。我的问题是：我们能将这些使用在现代天气预报领域的高科技，应用在预测人类的行为上吗？答案有点令人吃惊，因为是相当肯定的：可以。

天气预报大赛

很多年前，曾经举办过一次天气预报大赛，看谁的电脑程序系统能最准确地预报天气。很多复杂的电脑程序参加了比赛，有的软件有成百上千条代码，需要用超级计算机对多个卫星和地面接收站探测到的信息进行计算和整合。参赛单位被要求每天预测美国 30 个城市第二天的气象情况，六个月以后，通过分数统计，看哪种程序精确度最高、最可靠。其中一个程序脱颖而出，它的天气预报是最可靠的，同时，也是当时最小最简单的程序，它只有一行代码。

胜出的计算机程序，其结论很简单："明天的天气与今天相同。"

仔细想想，这也是一个相当不错的程序结论。如果今天是太阳高照，气温略高，那么很有可能，明天也是晴朗的一天。当然，每天的天气总会有所不同，程序偶尔也会出点儿小差错，但是从长期预测的总体上来看，正确的时候总是比错误的时候多，因为天气变化总是缓慢的，是完全可以预测的。

因此，如果你想知道一个人明天的行为是什么样的，看看他过去的行为就能知道。如果你想知道你的搭档或配偶未来会对你怎么样，你只要看看他/她从前是怎样对待别人的即可。下面我给你举一个例子，你就更清楚了。

安吉拉与停车场管理员

安吉拉是一个很艳媚、性感的女人，她走到哪里都会吸引男人的目光，只要她愿意，就可以轻易俘获一个男人的心。她的朋友们都认为她魅力十足，她会是一位很贤惠的妻子，哪位男士如果有幸把戒指戴在她的手上娶到她，那可真是有福了。然而，有一天，相当巧合，当我正在伦敦的一条街上散步时，刚好看见安吉拉在马路对面。我穿过马路，向她走去，她背对着我，并没有发现我的到来。我走近才发现，她正在跟一个停车场管理员大吵大闹。安吉拉没有按规定停车，收到了罚单。她非但不接受对自己的处罚，还对那个可怜的管理员恶语中伤，进行人身攻击，而且为了解恨，什么难听的话都用上了。这一幕完完全全使我惊呆了！

　　我看到了安吉拉真实的一面，看到了她是如何对待那些对她来说不重要的人的；看到了当别人让她不开心时（即使这个不开心是她自己造成的），她是如何对待他人的。虽然那位老实的管理员只是做了她应该做的，但在那真实暴露的短暂瞬间，我看到了安吉拉对待一位与自己无关紧要的人的行为本性。管理员也是人，他和我们大家一样，也有自己的个性，也有感情，和我们一样朝九晚五地工作，每天晚上脱去工装回家，每天早上起来也和常人一样照镜子。如果安吉拉能想一想，就应该知道我们生活中非常需要停车场管理员，如果没有他们，我们的马路（也是属于她的）会多么混乱，她根本就找不到能停车的地方。但是她却将这位有血有肉的管理员看成是马路上的一片脏纸，把他贬低得一文不值。

　　这段插曲让我想象到，如果有一天，不管什么原因，家庭生活突然跌到谷底，需要面对一段艰苦的日子，安吉拉会如何对待她的丈夫。我想，如果你与某个人在一起的时间足够久的话，那么，就一定会看到这样或那样的东西。这段插曲让我了解到安吉拉对待别人的态度是取决于那个人对她有多少"价值"，她不会去看那个人的全部。此类观察与"外公说的'小细节'"（第二十一章）中所讲述的极为相似。

　　所以，如果你的恋人或是配偶对他/她之前的恋人不诚信的话，那么他/她对你也可能会不诚信。如果你的恋人或是配偶在过去已经让你或他人感到过非常失望，那么今后也很可能会发生同样的事情。

古实人岂能改变皮肤呢？豹岂能改变斑点呢？

——《耶利米书》，13：23

天气总是在变的

讲述上述那些故事的目的之一是想帮助你正确设定自己的期望值，这样你在未来，当碰到有人做错了什么并向你道歉时，你就不会盲目期望事情会因此发生根本改变。但问题是，我们都喜欢听到别人告诉我们说他们会因此彻底改变，因为我们太渴望未来会有所不同了。他们会用坚定的语气和真诚的情感说服你，因为他们本身也坚信自己未来会改变。但可悲的是，历史总是会重演。

但是，如同我们在本书的一开始说过的，每条法则都有例外。有的人确实能改变自己，就像那个单条代码的天气预报程序有时也会出错一样，什么事都不是一成不变的。天气确实会随时随地发生改变，但只是八九不离十，改变不会太大而已，这就是为什么我们会遵循生活法则的原因，因为它们简单而基本可靠。基于此理，生活中出现的那些现象和基本规律，在没有意外的情况下，我想基本上就是那样一种情况。

这个故事重点要表达的是，学会找出一个人在他的一生中到底成长了多少，改变了多少。有的岛屿天气变化稳定，而有的岛屿会一天经历四季。这是它们的地理位置所决定的。同样，有些人总是希望提高改善自己，让自己生活的世界变得更美好，他们的人生旅程会真正得到成长和改变；而另外一些人，对于个人的成长和发展，就根本不重视，只有在被逼无奈时才会勉强做出一些改变。你可以通过对话的语气基本判断出对方是否是一位同性恋者（就像你能通过岛屿的地理位置来判断岛屿的天气会不会稳定一样。）如果一个人总体上不能从外表流露出内心想让自己变成优秀的人的渴望或压力的话，那么他所做过的错事不会彻底得到纠正，而且他还会重蹈覆辙。

第二十三章

爱因斯坦的指南针

1883 年，父亲拿给生病躺在床上的儿子爱因斯坦一个指南针玩耍。父亲看着孩子在不停地摆弄着指南针，当时并没有想太多，因为它只不过是孩子手中的玩具而已（指南针是当时成千上万个小朋友手中的玩具，而且到现在也是）。这位父亲不会想到，就是一个给孩子玩具玩的举动却改变了今后的世界，甚至仍在影响着当今世界每个人的生活。

　　一个只有四岁的孩子在那儿摆弄着指南针，他惊讶地发现里面的指针似乎能自己转动。无论怎么转动外壳，里面的那枚指针总是被一个看不到的力量驱使指向同一个方向。爱因斯坦太小，知识有限，还只能看到碰一下动一动的物理现象。手指用力推碰一下杯子，它就会在桌子上向前移动一下；大门能自动关上也是由于风推了它一把，可是藏在玻璃盒子里的那枚细小指针，并没有谁给它作用力，却被一个看不见的力量给推动了一下。

　　爱因斯坦只有四岁，还不能把他着了迷想知道的感受，用语言完整地描述出来。如果他能把他的所想做清晰的表达，也许他会说，他对"力能在距离间产生运动"是怎么一回事非常着迷。怎么不需要接触，一个物体就被推动了呢？从此，发现和了解这个隐藏着的力量，成了爱因斯坦生命的激情所在。他不分白天黑夜一直在冥思苦想。

　　爱因斯坦手里拿着的指南针本身极为普通，就是买也花不了一美元。但是，到了第二次世界大战末期，人类已经进步到可以行走在月球上；医学和药物卓有成效的发展挽救了成百万人的生命。所有这些巨大成绩的取得都源于 22 年前一个只有四岁的小孩的好奇，而 22 年后的那一年[①]，伟大的爱因斯坦如猛虎出山，连续发表了三篇光辉灿烂的科学报告，从此革命性地改变了世界。这三篇科学巨论，篇篇都是诺贝尔奖的分量，其中两篇关于原子和量子的学术报告充分说明，这是爱因斯坦对力量产生距离充满激情使然。像他这样的成就可以说前无古人后无来者。

你能享受今天的生活，完全出自于那位四岁小孩的好奇。计算机、DVD、电子产品、原子弹和 GPS 等，在数以千万计的生活产品中，其根本原理都源自爱因斯坦的伟大发现，并至今还影响着世界的发展和命运。无论有多少科学家也在研究这同样的命题，伟大的爱因斯坦都是唯一的，像他那样的卓越成就很难再会出现。

有太多的东西需要我们从爱因斯坦的故事里去认真学习和思考。

其中很明显的一点是，怎样才能有炙热的激情引导我们的生活走向成功。但是在这里还有更重要的需要我们认真研究，那就是我们一个不经意的日常细小举动如何发展成具有影响力的大事情。爱因斯坦的父亲绝不可能有机会看到后来发展出来的计算机，也不可能看到原子弹是怎样影响着现在的世界，甚至那天他在哪张床上离开人世，那天都发生了什么，也已经随着他的逝去而烟消云散。然而，他绝没有想到仅仅是自己拿一个小小的指南针给孩子玩一玩，安抚一下生病的孩子，这点不经意的小举动竟有如此巨大的力量，竟撼动和影响了整个世界，竟能让自己的儿子爱因斯坦成为了世界的巨人。因此，我们一句简单的话语、一个不起眼的行动，也很可能泛起生活的大涟漪，所出现的变化可能比本身的改变还要大。通过上述内容，我们是否可以得出这样一个结论：有时候，生活中的一些事情不是凭你梦想和打算一下，就可以得到的，而且你

①　1905 年。——译者注

也绝不可能完全预见到你自己的潜能到底有多大。

你今天的行动产生了什么样的反应和影响？影响范围怎样？谁在甚至你都没有意识到的情况下也受到了影响？这些都超出了你我能预测的范围，但无论怎样，与他人真诚交流互动的确是你明智的选择。

第二十四章

世界上最快乐的人

世界吉尼斯纪录

我还是孩子的时候，就特别喜欢阅读《世界吉尼斯纪录大全》。它里面包含了各类令人难以置信的世界纪录，如世界上最重的人（1 200 磅，约 544 公斤）世界上最高的人（8.11 英尺，约 2.47 米）、世界上最富有的人（62 000 000 000.00 美元）和世界上跑得最快的人（比一小时 50 公里还快！）等等。

但我经常好奇，谁是世界上"最快乐的人"。虽然我不能百分之一百地肯定，但我自认为我遇到了一位世界上最快乐的人，反正我自己是相当地确信我遇到过。在讲述这位快乐的哈里前，我很愿意与你聊聊什么是快乐。

什么是快乐

首先，要寻找世界上最快乐的人，你不可能跑到外面到处寻找，也不可能用一套量具去丈量"快乐"。世界上不可能有"快乐计量仪"，也不可能简单地通过人笑的幅度来衡量。我遇到过许多滑稽搞笑的艺人，他们被称作人们"生活和灵魂的调味品"。其实你会发现，他们就像一杯静放在桌子上的卡布奇诺咖啡，看着漂亮闻着香，可喝着却很苦。他们私下里的个人生活，多半带着痛苦、悲伤。开玩笑和愚弄夸口只是一种掩盖自己的种种不幸和继续生存的手段。

快乐似乎有许多不同的"口味"，准确地给它下个定义是很难的。但如果我们就想谈谈有关"世界上最快乐的人",我觉得至少还是要有一个大概的定义。真正的快乐并不是生活完美,没有挑战,也没有痛苦。试想一下,如果一个人没什么规矩,心血来潮想怎么干就怎么干,或是单一地按一种模式做事,恐怕也没什么快乐可言。总之,如果人人都总能一杆进洞,那么高尔夫也就很快失去了魅力。同理,生活中大大小小的事都是一样的。面对挑战与困难,只要我们应付处理得当,反倒会给我们的生活增添色彩和调味剂,让生活更充实和令人满意。所以我认为衡量所谓的快乐,是看人们有无"深层次的心满意足",也就是说,每天睡饱自然醒来,是否感觉头脑清晰而富有活力,对新的一天的来到是否充满着兴奋的期待,就像期待一顿美餐,连鼻子都有痒痒的感觉;就是晚上洗一个热水澡后上床睡觉时,全身都暖烘烘、舒舒服服的感觉;就是每当回顾过去几年的时光,甚至十年来所度过的岁月,你还能诚实地说:"我没有改变过什么。"就是当你走出困境,不知什么缘故,做事情总觉得怪怪的,但感觉事情的发生、进展和结果又像从前那样自然、顺利(请再看看第十六章的"祸兮福所倚")。上述情况所得到的快乐是我很欣赏并感兴趣的,因为这些快乐感很少来自生活抛给我们的那些难以预料的随机事件,快乐更多地是由心而生,是我们自己做了什么事后而产生的,而不只是环境赋予的、光凭幸运。

快乐基因

关于快乐的第二个问题是我们每个人所产生出来的快乐感都不是完全一样的。科学家们发现了这一现象:一些人生下来就具有"快乐基因",而另一些人生下来就带着"悲伤基因"。科学家们对几百个双胞胎进行了研究,在这些双胞胎出生后就将他们分开并放到完全不同的成长环境中,也许一个在纽约,另一个在凤凰城菲尼克斯。20年后将所有双胞胎带回到研究所一起进行测试研究,科学家们惊奇地发现,如果双胞胎中的一个生活得幸福快乐,大致而言,另一个也同样拥有快乐的生活。即便一个是生长在富足的家庭,有养父母无微不至的关爱呵护，而另一个生长在经济不发达、食品短缺并缺乏足够教育和关爱的地区，但大致来讲，一对双胞胎分享着相似的快乐度。

这不是说明环境和抚育培养不重要，它绝对重要。这项研究意在表明，具有快乐基因的人比其他人在日后的发展中更能抢得先机，也更能得到快乐和满足。因为人的基因在一定程度上决定了人大脑中各种化学物质的水平，如5－羟色胺。5－羟色胺可以直接影响人的快乐程度（抗抑郁症的药物百忧解，学名叫氟苯氧丙胺，就是通过增加5－羟色胺的水平来达到治疗效果的）。尽管如此，人们仍可能因为思维技能贫乏和后天不健康或不正确的思想在脑中作怪而限制了本有的优秀基因，使它们发挥不出正常作用。不正确的思想、思维以及经历都会降低大脑中5－羟色胺的水平。另一方面，大脑中带有"悲伤基因"的人，日后更容易引发忧郁。

没有读过本书的人，他们的快乐指数粗略等于较平均的两个因素的总和，大约50％的快乐因素来源于基因，另外50％是来源于所处的环境。这两个方面都至关重要。如果读了本书，即便你有悲伤的基因，那也没有什么，更不应该为你的未来一锤定音，因为本书所讲述的都是教会你去克服自己本性的局限。通过培训，掌握正确的理智思维技能，你就应该会面对自己先天的基因，说一句洛雷塔的口头禅："放马过来吧，我势不可挡！"（参见第十二章的"洛雷塔的故事"一节）。

没心没肺，没痛苦！

另一个有关快乐的议题，也受着我们的基因影响，那就是我们大脑中天生的精神偏好。不是每个人大脑的结构和活动都是完全一样的，大脑对刺激的反应也不完全一样，有的非常敏感，有的却相当麻木。一般来讲，大脑的计算与分析能力越强，大脑就越难以保持快乐的状态。猫的大脑比我们人类简单得多，所以并不奇怪，猫的生命中2/3的时间都能保持快乐的睡眠状态，只要有规律地填饱肚子，主人再给点儿抚爱拥抱，绝大多数的小猫都是相当快活的。

可人类比猫对满足的需求要多很多。一般来讲，大脑的脑力越强，对满足快乐的要求就越高。在某种程度上，这就是为什么像酒精、巴比妥这类镇静剂，对人那么有吸引力的原因。这些镇静剂有临时减弱甚至关掉大脑脑力的作用，也就是说，正是通过暂时冻结脑力活动来达到更快乐的效果。你看，反应迟钝的人正进行一段无聊的对话时，如能几杯酒下肚，就会使场面变得活跃，他变得兴奋、话多和快乐。现在我们可以把上述情况做一概括，我们是不是可以这样说："没心没肺，没痛苦！"因此，我想说，如果你有一个反应敏捷的大脑，就要把它练成一把"双刃剑"：一方面，利用你优秀的脑力取得成绩；另一方面，通过学习在面对挑战时还能保持着积极快乐。

选一条更艰苦的人生道路也是选择

在向你介绍快乐的哈里前，我想说，有时候你选择了一条不可能铺满快乐的人生道路，这其实也是一种选择，也是可以的。纯粹的快乐并不是最高的目标。你看，我们生活中有些职业和自己所做出的选择，与其他的事情相比，很难使我们快乐。纳尔逊·曼德拉选择的是正义和平等而不是个人的快乐。无论你怎样对他进行剖析，27 年的单独监禁，也绝不会是为了快乐而轻易做出的选择。可就是曼德拉做到了极致，几乎可以肯定地说，要不是他放弃了住在舒适别墅的快乐生活，他的黑人伙伴们还仍处在水深火热的种族隔离斗争中。曼德拉的品德与人生价值观，促使他情愿选择了一条布满荆棘的人生道路。

爱因斯坦是另一位因自己情愿背起巨大的事业包袱而饱受痛苦折磨的人。他背起的这个沉重包袱使他自己获得快乐难上加难。他在对万有引力和自然光的本质研究中，不断地产生烦恼和痛苦。这种苦苦的研究让他心烦意乱，注意力不能很好地集中，而且引起了没完没了的失眠。唯一能平复他烦躁思绪的办法是，在其他人已进入毫无烦恼的梦乡时，他还在用力大声地拉奏着他的小提琴。本来他与朋友们一起户外徒步登山，是为了好好地放松一下，但他仍不能，哪怕是暂时地停止大脑思绪万千的思考。他不断而且重复地告诉他的同伴，他得知道，如果穿越时光隧道，应该会发生什么。他就是这样不能让他的大脑有一刻的休息。

哲学家们是另一个容易产生不快乐的群体。他们也同样是那样的，别人已经承认接受的、看似简单明了的事情，他们还在那儿孤独地纠结，不愿离开半步。当我们高高兴兴地享受每天的生活之时，他们却不断地在思考，想知道我们每日所经历的事件背后的原因是什么，为什么。这真是一个劳累"危险"的职业。

明事理的人让自己适应世界，不明事理的人坚持让世界适应自己。因此，所有的进步都依赖于不明事理的人。

——萧伯纳，爱尔兰剧作家，1925 年获诺贝尔文学奖

摘自《人与超人》（1903 年）

最差的境遇

在某种程度上，我猜想，我就正位于上面列出的所有风险因素的交叉点上。我出生于一个带有"悲伤基因"的家庭，传承着这样的血脉；我有一个令人烦恼的童年；我还选择了一些风险系数很高的科目去学习，如哲学和神经系统科学，我的大脑对这些领域有极大的偏好，可要是换上其他人可能会抓狂；更有甚者，生命的大部分时间里，我在令人羡慕、充满魅力浮华的汽车法拉利方程1 领域中，做着有关物理和数学方面的工作，我甚至必须每天都要工作 12 个小时以上，其实我本心并不喜欢这样；我并不想写这本书，因为我发现每写一句话，我都得逐字逐句地推敲，做着绞尽脑汁的努力，我的本性并不喜欢做这种事情，我的爱好是数学与物理，而伏案爬格子，对我来说却像是要与文字、文学进行一场令我很不舒服的较量。可这本书却偏偏要求我写出来，我又没有其他的选择，可是……可是……尽管我本身有这么多与快乐无缘的因素，获得快

乐有这么多障碍，我的朋友还是告诉我，我是他们遇到的最快乐的人之一。我确实倾向于赞同他们的观点，但真正地想一想，我可能可以保持这一段的快乐，但我的一生总能保持快乐吗？我所经历的前半生，可以诚实地说并不快乐。只是在学习了这本书提到的那些技能后，我才逐步开始变得快乐和成功的。我想这也是我操笔写这本书的部分原因。你瞧，并没有必要去问一个遗传基因里就带有幸运的人："你是怎样变富的？"因为你是无法通过选择大款父母来获得财富的；也没有必要去羡慕某个人在对的时间、对的地点做了对的事和碰上了好运气，去祈求他给你致富的经验。如果你真正想要学习怎样变得富有，你就要花一点成本向下面这些人学习：无论他们遇到多么大的挫折与悲剧、多么糟糕的坏运气、多么不利的逆境，他们仍然努力并制造自己的机会。这些人才是你真正要学习的。只有最终突破了自己所有不利的背景条件，我觉得你才有资格听我介绍快乐的哈里，你才能知道我为什么认为他才是最快乐的。

与世界上最快乐的人相会

我前面告诉过你，我遇到了一位"世界上最快乐的人"，我给他起了一个绰号叫"快乐的哈里"。好了，我来简明扼要地说说。生活中如果有十种不同的境遇，就确实有十个不同的"快乐的哈里"或者"快乐的哈外"。

他们都是如此快乐，都是如此相配和一样，以至于我都不能分辨出他们谁是谁。有趣的是，这十个不同的"快乐的哈里"或者"快乐的哈外"分享着共同的快乐规则。他们与所谓的正常人有着相当的不同，在下面举出的七个特征中，他们明显地表现超群，反映突出。这七个特征是：

（1）对最理想的未来有清晰的认识，而这一理想与内在驱动力有着完美的对应、匹配和无间合作（参见第十四章）；

（2）有能力克服失望（参见第十六章）；

（3）有一个积极开放而广阔的生活视野（参见第十六章）；

（4）按黄金定律生活（参见第二十六章）；

（5）得到志趣相投之人的爱（参见第二十章）；

（6）有各种不同的兴趣和激情，生活变得丰富多彩（参见第十四章、第十五章）；

（7）有坚定不移的信念（参见第十二章）。

你可以看到，这些有利条件的每一项都是《赢者思维》要教给你的，也是我写这本书的目标。如果你能拥有这些，你就是"快乐的哈里"或者"快乐的哈外"了。

对了，在我结束本章时，我在猜想，你可能希望听到更多有关"快乐的哈里"或者"快乐的哈外"的故事吧。我可以悄悄地告诉你，他们都分散到这本书的不同章节里。比如，"快乐的哈里"激励我去写那一段小插曲"曼哥瑞的玛塔"（第二十一章）。你很容易地就能看出，上述七条特征的第三、第四和第五条就包含在这个小插曲中。所以，请关注分散在书里各个角落的他们吧。你懂我的意思。

第二十五章

效　率

本来，我并不打算写这一章，因为我很希望尽可能快地向你阐释和表达我特别喜欢的部分。然而，当我看到太多的人，当他们应用我书中提供的各种工具而重新获得了一些人生动力的时候，却任凭才刚找到的激情能量白白地、毫无效率地燃烧、浪费，使刚刚激发出来的人生再起航这样火热的半待发状态仓促冷却、平息，这很可惜。虽然我没有用过多篇幅来写"效率"这一章，我也不想夸大其词，把效率问题说得多么多么的重要，但效率的不同的确对你的成功与失败有着重要的影响。

增加持续努力的效率

现在，我请你静静地思考一下你追求的所有目标和所有的梦想，想一想到目前为止你在生活中所付出的所有努力。当你回忆了这些后，我不希望你随随便便地只给出几个字的回答，说："啊！我为此已付出了巨大的努力。"我希望你认认真真地仔细回顾一下你去年的所有经历，想想你与他人联系的电子邮件写了多少，掂量一下它们的重要性；回忆一下电话你打了多少；回顾一下梦想酝酿了多少，以及向自己的目标迈进了多少；看一看你是结识了更多的朋友还是失去了更多，是赢得了恋人的真心还是又一次失恋；想一想房子是买了还是卖了。然后一年一年地往后倒，一年一年地反思回忆直到你又回到了少年时代，再回忆你过去有多少次为制订未来计划而激动不已的情形，也要回忆你因没有完成计划而表现出来的次次沮丧。

毫无疑问，做上述功课是需要付出巨大努力和精力的。

现在，再来看看，在实现目标的征程中，你已经走到了哪个位置，你所有的努力都显示了哪些结果。概率表明，所有的努力中，只有不超过5％的比例是因为你努力坚持了而获得了相应的收获，而95％以上的比例是因为你努力不够或没坚持下去，所以没有得到相应的物质回报或成功。当然，生活绝不能用单一的拥有物质财产的多少和职位的高低来衡量。毕竟，纯粹的损失并不存在，无论什么样的过往经历和努力，即使没有产生经济效益，也仍然帮助你成长，变成今天的你，这些都是你丰富多彩生活的一部分，毕竟失败也是成功之母。但问题是，如果你希望在物质利益方面获得更多显而易见的成功机会，那么，你有两种努力的方式，以增加成功的机会：

（1）要么，投入更多的努力。

（2）要么，提高努力的效率。

花上几分钟对效率问题多思考一下：是把成功机会从 5％提高到 10％更容易呢，还是把努力程度从 100％提高到 200％更容易？显然是前者。你想想，把你到目前为止生活中所做的全部努力再加上一倍，这是谁也做不到的，而且根本不可能做到，但反过来说，你最有可能做到的是，通过去年的努力而有所成就的基础上，今年再去持续地做出同样的进步。因此，你想要对未来有所改变的唯一方式是，大幅度地提高努力的效率。

提前做好准备功课

生活中我们常常感到成功的命中率极低，其最常见的原因之一是我们刚有了一个振奋人心的好想法、好主意，我们就热血沸腾，激情四射，开始了极大的投入，并勇往直前地努力工作，可却没有事前做好必要的功课。一个新项目已开工建设到了 70％的程度，我们才发现缺少建成的关键要素，或者是已经耗尽了所有家底和所有资源，这种情况一旦发生，我们以前的努力全部白费，根本无效率可言。一架飞机已建造了 90％，即使还差 10％没有完工，飞机还是不能飞行，不管它设计得多完善，造型多优美，它的功能与作用也充其量比一堆螺母螺钉大不了多少，除非把飞机全部组装完成，不然，让飞机飞向蓝天的甜美梦想最终会化为泡影。所以事先做好功课，就是为了避免半途而废，就是要求你不但要充分了解自己的资源，还要尽可能认真仔细地研究是否其他人也在做你计划要做的相似产品？他们需要花多长时间完成？他们需要的资源和技能是什么？他们做此类事的困难和障碍是什么？等等。

完成一项工作绝不仅仅是审查一下实施项目（如建造一架飞机），筹划全部所能想到的成本投入，估计一下回本时间，预算挣多少钱那样简单。除此之外，你还要学习其他人的经验，因为在实施过程中，你会遇到成百上千个想不到的阻碍、隐藏着的陷阱、法规限制和技术难题等等。我们已经能明确知道的失败的统计记录是，刚开业运营的新报纸、新杂志有80％在不到一年的时间里就关门大吉。这一悲惨数字产生的原因是，读者群需要长时间的培养建立，而且还需要维护；堆满报架的报纸杂志都用各式花哨的光面加厚的高级纸张进行印刷，增加了成本，可又与读者所付不成正比，等于赔本赚吆喝；广告客户们也不情愿把广告托付给你做，除非你能提供大量的销售记录证明。这几点就意味着你需要有充足的财政资源去支撑至少两年的运营财政亏损，才能将报纸或杂志办下去，不然，你拼了老命，到头来除了一堆堆没有售出的出版物，你会赔个底儿掉，一无所得。如果你不知道你的相应资源在哪儿，行当的规矩、规律及法规是什么，即便你精力再怎样充沛，你多么有创造力，也免不了失败。

资源：双倍规则

当你全部完成了你的事前准备功课，也考虑和找出了你实际需要的所有资源，如人力、资金、时间和物力，现在你就要做双倍估算。如果你还做不到双倍估算的考量，那你就要认真地考虑一下是否要开展这个项目了。我不打算详谈为什么这么说，因为这本书要讨论的主题不是有关做生意的经营指南。我只想说，以我的经验，成功最可靠的预判之一是，开展某一项目之前，除了必要的最初策划，还要看看是否已具备了充足的技能、时间、资金，是否有优秀的人才和团队，以及团队的活力与精神如何。

放弃某个项目的理由——敢于说"不"

在开始实施任何一个项目之前，我还建议你换位思考，想一想假如你放弃做这个项目，其理由又何在。现实中有太多的无奈，我们的情感系统让我们血脉贲张，带着极度兴奋的心情热火朝天地投入到项目的启动之中，可我们却看不到需要沉下心来，思考一下假如不去实施的意义所在。我们喜欢年轻人的冒险和冲动，他们可以满不在乎地在急转弯处以约每小时 130 公里的速度急转弯，我们为他们的惊艳表现欢呼，同时也被刺激得心惊肉跳，但却忘记计算有可能撞到树上，余生在轮椅上度过的代价。当然，在你思考放弃实施某个项目的理由之时，也别忘记考虑失去机会的代价。如果你要开展一个项目，一定要排除其他各种不利因素和其他相似项目也在实施的可能性，一定要多思考，哪怕这就是一个好的项目，即便你不做，还可能有其他你不知道的好项目更适合你，等着你呢。

个人电脑里的特殊文件

有很多简单的小事情你可以尝试着做一做，这可以在不经意间就提高了你的办事效率。我最有效率、最成功的小窍门之一是无纸化办公。我过去习惯于写什么都用纸，想出的点子、要做的事情以及写留言、便条等等我都用纸张来完成。用纸张不仅浪费了物质资源，更大大浪费了时间！经常是在纸上已写过三四遍同样的事我还记不得，因为纸张很容易随便就丢失了，结果浪费了很多时间，也给自己增添了不必要的麻烦。现在，我在手提电脑里设有一组特殊文档，为我以前会写在纸上的东西预留了空间。下面我来介绍我很喜欢和愿意使用的文件夹：

（1）钱包文件夹。

在这一文件夹里，我储存了我的密码、银行账号、信用卡各种信息、网站登录信息、电话地区代码和航空贵宾会员卡号等。很显然，这是私密性很强的文档信息，为了不让任何人看到，我设置了一个别人不可能猜到的开启密码，如"脑干研究"（Brain Stem Research），即便有人用我的电脑也肯定打不开。

有了这样一个文件夹，我个人和家庭的大小私事都在我的掌控下，我还把这个保密文件和密码用文件袋密封起来作为备份交由我的律师保管，以备有什么意外时我的家人能够打开看到。我的钱包文件夹是一个"活的"文件，随时可以升级和更新，以快速对应我当前的生活。我记得在我父亲去世后，处理他的后事有多么麻烦。他的银行账单到处乱放，很难发现它们在哪儿，把它们及时归拢到一起就变成了一件让人很头疼的事，因为没人知道他的宽带路由器密码是什么，连重新设置这点小事也成了一件麻烦事。假如我父亲有一个钱包文件夹，那么所有的事情就会变得容易得多。

真不可想象，几年后钱包文件夹变得越来越大，我经常依赖这个文件夹来方便地查找东西。

（2）知识与信息文件夹。

这个文件夹也是我很喜欢的一个。无论何时我学到了什么新的或有趣的东西，我就及时写在里面。但我写这些东西不是像过去随意写上去就完事了，我是按一定层次和顺序记录在上面的。

第一部分是我所学习到的新东西，按关键词的英文字母顺序排列，并写出明确的分类定义解释。我用的是微软文字处理软件的索引系统，它可以自动生成索引，这样我就能很容易地定期查看。

第二部分是我在物理方面学到的新内容（因为我对这部分内容非常感兴趣）。

第三部分是哲学的有关内容。接下来的部分就根据自己的需要不断列出。我还要重复说一句，真不可想象，我现在已经很依赖这个文件夹了，而且该文件夹变得越来越大。

我建立这个文件夹的想法是，人都会自然地慢慢变老，也就自然地不会像年轻时那样有很高的可塑性，很容易接受知识与信息。例如，人在 2～5 岁时，一年可以记住成千上万个新单词，而成人一年只能记住很少的新东西。但成人也可以学到大量的新知识，只是需要比年轻人多一点努力并学会安排如何学习。不断学习新的知识有利于保护我们的大脑，避免老年痴呆的发生，还可以从中对生活产生更多的兴趣。这也是要活到老学到老的一个原因所在吧。一个科学事实是，好记性不如烂笔头，写下来所记住的东西要远多于死记硬背记住的，更重要的是写下来的东西有助于我们对新信息建立一个新的结构体系。

我在电脑里设置的知识与信息文件夹里，还写进了个人的一些观点和分析，这很便于我的统筹和管理。请你也建立一个知识与信息文件夹，试着应用一个月，看看它对你是否也有价值，也许你也会惊奇地发现，被你平时不经意地忽略掉的那些材料，收集起来十分有趣。

（3）随记文件夹。

我的随记文件夹是记录所有需要保留的随意写下来的纪要，但这些并不是足够重要到需要我去"落实"的，例如提醒我有时间查找一下假期时要在希腊小岛租用一条游艇的费用，或是家具维护的网址之类。查找和比对一下游艇的租价并不是一件急事，因为夏季的来临还有段时间。之所以对此类事情也要做一个提醒性的记录管理，是我不想把事情推到最后几分钟才去办理，这样会措手不及或者丢三落四。另外，我办公室家具的定期更换也会提前写在这里以便做好准备，这些杂事都是随时做随时完成的，所以我把它们放入这个文件夹里，与确实"要做的正事"有所区别，才不会混淆。

随记文件夹的另一部分内容是我要等待其他人回复的或联系的内容信息。我给它取名叫"待定"部分，它也很实用。通过这样的记录我也惊讶地发现，在等待他人回复时，有那么多的事情其实是悬而未决的。这些记录中的事虽然不需要我做什么，但是提醒我不要把它们忘记。在这个电脑空间里随手记录事情，可以让我的大脑保持清醒，做事有条不紊。要知道，人是不可能把纠结在一起的上百万件事情都同时装在大脑里的。要给大脑留下更多的空间，提高处理的创新能力。

整理

成功人士几乎总是比不成功的人更有条理性。但逻辑思维总让我们有这样一种考量：虽然整理工作会对我们完成一件事情有帮助，但花上个把小时去整理工作台上面的工具，就会浪费时间，因为我们的主要任务毕竟不是把工具收拾得干净整齐。但认为过多的整理工作会产生无用功，至少是对条理性的一个错误认识。

其实做好整理工作好处多多，其中一个好处是，你会将"生活细节"里的所有内容看得更清楚。如果你有这样的坏习惯：总是把文件放得到处都是，或者把你要记录的事情随便写在几十张不同的纸片上，你就会很容易忽略它们的重要性，就好像不重要的事情埋在了最下面而遭到冷落一样。收拾整洁与做事有条理性是有区别的，比如，你每天工作结束后可以把工作台整理干净，把工具收拾到工具箱里，但这全然不等同于有条理性；又比如，你也许把税单与汽车年检表放到一起，把保险单和不相关的一些信件归到一块儿，虽然看上去很有条理，但安排上并没有层次化和结构化，所以，当你要找它们时，仍然会感到不那么顺手，没有效率。

成功者、赢者的基本特征是他们能将工作结构化、层次化。请不要忘记我们需要像经营公司一样经营管理自己，个人生活思维导图就是在为你做整理工作。

加强工作中的层次化

如果你能将相互关联的事物按照层次化排序，你就会很容易获得战略性全面思考问题的视角。全面做好工作不仅要将各种事物排序，更重要的是合理地把它们按层次归类。这就是为什么计算机里的硬盘有不同层级的文件夹系统的原因。每一个上一级文件夹里的内容包括了所有下一级相关子文件夹的内容，你只要看一下上一级文件夹的名称，就知道里面是否有你要找的具体内容。比如，你想找 2008 年写的一封信，你就可以忽略像音乐、照片或视频等上一级文件夹的内容，直接打开"信件"文件夹，进入里面去寻找你想要的文件，你根本不需要像大海捞针一样在音乐和照片文件夹里的成千个文件中一一搜索。

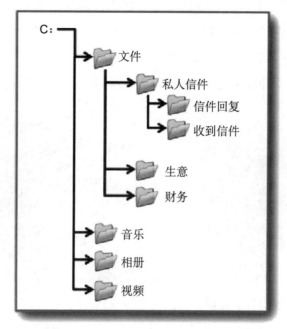

逻辑层次结构分得越多越细，你就越能快速发现目标。一个合理的层次结构还能帮你更容易地浏览和把控整体工作项目，以便检查和确认你在总体上没有忽略掉任何细节。所以，花一些时间打造和发展你缜密的层次架构系统，如建立个人生活思维导图或任何项目的架构系统，这能最终节约你的时间成本、简化你的生活，这就是我的一位亿万富翁朋友能同时驾驭和管理 300 家公司的原因。如果公司事无巨细的工作项目都缠绕成一团塞进他的脑子里，他绝对招架不住。我们的大脑习惯于建立联系和秩序而不愿意储存无关联事物，这就是我们的大脑的特性和工作方式。思维导图非常重要，正好匹配大脑的思维习惯（参见第十七章"像管理公司一样管理自己"）。

不断修正组织架构

组织工作不是一次性的过程。因为你的生活在发展和变化，你就需要不断地重新组织你的层次结构系统，以便跟上你进步的步伐。总之，如果组织架构适合于一个小便利店的经营，那肯定不适合一个大超市的发展。所以从现在开始，你要定期检查自己的组织层级架构是否与生活的进步保持了步调一致。

在结束本节内容前，让我们再扼要概括一下为什么确保你的工作效率是如此重要。简单地说，到目前为止，我们是不可能在生活中投入双倍的努力的，但我们可以将效率提高一倍。

第二十六章

做大脑边缘系统的主人

选定书名左右为难

读到现在，这本《赢者思维》也快要接近尾声了。我应该告诉你一件事，我在写这本书的时候，为了给这本书起一个合适的名字，我都快要发疯了。我与朋友们没完没了地反反复复讨论，几乎持续了整整一年。周一我们刚定了一个方案，周二又冒出另外一个看起来是最好的选择，这让我非常懊恼沮丧，甚至到大街上找不认识的人征求他们的意见。但问题是，我无法在两个听起来都很合理的书名之间做出选择。从写"寻找真正的快乐"那一章（第十一章）开始，我就倾向于将这本书取名为"赢者思维"，但我越写就越觉得不如起一个能一语中的、一下子就能抓住书的核心实质的名字为好，比如"大脑边缘系统的主人"可能更合适。但问题是，从大街上普通人所反馈的意见看，这两个都可以选用的书名没有一个能对他们传达什么特殊的意思，尽管对确定哪一个名字存在异议，可我本人还是很喜欢"大脑边缘系统的主人"这种提法，因为它能把书中所提到的许多观点合并成一个统一的概念。的确，争取做一个大脑边缘系统的主人，正是本书的每位读者所渴求要达到的关键目标之一。

"大脑边缘系统的主人"这个词组，对我来说表达了多重意思。首先，在英文里主人（master）有"精通"和"掌握"的意思，主人能立即将书中介绍的各种工具应用到实践中去，并通过时间（参见第十章"石榴的故事"）的积累，精通和掌握这些工具。其次，这个词组里的"大脑边缘系统"是在突出强调，它在人脑的众多模块中扮演重要角色。过去，我们太过于关注大脑逻辑思维方面的作用，给人们的深刻印象是大脑只是负责逻辑思维的器官，而大大忽略了作为司控情绪的大脑边缘系统的作用，这在许多方面给我们带来了困扰和麻烦。我本人很喜欢"大脑边缘系统的主人"这个词组的创意和内涵，因为它传达了高深的、我们目前还感到神秘的、有关灵魂的信息和概念。就"主人"一词本身而言，它是个中性词，没有性别之分，我们当然不能错误地将之替换为"大脑边缘系统的妇人"这样的性别概念。让我们一起将这本书中的各个重点内容和观点都串联在一起，去勾勒出"大脑边缘系统的主人"那个和蔼可亲的形象以及他的行为方式。

争取做一个大脑边缘系统的主人，正是这本书的每位读者所渴求要达到的关键目标之一。

聪明人与大脑边缘系统的主人

人在儿童时期，很容易以单纯的情感自然流露出以自我为中心、贪心和粗暴的人性本真特征。随着人生的不断历练、教育培养以及自己的主观努力，人们逐步将情感的驾驭控制能力修炼到成人的娴熟水平。

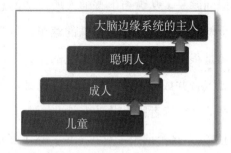

大量的古老文献预言，随着人类的发展，人类将超越正常成人，变成"聪明人"。这种聪明人受到一系列更具智慧、更发达的知识体系支配，并在这样的环境里生活。甚至有更极端的学说鼓励我们放弃世界，放弃所有的欲念，去除我们的情感，让我们变得无欲和超然。很不幸，虽然这些古代超前的思想确实能帮助我们减少痛苦、增加成功的机会，但同时也会使我们生活中那些愉悦的经历变得暗淡。

能管理好自己大脑边缘系统的人，就是我所说的"大脑边缘系统的主人"，他既能懂得并按照生活中的常识做事，又不被自己的情感系统所左右。他寻求的不是封闭自己的情感，而是对情感进行管理和加以控制，确保自己的大脑边缘系统所释放的情感很恰当地与自己特有的理想目标保持一致性和正确性。当人们熟练掌握一种工具操作后，不会把它撂在一边，而会将它应用到自己的实际工作中去。同理，深谙情感产生的来龙去脉和套路后，不要把它束之高阁，而要管理好它们，正确地欣赏它们所带给你的生活的韵味。

以惠我之心惠人

聪明人与大脑边缘系统的主人之间的差异，通过观察他们如何与其他人互动就可以知道。聪明人行事是以各种规则来引导的，所有规则中最伟大的一个是古时候就提出的"黄金定律"。它是这样的："以惠我之心惠人"；而大脑边缘系统的主人在做事时靠的是一种魅力，这比按黄金定律做事的境界还要高一个层次。作为大脑边缘系统的主人，他不仅仅只是遵循黄金定律做事，也就是说，他不仅能发自内心本能地感觉到他人的痛苦或感受，而且这种感觉或感受是深深植入内心、情同于己的真正感觉，就好像自己也在忍受着痛苦一样，感同身受，其结果表现出的是与黄金定律原则相符，但又超出这一境界的情感行动。大脑边缘系统的主人之所以能做到这一点，是因为他充分了解自己的情感系统并知道如何连接，以便对应地回应他人所处的境遇，就好像他人的情感直接地连到了他的大脑一样。在古老的北美印第安原住民的智慧里，有句谚语："只有你也穿着他们的平底莫卡辛鞋，与他们一起走路，才有资格对他们品头论足。"意思是说，只有设身处地，与对方在衣食住行方面深入融合在一起，才能充分了解对方的所思所想以及各种感受。其内在的道理与大脑边缘系统的主人所表达的境界是一样的。

因为大脑边缘系统的主人能真正对他人充满浓厚的兴致和深厚的感情，而不是勉强刻意为之，所以他们很容易交到朋友。就像戴尔·卡耐基[1]这位人类情感交流的推销者，在他的书中给出的智慧忠告一样：人的相互交流应该并非着意想知道什么，而是发自内心的、自然而然的。当倾听别人诉说的时候，大脑边缘系统的主人确实也是带着这种态度去倾听、去更好地了解别人，而不是为了给对方做出一个清晰的回答甚至反驳。他更感兴趣的是谈论他们关心的事情而不是自己。做到这一点，就像做好其他的事情需要大脑重新连接一样，要花点时间并且要实践，而不是像学会一个简单的为人处世的道理那么容易。学会管理和控制自己的大脑边缘系统，做大脑边缘系统的主人应该被看作是一门很先进的技术，需要一些相应的工具来重新关联我们的情感。这些工具我们在前面的章节里都已学习过（参见第九章"情感强化CD碟"）。

自私、以自我为中心与大脑边缘系统的主人

像前面提到过的，孩子的天性是完全关注自己的小世界，尽管自己手里已经有了更好的玩具，只要其他孩子有任何新的玩具，他都想立刻要过来。正是因为孩子们的注意焦点完全是他们自己本身，所以在孩子圈里你会不时听到很多不愉快的哭闹声。随着孩子们的生活逐渐变得更社会化，他们也会渐渐地磨去自私和以自我为中心的棱角。但令人不解的是，还有大量心智已经发育成熟的

---

[1] 《如何赢得朋友和影响他人》的作者。——译者注

成人的行为仍然表现得极度自私自利。例如，交通高峰期的路上，特别是出现双车道变一车道的路况，别人开车都可以守规矩地缓慢鱼贯而行，或按顺序排队等待，而有人却瞄准机会超车而行，而且把这种机会用到极致，能超多远就超多远。他自以为是地认为自己比别人更重要。这样的人与朋友约会喝咖啡可以姗姗来迟，这一不守时举动的潜台词是他的时间比他的朋友更重要。

如果这种本性的自私内核不加以有效管理和控制，那么儿童时期所遗留下来的一些自私的本质特征就会继续影响着已发育成熟的人们，而且会影响持久并且有各种各样的表现，比如，他们会认为其他人的痛苦和需求明摆着与自己毫不相关；他们可以经常进出豪华饭店吃吃喝喝，根本不去想什么非洲饥饿的难民；他们可以吹毛求疵地看待自己的邻居，却看不到自己头顶的虱子。

大脑边缘系统的主人，他的行为之所以会与众不同，是因为他本原地以自我为中心的倾向已被自然的、宽广外向的胸怀所代替。他的情感已经超出自我，连接到了宽广的社会层面，他的心胸已装满丰富的社会情感，这就使他想要做的事情变得与众不同。

宽恕与大脑边缘系统的主人

一位单纯本真或者说不世故的人，会对他所处的各种环境做出下意识的反应或对待，比如对于错怪了他的事情，他会不顾一切、不受控制地表现出愤怒的情绪，这种下意识的本能反应在史前时期对人的生存是具有积极价值的，但已不再适应我们现代的文明社会。而大脑边缘系统的主人能够控制住自己还手反击的冲动，是因为他有高瞻远瞩的视野和心胸宽广的视角，这帮助他抑制大脑边缘系统里的"对抗模块"发挥作用，并在第一时间就能看清对方的弱点和缺陷，一眼看穿产生愤怒的血性迷雾背后错怪自己的本质原因；这种心胸宽广的视角取代了报复心理，换来的是对对方的理解以及对对方施助的真心。这绝不意味着大脑边缘系统的主人是没有骨气的懦夫，事实上恰恰相反，大脑边缘系统的主人坚持的是事物的正确性和公平性原则，坚守各种原则底线。这种伸出同情与慈悲的温暖之手，通过教育和启迪所最终达到的目的和效果，远不是愤怒和大动干戈所能达到的。

朋友犯了错误时，错误仍然是错误，朋友仍然是朋友。

——西蒙·佩雷斯，前以色列总理

浪漫与大脑边缘系统的主人

像这本书介绍过的大部分实例和故事那样，只要生活中出现了恰当的平衡，浪漫之情就会有最美丽的绽放。如果我们强烈的性欲像脱缰的野马得不到约束，难以控制，那么我们的双眼就会因此像是受到蒙蔽，就看不到自己的恋人真实自然的内在本质。开始我们的恋情还可以建立在表面炙热的欲火之上，但要小心，这一欲火往往会遮挡住内心真正的爱情火焰，如果不及时点燃内心的爱火并使之熊熊燃烧，那么，浪漫之后的欲火就会很快失去热度，恋情将会变得黯淡无光而没有了激情。相反，如果体内没有足够欲望的化学物质作支撑，当然也就无力在短时间内以爱情的名义将两人捆绑在一块儿。

重要的是，浪漫的产生和维持不是仅靠体内那粗燥的化学物质喷涌的数量，而是要看心灵之间是用怎样的纽带彼此相连。大脑边缘系统的主人对待爱情关系，不是靠过度的本能吸引，即便是心中那些原始的化学物质在产生着炙热火焰，熊熊燃烧，他/她也能通过对方的外表冷静而正确无误地发现自己恋人的内心在想什么。这不是说他/她要历数品评恋人的缺点或不足，而是通过知晓对方本身的弱点和局限性，能更好适当地驾驭和经营彼此之间的关系。一对今后可能在一起，成为心灵相通的配偶之恋人，多半都会为了一点小事闹别扭，甚至剑拔弩张，那么，这时彼此是否能冷静地想一想，对方是厌倦了以往单调的日常生活吗？需要给他/她换一个平和安静的环境吗？是否能冷静地想一想，这是他/她要结束这段感情的信号吗？或者还可以这样想：这能促使自己很好地去反省，给自己提供了提高和进步的机会。要想沿着自己的理想未来前行，这就要求你的伴侣也能理解你、适应你，并陪伴你共同奔赴属于你们的特别旅程。

当热恋正在进行时，大脑边缘系统的主人能通过种种迹象和彼此交流的情感，心态平和地判断出他们之间的匹配度。大脑边缘系统的主人能品味激情而不是消耗它们，能彼此爱慕和崇拜，而不是变得更独立。为了能做到这一切，大脑边缘系统的主人被赋予了权威般的全部能力，能正确地点燃自己边缘系统的炙热火焰，并能适当把控好它的火力。大脑边缘系统的主人具有更多的经历与经验，能超越聪明人的知识水平，甚至超越智慧。另外，大脑边缘系统的主人的情感总是高涨而奔放的，但绝不是不受约束和失去控制，把握平衡正是所有大脑边缘系统的主人能掌控好的基本能力。

智力与大脑边缘系统的主人

那些单纯本真或是不世故的人，都理性地回避生活中那些不确定、很难有答案的事物。他们喜欢黑白分明，凡事尽可能地直截了当，因为如果事物存在着不确定性，他们会从情感上就感到不太舒服。这种人的思维还很原始，没有很好地发育，一遇到电闪雷鸣就需要求得一个圆满的解释，渴望得到的知识是对的，但当他们还不够聪明到能真正听懂真实的解释时，问题就出现了。这时，这些单纯本真的人就会在脑子里自己想象出一位宙斯神，在天堂里与电闪雷鸣愤怒地搏斗，这样他们才会满意，因为愤怒搏斗之中有了直截了当的结果，那些不确定的事情就被驱除了。相比之下，大脑边缘系统的主人既能在大脑里保持对求知求解的强烈渴望，又允许那些还没有答案的问题同时在大脑里保留，这就意味着他不需要自己虚构一个东西出来，尽管他在相互矛盾而又具有不确定性的事情出现时，其知识水平还可能不足以为他做出解释并帮他采取应对措施，但他也完全能接受这两种不好调和的事实的存在。

在面对挑战时，单纯本真的人愿意怀揣一套自己的特殊理论，以一种特别紧张和恐惧的心态坚守着自己的信念，无论是出于对信仰的虔诚还是对某种政治目的的追求，他们都投入了太多的情感去执著地编织自己的蓝图。为了减少自己内心的情感冲突，单纯本真的人总是极端地将人群分成不是英雄就是恶棍，根本就没有中间地带。

而大脑边缘系统的主人与常人不同，他能更清楚地读懂周围的每一个人，既不是仅仅看到了他人的内心深处，也不是仅仅看到了他人情感宣泄的外表，而是将两者恰当均衡地融合到一起，像电视机的接收天线，将音频和视频信号同步融合，展现完美的立体影像。

莲花与大脑边缘系统的主人

佛教信徒经常用莲花作为得到教化和启迪的隐喻。

> 美丽恬静的莲花，深深扎根于泥土，
>
> 舒展宽大的莲叶，享受着雨露的滋润，
>
> 吸吮芳香泥土的营养和款款清水的润育，慢慢长大，
>
> 在阳光的沐浴下，绽放着纯净和完美，
>
> 就像心智之光在渐渐打开，
>
> 充满了愉悦与智慧。

这种隐喻，也如同是描绘出了成为大脑边缘系统的主人必要的心智历程。我们人类的大脑也有它自己莲花般的根茎，深深扎根在远古时代黑暗混沌的土壤之中，这一史前黑暗的丛林环境，塑造和形成了我们人类大脑最初、最原始的思维运转模块。人类演变的自然结果是，我们没有经过特别训练的大脑，其本质还像个不谙世事的孩子。为了让我们的生活绽放出美丽、愉悦和智慧，我们必须帮助自己的大脑穿透纠结迷惑的迷雾，在人生泥泞的道路上成长。我们像莲花一样，向着灿烂阳光不断伸展，那里是我们情感和理性的融合之地，我们在它的感召和指引下成长、成熟。我们不拒绝我们的本性或是情感，但我们

愿意给予它们强化，让它们变得更加强壮、坚不可摧。关键是我们能否调整和平衡好我们的情感与理智，让它们融合到一起去工作、发挥作用。只要我们的船桨和船舵是协调在一起、配合地工作，我们就能扬帆速航。

第二十七章

外公的小屋 ——一个非常
温馨和私密的结尾

这一部分可能是本书中最个性化的章节了。在接下来的最后几页，我打算向你揭开我自己生活中，最私密、最本我同时也是最温馨的部分。其实我本心真的不想这样做，因为我也是一个以自我为中心的人，也是生怕你知道了我的私事；我肯定不愿意这样做，因为我的个人生活对我来说也同样十分重要，事实上，我宁愿保护我个人生活全部的私密。

然而，当我写完这本书的第一稿时，就觉得有什么东西至关重要，但仍然没有说清或写出来。当我试着写这章时，我就决定一定要把它写出来。现在，我得做一下深呼吸，真是不情愿啊，让你走进我的个人世界。

奥塔哥大区①

毋庸置疑，在我的全部生活中让我印象最深的是我外公的那座小小的白色度假屋。关于我外公的一些情况，你已经在本书的第二十一章"外公说的'小细节'"中了解到了一些。外公的小屋非常普通，就坐落在克鲁萨河岸边的一片小地方，比邻还有其他八套院落。就是这样一片小地方被人们乐观地叫作艾伯特小镇。通往小镇的路只有一条，但没有完全修好，因为那条路没那么重要，人们也就没给它起个名字。艾伯特小镇位于新西兰南岛奥塔哥大区，但很偏僻，距离大区中心还很遥远，可距离场面壮观、风景秀丽的《指环王》电影拍摄地不远。

在我九岁那年，我整个暑假五周的时间，都是在克鲁萨河岸边的白色小屋与我的外公外婆一起度过的。那段经历是如此深深地影响着我，以至于我在想如果时光可以倒流，我真的会马上再变回那个时候的我，再次重温那段美好时光。基本上可以说，那段经历让我变得更加成熟了。后来我花了四十年时间才清楚地认识到，那个假期是怎样塑造了我今后的生活。

① 奥塔哥大区是新西兰南岛靠南端的区域。——译者注

外公站在小屋前凝视克鲁萨河

　　克鲁萨河水深流急，还保持着淳朴的原始生态，河水冰冷，波光粼粼。远处卓越山脉的积雪融化，流淌汇总而形成克鲁萨河的水源。卓越山值得叫这个名字，因为它本身确实很卓越。克鲁萨河的水质是非常纯净的，抽到水塔里放置一小时后就能饮用，不需要经过过滤。这些年来，我几乎游遍了世界的每一个角落，但我想说，奥塔哥大区的风景，毋庸置疑，是我看到过的最引人入胜、最壮观的。人们开玩笑地说，上帝在练习建造世界，当他将地球的大部分建造好后，他的建筑技术才最终达到了完美的程度，之后他以最高超的建筑技术打造出了风景秀美迷人的奥塔哥大区，这才完成了他对整个世界的创造。上面的照片是从外公的小客厅向外拍照的，是我九岁时拍摄的。照片里，我外公站在岸边看着克鲁萨河。而另一张就是我外公的那座小小的白色度假屋。每当我看到这两张旧照，它们都会勾起我对往事的回忆，都会让我产生心灵受到阵阵强烈灼伤的感觉。在我解释为什么这段经历对我来说如此重要，或者说对我意味着什么之前，我想换个话题，向你讲一小段关于我父亲和我童年在奥克兰成长的故事，请你听听。

我的父亲

我的外公特雷弗·亨利爵士，就是我母亲的父亲，你已经知道他曾是全新西兰最著名、最受人尊敬的法官。这就意味着，我的母亲是在一个拥有地位、特权的家庭里出生的，是在高级社区、名流社会的环境里成长的（至少在新西兰的那段时期是这样）。而我的父亲却是在有五个孩子、相当穷困的家庭里煎熬，他排行老大，是长子。在他小时候，新西兰绝大部分家庭都已有了很现代的电炉，可在父亲的家里，为了做一顿早餐，每天还要起个大早，先去生煤炉，不仅弄得满屋子烟熏火燎，而且麻烦费事。煤火是父亲的家庭生活不可或缺的，它为做饭、烧水和冬天取暖提供了热量能源。尽管生活不富裕，但还是有自己的房子，通常也有维持生活的经济来源。

在我的记忆中，我还能清晰记得父亲一早醒来就开始一天的忙碌，为家里的大事小事操心，盘算着自己要做的事的样子。我印象中，父亲的生活并不贫乏，虽然他不像一位有天赋的学院派学者，但他是一个勤奋的人、艰苦奋斗的

人。他在学校里极其努力用功，克服了所有的困难，以优异的成绩考入了医学院。

在那个年代，绝大部分医学生都来自条件好的富足家庭，他们能担负得起七年昂贵的学费，也能支付价格不菲的医疗器具等学习用品。新生入校时，其他同学都大包小包带着齐全的生活物品，可父亲来校报到时除了随身带的几件衣服外就什么也没有了。因为没钱，脚上穿的一双旧鞋还破了几个洞，寒冷的冬天，遇到雨雪天气就会进水。为了能支付自己的生活费和住宿费，除了与其他同学一样，每天都刻苦学习到深夜之外，他还要在其他人都熄灯睡觉之时，到面包房开始他的晚班打工，一直干到把面包发起烤熟，此时已是黎明时分，这才回到宿舍，爬上床睡上几个小时，因为转天还要继续回到教室攻读他新一天的课程。父亲之所以能成功，全凭他发自内心火热的执著和固执、绝对的艰苦奋斗精神。

父亲所从事的许多课外活动都是那个时代他的同辈们常做的，比如参加每个月举行的教堂舞会。就是在一次舞会上，他认识了我母亲。为了赢得母亲的芳心，他献上真情表白。无疑，母亲是舞会上最亭亭玉立的"白富美"，先下手为强，这样别人就没机会下手了。要知道，按母亲的个人条件和家境，那时有太多的"高富帅"、"小鲜肉"和成熟世故的年轻医生和律师可供她挑选。

可我父亲，倘若没有那份永保乐观主义的心境和做什么事都全心投入的劲头，他就什么也没有了。他是那种无论面对什么样的艰难困苦、残酷无情、冷嘲热讽，都能充满自信的人。当然，他最后牵到了我母亲的手，要不然我今天怎么能写出这段故事呢。接下来，父亲毕业后就在奥克兰经营了一家私人诊所，但他没有从事普通外科工作。由于父亲内心的执著和雄心壮志，不久，他就成为整个新西兰最忙碌的医生。

父亲是我所见到过的内心最执著甚至固执的人。让我来打开一扇小窗，看看"执著"、"固执"的意思是什么。在西方医学界，有一个早就被接受和允许的医疗手术方法，叫"输精管结扎手术"。很久以前，父亲听说中国在这方面又有了新的手术方法，很流行而且普遍开展。所以他长途跋涉，辗转了半个地球才到了中国，去学习这门技术。这可是很久以前的事了，那时的中国还没对外开放，我真想象不出，他是怎样在陌生之地一个人克服语言障碍，历经曲折艰难找到那些人的。回到新西兰后，父亲很快购买了最先进的手术器械和消毒设备，在他的诊所增加了一间手术室。实际上，他建起了一个微型医院，在他的诊所里增设了手术外科治疗项目。这一举动，对一个仅仅是家庭医生的父亲来说，是有很大风险的，何况在当时，新西兰还没有大范围开展输精管结扎这样的特别手术。几个月后，他又认定飞利浦牌高压蒸气灭菌器（一种消毒设备）设计得不合理，让他很不满意，按照父亲的脾气，他认定自己应该造出一台。他的确可以自己制造一台比飞利浦要好的高压蒸气灭菌器，为什么呢？因为首先，他到图书馆去查看、研究和比较这些设备是怎样工作的（以前，这类信息是很容易在图书馆查到的）。然后，报名参加夜校学习焊接技术。接下来，他自己沿着又长又大的不锈钢罐，一块一块地焊补，并做到了真空密闭完好。后来父亲又自己设计了电路来连接控制所有的真空泵、马达和加热器等，这样一台"土造"的消毒设备就造出来了。它没出一点儿故障，运转良好，一直伴随父亲后续的医疗工作三十年。的确，我父亲在后来的行医实践中做了很多例输精管结扎手术，其他家庭医生都戏称他为"马匹屠夫"①。

_____

① 很久以前，此类输精管结扎手术只在动物身上实施，是兽医的工作内容之一。——译者注。

　　我再讲几个关于父亲特别执著固执的例子。他是一位热情高涨、信奉正统派基督教的基督徒。在参加当地浸信会教堂活动多年后，他认定那里的活动方式不正确，解决的办法是由他自己来开一家教堂。每到星期天，他就作为牧师进行布道，还在每周定期开办圣经课程。所有的这些工作和活动，使他成为全新西兰最忙碌的医生。但这只是冰山一角，父亲还担负起录制、复制、派送、发放基督教福音录音带和影片的工作；他还建立了自己的国际基督教徒通信学校，动手写了所有的讲义和材料，这些材料也为他所做的大量工作留下了人生印记。另外，那时为了丰富人们的业余生活，每周日晚在教堂广场都有广场舞会，父亲很喜欢跳舞，于是他又有了自己的广场舞俱乐部。由于父亲的热忱，俱乐部办得红红火火，取得了巨大成功，每周有数百人聚集在广场，在人们翩翩起舞之时，他就开始进行"天之召唤"的演说。父亲花了数不尽的时间每天晚上都要反复练习"天之召唤"的演说词并准备与组织俱乐部的各项工作。

　　我要是继续讲下去，可以讲出十五六个甚至更多关于父亲所从事的主要事业（比如建立发展自己的电影制片厂、出品自己的电影等）。但这些故事细节并不重要，重要的是，我想让你知道我父亲如此执著的驱动力是什么，他的这种驱动力是执著地一定要取得自己的成功，而不是过平凡的生活。

　　很不幸的是，他的这种高大上的追求和目标，却十分负面地影响着我，冲击着我幼小的心灵。

我的童年

　　在家里，我是唯一的男孩，可以肯定地说，父亲很希望我成功。如果说他是经过刻苦努力和严格训练取得了成功的话，那么他要求我，要加倍地刻苦努力和加倍地严格训练，这样我甚至应该比他取得更大的成功。所以我的家像是一个军营，有着严格的军事化管制，父亲用铁一般的拳脚说话。只要他发出一个指令，孩子们如果只是看到却没有听到，或者连看都没看到，反应稍微迟缓

一点就会招来一顿拳脚相加。我是一个天生敏感的男孩，每天我都是小心翼翼、战战兢兢地度日，生怕万一我哪点儿没做对会引来急风暴雨般的教训。吃饭对于我来说成了一件非常非常恐怖的事，什么时候吃饭有严格的规定，几分钟吃完也有规定的时间。我们吃晚餐规定的时间是每晚 5：30，不能是 5：20，也不能是 5：40，就必须是 5：30。吃饭时我们要坐得笔直，不能把双肘放在桌子上。每咀嚼完一口食物，都要将刀叉以正确的角度放回盘子里，晚餐没有结束是不可能提前离开回睡房的。我的睡房才是我相对安全的小天地，是在楼下的一个房间，远离父母，也远离我的姐妹。

说到我的学习成绩，我总也做不到足够好。如果我得了全班第一名但分数是 30 分，那可就糟了，至少 50 分以上才能算是可接受的水平，很明显，这 30 分的成绩可是严重不及格。① 其实也有好的时候，但很罕见，一年也就一两次吧，我们可以像"家庭"一样，一起去餐馆吃饭或一起看一场电影，可那种时候又变成我们最有压力的时候了。在公共场合，无论我们如何努力试着做好，还是会出错，换来的是一顿劈头盖脸的责骂。本来全家人一起吃饭看电影应该是多么美好的事情，但对我来说却变成了极度不愉快、最不愿意参加的活动。

我特别憷头和憎恨每天放学回家，因为一回到家我就焦虑不安。我根本没有特别要好的朋友，因为在不经意中得知了邻居的所有男孩子们都排斥和不接受我。这不是因为我本身不被他们接受，也不是我不愿意跟他们一起玩，而是因为时不时地总听到父母说那些孩子不是好孩子的条件反射使然。所以我总是一个人，把自己闷在楼下房间里几小时，孤独地度过漫长的时间。时而看看书，时而愣愣神，经常感到相当地悲观和极度地孤独，总是觉得自己不够强，做得不够好，这种不自信的感觉，就好像癌细胞一样慢慢地，也是毫无疑问地吞噬

---

① 西方的教育评分体制与我们的评分体制有所不同。他们是按各科目累计总成绩来计算，因此，一次单科成绩得 30 分已经是很高的成绩了。——译者注

着我的灵魂，毒害着我身体的全部系统和我对生活的正确态度。这种"做得不够好"的不自信意识，让我在参加一次重要活动时暴露无遗，其尴尬程度达到了极点。其实在我心里，总想要为父亲做一些足够好的事情。在多少年后，当我获得奥克兰大学应用数学最高奖时，我十分激动，我认为我终于为父亲做出了一件足够好的事情了。于是，我兴高采烈地告诉父亲，可他听到这个消息，只是带着没有任何情感的语调说："这很好。"然后快速转过头去，继续忙乎他正在做的事情。

许多年后，外公告诉我，他知道作为一个孩子，我的童年时代是怎样过来的，他的心经常为我流血。正像所有动听的故事经常发生的那样，在这个小故事的结尾处也出现了转折。当父亲一天天变老时，很多事情相当不可思议地发生了。他变成了一位真正令人惊叹、有智慧和有热度的人，他是那样地慈善、积极、热情，我能强烈地感到他为我自豪，他成为我最好的朋友之一。在他生命最后的日子里，我们彼此分享着真诚、友谊、单独私密的美好时光和爱。可能我把故事的结局还是说得过早了一点，在本章的结尾部分，我还会向你介绍我的"另一位"父亲，在那里，我再向你接着讲述吧。现在，我还是带着你再回到外公的小屋。

艾伯特小镇的假期

在南半球，每年夏季的中期，我们会迎来圣诞节。圣诞节、新年元旦和年尾歇业都连在了一起，成为一个大的节假日。对上学的孩子们来讲，就有长达六周的假期。孩子们简直高兴死了，都会情不自禁地喊一声："Yippee!"①。大部分时间，他们都要去海边或湖边游玩，因为我们 Kiwis② 都酷爱水上运动。

---

① 开心时发出的欢呼声。——译者注
② Kiwis，几维鸟，是世界级珍稀动物，新西兰的国鸟。新西兰人把它作为对自己的戏称。——译者注

前面我讲过，在我九岁那年，我自己独身从奥克兰来到艾伯特小镇，与外公外婆一起共度了五周的时光。在那个年代，从奥克兰到艾伯特小镇，能乘坐的是一架非常小型的、代号为 DC—3 的飞机，要坐整整一天。好像在天上飞行不了多长时间就又要降落到另一个小型草坪跑道上加油。我说"跑道"，那是有点夸张，其实就是某个农场中间围起来的一块较平坦的草地而已。你可能没有体会，搭乘那样的飞机真感觉是在拿生命冒险。在今天，这段航程，乘飞机只要用两个小时就能直达，是很方便的。可比起过去的那种冒险旅行，现代发达的交通工具多少缺失了一种不是人人都想要的刺激和经历。

我到达皇后镇机场后，外公开着他的汉巴超级狙击手牌轿车来接我。他的声音、举止，甚至他的双手都是那样地温和。就这样，开启了我假日生活的快乐时光。你看，克鲁萨河那美丽的岸边，集聚在一起的那九座恬静的院落，成了我与十五个和我差不多大的孩子们快乐嬉戏的天堂。每天我们都是在一起无拘无束地玩耍，在兴奋的猎奇中度过。我们一起欢笑，一起做着有趣的游戏，一起在河里畅游，一起吃东西，一起骑车闲逛，甚至一起编排出各种搞笑的节目。夜晚，有时我们挤在院外的帐篷里，一起甜甜地进入梦乡；白天，有时我们直接躺在地毯上，相互偎依在一起，上面再盖上大大的毛毯，一起出神入化地聆听着那一段段动听的故事和一段段神奇的美丽传说。这短短的五周时间，我一天也不想离开那里。

　　每天清晨大约五点左右，外公肯定起床，去河里捕捉两大条漂亮的虹鳟鱼作为早餐，他从没有空手而归过。与此同时，外婆也去外面采摘新鲜的野山莓，于是，烹饪好了的虹鳟鱼和野山莓，用特大号的瓷碗盛着端到了餐桌上，我们撒上薄薄一层粗砂糖，轻松愉快地享受着它绝妙鲜美的滋味，而这就是我们一天生活的第一个内容。

　　我在艾伯特小镇的五个星期里，那里从没下过雨，天气虽热但干爽。几周干热的天气，让地上的绿草变得有点干，但地上的一些小花朵却散发出阵阵特别的芳香（多少年后，我在遥远的世界某地也闻到了这种花香，情不自禁地回忆起迷人的艾伯特小镇）。

　　找不到更多的词汇来形容我在艾伯特小镇时无比快乐的心情，就是用"不可思议的魔力"和"神奇"来形容也会感到苍白，不那么确切！在我心里确实有种不可名状的温暖感觉，而这种感觉我以前从没有过，它丰富而又生动，我发誓我能品尝到它的味道，它的芳香直沁我的心灵。这种感觉绝不是我在有意比喻或渲染什么，我是真的能闻到、品尝到。

　　天下没有不散的筵席，假期也有尽头。我整理好了行囊，外公把它放进汽车的后备厢里。当我来到车门旁，我的手触到车门把手时，顿时感到好像受到了巨大的打击，说不出的一种难受。我对外公说："不知道怎么了，我觉得非常不舒服，好像是生病了。可我没病啊?! 也许是吃了什么东西吧。"我想外公是了解到了什么，并没想着立刻采取什么办法，只是用他平静温和的语调说："在我面前蹦蹦跳跳吧，孩子，我相信这趟旅程能对你的不舒服有点帮助。"在那个年代，恐怕"汉巴超级狙击手"是最大的轿车了。当时的汽车还没有助力方向盘，所以这部车的方向盘很大，用以提供足够的杠杆作用来帮助驾驶员驾车。外公是大人，我是小孩，所以我坐在漂亮的皮车座上，就显得我更矮小了。在去往机场两个小时的路上，外公不停地给我讲着一个又一个有趣的故事，以免我一个人在那儿胡思乱想。讲各种有趣的故事可是外公的拿手好戏，因为他是我见过的最有知识、最聪明的人之一。虽然他的故事非常有趣、非常吸引人，但我还是更愿意通过下面的一小段叙述，来再介绍一下我这位可爱的外公，看看他是一个多么有趣的人，以便你能对他有更清楚的了解。

正是在外公快要到 100 岁时，他照例每周二下午来我家坐坐。有一次，我们坐在家中的游泳池旁边聊天，一只翠鸟落在了我们附近开始喝水，我告诉外公在鸟类里我最喜欢翠鸟。我还告诉外公我喜欢它们有很多原因，它们站立时都笔直笔直的，不像大部分鸟类是水平站立，它们飞得超快，还有它们身上的羽毛是极漂亮的湖蓝色。除了这些，更难以置信的是，只要一有好天、好事、好心情，翠鸟就落在我家的后院。作为交流，外公不假思索地给我讲解关于翠鸟的起源、血统、习性以及各种鸟类的相关知识。他当然不是在炫耀自己丰富的知识，他是想勾起我对我所钟爱的翠鸟进一步了解研究的兴趣。在我把他送回家后的那天晚上，我接到了他打来的电话，他说他又翻阅了一下《不列颠百科全书》，发现忘了告诉我有关翠鸟的一个小细节，并对他的疏忽一再道歉。最后，他说："我发现这本书有点不好读了，大量的翻阅让这本书每一页都离了股，散了架了。"真让我感叹，现在世界上还能有多少人因为反复阅读，把整整一套《不列颠百科全书》读旧、读破、读散架了呢？除了他，可能真找不出第二个，但我外公甚至到了 90 岁以后，还能端着这本巨著，坐在那儿一读就是几个小时，像一个渴望知识的孩子在这个丰富多彩的世界里孜孜不倦地，甚至贪婪地吸吮着每篇文献的营养。好了，我们还是回到艾伯特小镇。

有了外公的陪伴，去机场的路途中就充满了乐趣。但刚一离开外公登机后，我那难以言表的感觉再次重现，好像层层乌云又笼罩在我的心头，几小时前我还能尝到、闻到的快乐之感，现在一下子被一股不堪忍受的悲伤所代替。假如说我过去的生活是悲伤的，但此时此刻，我的悲伤要多三十倍！以前，我不知道什么是分离，但现在我懂了。

回到家后，我想我很难从这种悲伤情绪之中恢复过来。为了让悲伤消退，我的内心又让孤独感再次升腾，并持续数月，让它来代替我的悲伤，我能做到的也只能是这样：让我所有的悲伤情感都慢慢地埋葬于我的内心深处，也许只有这样才能停止感觉，悲伤痛苦也就消失，我就可以逐渐地回归正常的生活。可问题是，这种对付悲伤的办法使我变得更孤独、更独来独往，很快变得对别人抵触、厌烦，甚至在玩得很 high 的聚会上我脸上所挤出的笑容，也流露着悲伤的内心痕迹。所以我花费大量时间把自己孤独地消融在数学和物理世界里，好像它们才纯净、才精准，也不会对我有任何评判。在我十岁那年，我"发明"了超级增压器，但并不知道有人已经发明了；十一岁时，我没有参考任何文献资料，推导出向心加速度公式。

但在我的人生中，让我感到更糟糕和严重的是，在我只有八岁的那年，因为一件令人恐惧胆寒的事情，让我早早地失去了我本应在那个年龄段应有的天真无邪。只不过那件可怕之事在艾伯特小镇的假期里被那些快乐时光给掩盖住了，但现在那件令我毛骨悚然的事情就像幽灵一般又回到我的思绪中，时常萦绕心头。这件事是我小的时候一次照镜子时发生的，当我凝视镜子时，镜子里我的那张脸在看着我，但瞬间，就像进入多面镜迷宫，无数个各种各样的"我"来回折射，反复不断地出现，"他们"都在好奇：这个血肉之躯的"我"怎么会有那样的情感和知觉。我不能准确地描述当时的情形，但当时我充满了极度的恐惧，用"魂飞魄散"来形容一点也不为过。为什么当时会出现那种幻觉，到现在都是一个不解之谜（从那以后，我不敢再多看镜子一眼，要是梳头也只是快速地瞥一眼而已。但在这个太可怕的事情出现以前，我都是要仔仔细细照镜子的）。就是从那以后，作为一个八岁的孩子，我开始拼命地想知道有关"生命的意义"到底是什么。我真的并不在乎我死了之后会发生什么，但我特别在意和更想知道的是，在我出生以前，"我"到底是谁。谈这些问题确实会令人感到有点不可思议，也很难有个确切答案，但无论怎样，在我去世后，我是既能接受去天堂的说法，也能接受慢慢消失，进入不存在状态的猜测。可我一直想要搞清楚一个哲学命题："我"怎么就从来没有存在过呢？"我"怎么就能从无生有的呢？

随着时间的积累，我学会了去接受生活中各种各样的感觉，因为这是我命

运的一部分。我慢慢地回归到正常的生活中。我也会因遇到一位优秀美丽的女人而坠入爱河，我也会被她所爱；在社会活动中，我是快乐的，外向，理解力强，有远大目标和积极向上，并且是一位在高标准、严要求下工作的人。但有些事我仍然感到迷茫，我很想知道是每个人都与我一样有内心空空、没着没落的感觉呢，还是我过于活跃的思考致使我如此痛苦呢？

再访外公的小屋

岁月流逝，但不管过去多少年，外公的白色度假小屋在我脑海里仍然显现神话般的色彩。它像是一个美丽的童话故事，将所有的梦幻都汇入其中。我开始好奇，想弄明白是我真的在那里亲身经历过，还是我的大脑中虚构出来一幅奇幻般的场景，因为自从那次假期以后，我从未再回到那里，这就让我无法身临其境地去证实了。

　　直到写完这本书的前几周，由于这样一个情结的驱使，我决定给自己放一个周末长假，去一趟皇后镇。离开奥克兰两小时后，我来到了皇后镇，又驾驶租来的汽车下榻到一家豪华的湖边寓所。转天清晨 5 点，我已乘上了热气球。这真是既壮观又引人入胜的旅行。我们上升到了令人有点担惊受怕的 8 000 英尺①高度，这可是很高的距离，在那里刚好我可以俯瞰瓦纳卡湖。之所以我对瓦纳卡湖感兴趣是因为克鲁萨河流经外公的那栋小屋，最后汇入瓦纳卡湖。更让我兴奋不已是，我似乎感到了外公的小屋在向我召唤。当我们安全返回地面，端着一杯早餐香槟，为热气球之旅顺利结束庆祝时，我向我们的驾驶员询问起有关艾伯特小镇的近况。他告诉我，那里已经变得热闹非凡，新的开发使那里有了成千栋的别墅，造型都是一样的，看上去如同用一个模子刻出来的一样。我的心一下子沉了下来，我的记忆里，外公的小屋在砾石路旁，与其他八栋别墅相互依偎。我立刻决定，无论如何我应该马上行动，花上两个小时驾车，沿着弯曲不平的小路，到那里去看看。

　　没有地图，但我准确地记得外公小屋旁的那条老路，因为它是从一座跨越克鲁萨河的桥的旁边与主路分开，沿河而行的。当驾车从主路进入那条支路后，我失望地看到，原来那条朴素自然的小路现在已铺上柏油，宽阔而平坦，清晰地表明它已在为那发展起来的重镇提供着便利的交通服务。一个挨一个的商店矗立在原来那条老路的两旁或是某个角落，更奇怪的是，我驾车缓行大约 300米后，路竟分成了两条。左边一条直通小镇但已远离河岸，而右边一条比较窄小，通往原来外公小屋所在的那个地方。我选择了右边的路，即刻那座小镇离开了我的视线。

　　我小心翼翼地继续沿路前行，突然间我隐隐约约看到了我记忆中的那小小的九栋房屋，它们仍坚持着矗立在那里，相互紧紧地手牵着手不离不弃。时过境迁，有座房子前原来作为篱笆栽种的小树已经长得至少有九米高，最前面的

---

　　① 大约 2 438 米。——译者注

三处房子附近也盖起了大量的新建筑，我几乎快要认不出来了。当我来到平行的第四条车道时，眼前一亮，啊，我终于看到了我外公的小屋！完全没变，还是那样。时间在流逝，也会有变化，可它却一动不动，没有变化，千真万确没变。我说的是千真万确，是因为一切都还是我多年前记忆中的老样子。其实，本章开头你见过的外公的小屋那张照片实际上是我这次重返故地时拍摄的，而不是 43 年前拍的。

我停好车，走出车外，开始漫步在外公小屋外的小路上，没走几步，一辆车开进了小路，一位女士走下车，面带微笑地问我是否需要帮忙，我做了一番长长的解释。她说："哇，天啊，现在的房主是乔。她肯定是忘了提醒我领你转转。我是她的邻居，有她的钥匙。"在我还在犹豫是否在主人没有允许的情况下进去看看时，她就热情地挽着我的手臂进入了屋内。

真是令我惊叹叫奇，屋内竟没有任何变动。厨房完完全全还是我记忆中的那样，甚至那只老式钟表还摆在原来那个地方。就好像是因为什么原因新主人知道了一样，她有意将这座小屋准确地保持在 40 多年前的那种状态，这简直就像走入了梦幻，很难想象这竟然真的发生了。我走到屋外，又去看了看我曾经认识的克鲁萨河，并请导游帮我拍了张留念照，背景也是那年我给外公照相时的背景。

40 多年后，我仍然能准确清晰地记起它的模样

再一次漫步在这条小路，又让我学到了很多有分量的东西。沉思了片刻，我觉得我是真正强烈地感受到了这一天的快乐和满足，而我这种深度的快乐和满足感还与我前一段时间所从事的工作有关，那也可以称作是一天令人心满意足的旅程。那天，我与冈萨雷斯（参见第十一章"寻找真正的快乐"）坐在一起，在一张白纸上写写画画，讨论着问题，那就是我写这本《赢者思维》的开始。也算是某种巧合，我本打算拓展一些新的工具来帮助冈萨雷斯提高成绩，结果他也帮助到了我。因为为了能给冈萨雷斯提供更多的帮助，我阅读了即使不是上千本，至少也有几百本有关哲学和自我修养方面的书籍，但都没有找到合适的答案和方法，最后我不得不说服自己按个人 40 多年的生活体会所总结出的一些东西，去尝试着应用在冈萨雷斯职业赛事的提高上。当看到他有惊人的转变后，很多运动健将也开始使用书中的那些工具和方法了，此后，我也开始了自己的实践，重新整合我的生活程序，开启了我人生新的航程。

我的"第二个父亲"①

我在前面讲过，我觉得我好像有两位父亲：一位父亲我前面已经向你做了介绍，而另一位，在这个世界里，他并没有为我做过任何事情，但他才是真正出色、积极、善良和有爱的父亲。我的"第二个父亲"患有严重的心脏病，在他离开这个世界前的那段日子里，我只与他共同生活了五天。

其实，与父亲患有严重的心脏病相关的还有一个令人称道的故事。他也是一名医生，60 多岁，就在他看完病人，站起来送患者走出诊室的那一刹那，突发心脏病而晕倒在地，所有的护士和其他病人都在外边等候，一点也不知道里面到底发生了什么。几分钟后意识恢复过来，他意识到这是心脏病发作，但他却非常固执，决定继续坚持把一天的工作做完。在他 40 多年的医生职业生涯

---

①　作者此处提到的"第二个父亲"实际上是作者的远房爷爷辈亲人，作者希望借此表达这位老人对他的帮助和引导。——译者注

中，他没有延误过一天的医疗工作，今天，也不能因此而耽误了病人的诊疗！他忍受着病痛继续把另外 18 位患者看完后，才赶到马路对面的化验室抽血做各项检查，看看心脏病发作的严重程度。然后，又驱车一个小时返回他农场的家中，这才倒床休息。（我忘了告诉你，他有一个 10 英亩的农庄，养了 100 头羊。）他只是轻描淡写地告诉母亲，他患上了重度病毒性感冒，明天就会好起来。你看，他不愿意让母亲感到失望，因为他们已定好，第二天就要实现母亲说了许久的去北岛度周末的愿望。

第二天早上，他不顾自己身体已经亮起了危险的警灯，还是告诉母亲他身体还好，可以一起出去度假。然而，开车不到一小时，父亲就意识到自己快不行了，终于向母亲交代了实情。母亲毫不迟疑地调转车头，直奔医院急诊科。由于他 95% 的动脉主干血管都堵塞了，医生说，他可能挺不过晚上，但由于及时做了显微外科四重分流术，也是因为他自身的坚强支撑，才有了他后来 13 年生命的延续，不然，他很可死于那天心电除颤复苏的抢救过程。

在他生命的最后 13 年里，他是我所知道的世界上最好的父亲，我就是这么认为的。他就是那种优秀而又奇特的人，自从他从死亡线上走出来以后，他变得更加与众不同，他脸上总是带着微笑；总是看向生活的阳光一面；只要还活着，他总是充满快乐地活好每一分钟；在生活中，乐趣总是围绕在他的身边。他像是一个老顽童，总是做出活泼淘气的举动，你看下面他的这张照片，他站在一块标牌①旁，笑得像一个孩子一样。父亲认为这是对他本人的完美描述、真实写照。你可以看到"第二个父亲"的这两张照片，也是本书的最后两张照片，照片里他都是微笑着的，自从那次突发心脏病后，他的生

---

①　标牌上写的是"认证过的真正化石"，英文还有另一层意思："可信的老顽固"。——译者注

活状态总保持这样。你再对比一下前面两张我父亲的照片，可能从他脸上找不到一点笑容。

但是，尽管如此，多少年以后，我才真正意识到我的"第一个父亲"，其实总是用他最好的一面和最大的努力来帮助我，我才有了后来的美好生活。他可能做错了什么，但他诚实。诚实总是意味着质朴和美好。他只不过是因为他不幸的成长过程而导致了他的人生不同而已。

我思念你，父亲，你像奥塔哥大区的高山，在我心里，你是真正地卓越、非凡。

还有其他几件事情让我有所感悟。是童年的那些经历帮助到了我，我才能有今天的成功。没有那些磨炼，恐怕取得现在十五分之一的成绩都很难。几周前，当我站在克鲁萨河岸边回首瞭望，我真的想说，我要感激生活赋予我的每一次宝贵经历，尽管我遇到了不少巨大的挫败、灾难和精神上的痛苦折磨，尽管这些可能泯灭美好的希望，但它们最终都变成了生活对我的馈赠，"祸兮福所倚"，这就是生活。我从没想象过什么事是可能的，什么事是不可能的。我也学到了我们的情感是有多么不可思议的力量，除非我们能将我们的情感做正确的调整并使之统一，否则，它们会毁掉我们的幸福和快乐。

当43年后我再次站在外公的小屋外，我的脸上再一次绽放出了灿烂的笑容。我知道，我不再会有那么长时间的空虚和失落，因为那些年已经过去，生活已经变得美好……

附　录

附　录

掀开社会、宇宙与真理的引擎盖——《蚂蚁与法拉利》①

---

① 这是克里·斯帕克曼博士所写的另一本已出版的关于探讨真理、探讨怎样认识宇宙和我们所处的社会的书。作者从哲学的角度对认识宇宙与社会及其与人的关系提出了自己的观点。角度较为新颖。因为与《赢者思维》介绍的重点内容——人脑四大思维支柱之一的哲学支柱有密切关系，作者特别在这里对该书做了简要介绍。有兴趣的读者可以找来原书读读，也一定会受到启发。——译者注

　　我希望你静下心来，好好想象一下，一只蚂蚁在一辆耀眼的红色法拉利车身上爬行，你近距离观察时是怎样的一幅画面。因为焦点很近，蚂蚁的整个身体会全部清晰地进入你的视野。你会看到它晃动着触角，在不停地感知着周围的环境，它的眼睛也在不停地寻找着食物，同时也警惕着可能的威胁。你还会注意到它的六只小脚在红色的表面上吃力地爬行着，因为法拉利的车身表面实在太光滑了。

　　好的，现在我们把想象的视野范围慢慢扩大，那只你刚才还可以看清在爬行的蚂蚁变得越来越小，很快就成为像是撒在红色沙漠里的一颗小黑粒，四周空旷，无边无际。在这样的比例标度下，蚂蚁已经变得不那么重要了。正是因为你的视野变得越来越广阔，你才会发现，蚂蚁所爬行的那块光滑的红色平面，其实是法拉利车身的一小点而已。这就让你有了一个认知的新边界，那是法拉利车的引擎前盖。

这幅动态场景画面告诉我们，无论蚂蚁多么努力地去尝试，有很多东西它永远都不会懂。它看世界的视野过于局限，因而，即使引擎盖下面还藏着另一个世界，它也不知道里面究竟有什么。原因很简单，蚂蚁的能力实在太弱小了，使它看不到完整画面。如果我们给蚂蚁展示它脚下面复杂的电器系统和液压系统，它过于简单的小脑袋也无法理解系统是怎么运行的。

显而易见，蚂蚁只能理解这个大宇宙中很小很小的片段或者只能按它自身局限的认知理解宇宙的运行。但是我们的大脑是不是同样有思维的局限性呢？不管我们做了多少科学探索，对于整个宇宙的运行方式而言，我们恐怕能够弄懂的也最多不超过 1%。说到底，假如说我们的大脑容量刚好够我们去理解目前认知的每一个事物的话，那也是纯属偶然地只比别的动物对世界的理解清楚一点而已。也许我们也像小蚂蚁一样，虽然在宇宙的引擎盖上无忧无虑地爬行，但对宇宙中大量事物的真正规律和运行方式还是一无所知，而这些漏掉的东西才是我们短暂的人生中最有意思的事情。

写作《蚂蚁与法拉利》这本书的一个很重要的目的是，希望"揭开引擎盖下面的秘密"，也就是通过揭示通常被隐藏起来的所有有意思的事情，使你不再只是"骑在"这个大千世界上随波逐流，而是能更丰富和愉悦你的生命，能够知道"为什么"和"怎么样"来经历你人生的旅途。

更重要的，这本书是讲述有关真理的问题——有关引擎盖下面的真实，而不是通常我们靠一般直觉而产生的看法。但很遗憾，我们的直觉和独立的逻辑思维模式比蚂蚁的小视野好不了多少，却还在影响着，甚至有效控制和指导着我们的生活。所以，我们需要在一些特殊工具的帮助下，进一步看清更多的生活细节。而要做到这些，首先就要去发现和了解我们生活的目的和意义。

从前，只要我一提起有关真理的话题，就会有成千上万的人提出异议，现在，你可能也会像他们一样，会有不同的看法。通常的异议归纳起来大致有以下几个方面：

- 根本就没有绝对的真理，所有的真理都是相对的。有些对你来说是真理，但在我来看并不一定是。仁者见仁，智者见智。

- 所谓的真实只不过与现实比较接近而已。

- 科学就是一个特殊的"信任系统"。没有哪个信任系统比这个更有效、更健全、更有根据的了。

- 你怎么可能比我还能想出更有效、更特殊的办法来找到真理呢？

- 唯一有可能知道绝对真理的是比人类智商还要高的种类。我们人类能知道的太有限了，不可能靠我们自己找到绝对的真理。

- 有许多通往真理之路。任何人都可以自大地说，他找到了一条更好的路径。

虽然我不能确定你是否也对上述看法产生了共鸣，但这些都是有关人生大命题中极其严肃的不同见解。本书是本着对其他不同见解给予尊重的态度来阐述自己的观点，并通过讨论自人类出现以来就一直困扰和影响人类生活的大命题，希望对下列问题给予回答：

- 宇宙的起源是什么？是否凭借一个创造者或宇宙大爆炸就能解释呢？

- 人死了以后还有无生命？我们能知道吗？

- 我们有组织的社会应该是怎样的？来自政治与经济方面，对和平与幸福的最严重的威胁是什么？资本主义就是一个好的社会制度和结构吗？

- 如果说上帝或宇宙大爆炸创造了世界，那么，谁又创造了他呢？

- 你真能让"自由意志"和"命运"同时来主导自己的生活吗？

- 进化真的让人类变得越来越复杂、越来越进步吗？还是说我们仍然对很多事情不清楚呢？

- 是否存在以伦理道德为基础或以个人意志为基础的事情呢？

在错误的规则下生活

上述这些问题之所以十分重要，是因为我们这些信念都直接影响着我们生活的每一个方面。如果我们的信念与真实的生活不符，那么就如同我们在以错

误的规则去玩一场生活的赌博游戏，比如，在赌场你玩"黑杰克21点"赌博游戏，你把全部的生活积蓄都押了上去，而且恰好手中有一副稳赢的好牌，可赌场老板告诉你游戏规则变了，手中有18点才算大赢而不是从前规定的21点，假如你听到这样的消息，我敢肯定，你会立马晕过去。

生活也是一样。无论所谓的"真实"现实到底真不真实，只要你的信念与现实不符，最终都会以"失手"结束。遗憾的是，我们的信念以及信仰大多是在年轻时候形成，一旦确立就很少再去审视和思考它的正确性，而且这种信念在大脑中一旦形成，即便它已经被证明了是不真实的，是假的，但由于我们大脑的缘故，也很难去改变它。正如我在《赢者思维》第十二章中描述心理方面的信念时所说，我们的信念会对事实进行歪曲，以便使冲突的事情被调整到或者曲解到符合我们原有的信念上来，以保持原有信念的完整性和不受伤害，好像为了保持"蓝色信念"就要戴上"蓝色思维眼镜"，为了"红色信念"戴上"红色思维眼镜"一样。这就是生活中我们为什么经常看到，自己的信念似乎总是合乎情理的而他人的信念总是愚蠢的原因。前面已经说过，写这本《蚂蚁与法拉利》一书的目的之一就是希望我们能开发利用一些工具，摘掉有色眼镜，看清事物的本质而不受我们人类本身局限性的限制。

一旦偏见之门向外打开，其结果只有一个，就是它把真实之门关得更紧。

——奥格登·纳什，美国著名诗人

对个人的挑战

我觉得，你也许会有点小疑问，这本书是否真的能不辜负它的承诺。我知道，摆放在书店里的大部分书籍的作者都会说，读了他们的书会让读者释然、轻松，读者会感到更快乐、更富有和更有价值，会引领读者找到真正受到启迪的路径，但大部分书籍不会做出什么承诺。那么，这本书与它们相比有什么不同吗？

我能给出的最好回答是，当我写完这本书的第一稿，我把书稿发到了世界各地我能找到的各类人群的手中，让他们阅读评判，我要从不同层次的人群那里得到反馈意见。他们中有嬉皮士、冲浪玩家、和尚、照看孩子的家庭妇女、科学家、商人、失业者、哲学家、作家、青少年以及那些一般不愿意读这类书籍的人。我要求他们给出的意见不只是喜欢或不喜欢，而且是匿名的反馈信息调查，以便能改进和提高书的质量。为了方便被调查对象反馈意见，我专门建立了一个小网站，那里言论自由，我是看不到评论是谁写的，而他们可以自由地写下对这本书的评论，包括尖锐的批评。

当然，大量的反馈令我吃惊，之所以吃惊不是因为这本书是否很受欢迎，而是得到的一个数字是我始料不及的。100％的读者，他们每一个人都说，读了这本书，改变了他们对"信念"的一些看法或看问题有了不同的角度，这包括在宗教、科学、伦理道德、审美、政治、艺术、哲学或怎样架构和规范我们赖以生存的社会等各个领域。我很幸运他们能收到我的书，并给予了关注和认真对待。

一个人在他的生命中，一个最最重要的事情是，能接受新知识和改变思维观念。

衷心地希望你也能有相似的认同和新的认识，并在阅读完这本书后，能用不同的视角面对生活的挑战。

我一点儿也不为此而自鸣得意，也不想说这本书有了"所有答案"。我实实在在地想要找到一些"好的问题"，希望能提供一些你可以信任的可靠"工具"，就像有了一把你以前也许不曾有过的钥匙，来检查和开启你的信念之门，这比过去那种自然的无助的条件要好得多。用一把铁锨比赤手刨土更有效率，借助望远镜，我们的肉眼能够看得更远。

如果说我所看到的自然世界有一个壮美的结构的话，那只能说明我们的理解力还不够完美，那肯定是从喜欢幻想之人的脑子里蹦出来的恭敬感觉。不带任何神秘主义色彩的感知才是真正虔诚的认知。

——罗伯特·爱因斯坦，伟大科学家，相对论的建立者

我们的次优社会

《蚂蚁与法拉利》还将讨论我们目前有组织的并正在运行的各种社会形态是怎样地简单，怎样地已不再适合于现代的生活。无论如何修补现存的法律或增添多少新的法规，也不太可能给我们一个最佳的结果。我们需要彻底的检查和翻修。

关于社会需要变革，我们可以从已知晓的近 100 年的航空器发展历程中看出端倪。当莱特兄弟制造出第一架动力飞机时，飞机的引擎功率只有 12 个马力。这区区的 12 马力意味着飞机需要有表面积足够大又很轻的机翼，这样才能保证这种最高飞行速度只有 30km/h 的飞机产生飞行升力。当时，最理想的解决方案是用柔软的山毛榉木做框架支撑，然后在外面裹上轻薄的油布。但是当莱特兄弟把一台新式 75 000 马力的 F-16 喷气式发动机绑在机身发动时，结果这种设计和飞机构造完全行不通，只要他们打开油门加大马力让引擎运转到必要的飞行速度时，机翼马上就会被撕破，机身甚至断开。由此可见，飞行速度为 30km/h 的最理想的机翼构造，对于 300km/h 的飞行速度却完全不适合，反之亦然。如果将莱特兄弟的飞机引擎装到现在的铝质材料的飞机上，飞机都不可能起飞，因为相对于沉重的铝质机身来说，匹配这种引擎，机翼就显得相对太小，且马力远远不足。因此，机翼和引擎必须要很好地匹配，如果整体的某一部分优于另一部分，那么，就会带来很大问题和麻烦，甚至灾难。

《蚂蚁与法拉利》从一个全新的角度对我们的社会进行了分析。在分析的过程中，我们不仅了解了为何社会一直能以惊人的速度向上提升，更重要的是，

我们找出了近年来社会架构会过度膨胀和臃肿的缘由。已过时了的社会体系还在继续运转，其结果只能是我们都处在次优状态下生活，我们比以往更加卖力地工作，但拥有的乐趣、安宁、财富和幸福却比我们应该得到的更少了。现在，是时候去把社会的"引擎"更新换代了，让它能引领社会在 21 世纪飞翔。

《蚂蚁与法拉利》为你展现了一幅全新的未来美好画卷，让你以更丰富、更广阔的角度去享受生活，并提供了一条完全不同的新生之路，去迎接真正益于人类的新社会。这本书的写作文风与《赢者思维》一样简洁、有趣，并且仍然引用了很多故事去阐释每一个观点。

《蚂蚁与法拉利》章节目录预览

1. 蚂蚁与法拉利
2. 你最可爱的女友
3. 旅行工具
4. 神秘巴斯特的宇宙起源
5. 这只是个理论
6. 秘密代码
7. 真理指南
8. 有绝对的真理吗？
9. 重新审视起源
10. 瞬间反射
11. 不可思议的事仍在继续
12. 心理上的信念
13. 演变：犯罪现场调查
14. 所有的缘由是什么？
15. 量子力学

16. 死后还有生命吗?

17. 过于短暂

18. 目的与意义

19. 伦理道德

20. 社会

21. 挑战你的人

鸣 谢

我要感谢下列的同事和朋友，正是他们的大力支持和帮助才得以使这本书顺利写成并出版。

我的好伙伴，Sabine Tyravinen，她不知疲倦，为全书的每一章节和段落都进行了编排和组织，做出了卓有成效的努力和贡献。Marcel Boekhoorn 在本书的最初创作细节上，给予了多方面建议，并多年来一直支持赢者研究院的工作。我的写作导师和朋友 Martin Roach，帮我对本书的初稿做了大量的编辑校正工作。我还要感谢哈珀柯林斯出版社新西兰分社所有工作人员，是他们的专业与敬业以及愉快的合作才使这本书顺利地与读者见面。

图书在版编目（CIP）数据

赢者思维/（新西兰）斯帕克曼著；傅明等译．—北京：中国人民大学出版社，2015.4
ISBN 978-7-300-21165-7

Ⅰ.①赢⋯ Ⅱ.①斯⋯②傅⋯ Ⅲ.①思维方法-通俗读物 Ⅳ.①B804-49

中国版本图书馆 CIP 数据核字(2015)第 079141 号

赢者思维——欧洲最受欢迎的思维方法

［新西兰］克里·斯帕克曼　著

傅明　傅饶　译

Yingzhe Siwei

出版发行	中国人民大学出版社		
社　　址	北京中关村大街 31 号	**邮政编码**	100080
电　　话	010 - 62511242（总编室）	010 - 62511770（质管部）	
	010 - 82501766（邮购部）	010 - 62514148（门市部）	
	010 - 62515195（发行公司）	010 - 62515275（盗版举报）	
网　　址	http://www.crup.com.cn		
经　　销	新华书店		
印　　刷	天津中印联印务有限公司		
规　　格	170 mm×240 mm　16 开本	**版　　次**	2015 年 9 月第 1 版
印　　张	24.5 插页 2	**印　　次**	2020 年 7 月第 4 次印刷
字　　数	327 000	**定　　价**	49.00 元